普通高等院校土木专业"十三五"规划精品教材

建 筑 结 构

Building Structure

（第二版）

丛书审定委员会

王思敬　彭少民　石永久　白国良

李　杰　姜忻良　吴瑞麟　张智慧

本书主审　戴自强

本书主编　周晓洁

本书副主编　璩继立　卜娜蕊

本书编写委员会

周晓洁　璩继立　卜娜蕊

李　宁　王玉良　毕永清

崔金涛　阳　芳　乌　兰

华中科技大学出版社

中国·武汉

内 容 提 要

本书依据《工程结构可靠性设计统一标准》(GB 50153—2008)、《建筑结构荷载规范》(GB 50009—2012)、《混凝土结构设计规范》(GB 50010—2010)、《高层建筑混凝土结构技术规程》(JGJ 3—2010)、《建筑抗震设计规范》(GB 50011—2010)、《砌体结构设计规范》(GB 50003—2011)、《建筑地基基础设计规范》(GB 50007—2011)等现行国家规范编写而成。全书共分 11 章，主要内容包括概论、建筑结构设计准则、混凝土构件设计、钢筋混凝土梁板结构、抗震及减震概念设计、砌体结构、钢结构、高层建筑结构、地基与基础、钢筋混凝土单层厂房结构、钢-混凝土组合结构。

本书不仅可作为高等学校建筑学、工程管理、给水排水工程等非土木工程专业的教材或教学参考书，也可供工程建设技术人员、管理人员参考使用。

图书在版编目(CIP)数据

建筑结构(第二版)/周晓洁主编. —武汉：华中科技大学出版社，2014.8(2022.7 重印)
ISBN 978-7-5609-9837-4

Ⅰ.①建…　Ⅱ.①周…　Ⅲ.①建筑结构-高等学校-教材　Ⅳ.①TU3

中国版本图书馆 CIP 数据核字(2014)第 055747 号

建筑结构(第二版)　　　　　　　　　　　　　　　　　　　　周晓洁　主编

责任编辑：简晓思
封面设计：张　璐
责任校对：张会军
责任监印：朱　玢
出版发行：华中科技大学出版社(中国·武汉)　　　电话：(027)81321913
　　　　　武汉市东湖新技术开发区华工科技园　　　邮编：430223
录　　排：华中科技大学惠友文印中心
印　　刷：武汉邮科印务有限公司
开　　本：850mm×1065mm　1/16
印　　张：21
字　　数：453 千字
版　　次：2022 年 7 月第 2 版第 6 次印刷
定　　价：65.00 元

总　序

　　教育可理解为教书与育人。所谓教书,不外乎是教给学生科学知识、技术方法和运作技能等,教学生以安身之本。所谓育人,则要教给学生作人道理,提升学生的人文素质和科学精神,教学生以立命之本。我们教育工作者应该从中华民族振兴的历史使命出发,来从事教书与育人工作。作为教育本源之一的教材,必然要承载教书和育人的双重责任,体现两者的高度结合。

　　中国经济建设高速持续发展,国家对各类建筑人才的需求日增,对高校土建类高素质人才的培养提出了新的要求,从而对土建类教材建设也提出了新的要求。这套教材正是为了适应当今时代对高层次建设人才培养的需求而编写的。

　　一部好的教材应该把人文素质和科学精神的培养放在重要位置。教材中不仅要从内容上体现人文素质教育和科学精神教育,而且还要从科学严谨性、法规权威性、工程技术创新性来启发和促进学生科学世界观的形成。简而言之,这套教材有以下特点。

　　一方面,从指导思想来讲,这套教材注意到"六个面向",即面向社会需求、面向建筑实践、面向人才市场、面向教学改革、面向学生现状、面向新兴技术。

　　二方面,教材编写体系有所创新。结合具有土建类学科特色的教学理论、教学方法和教学模式,这套教材进行了许多新的教学方式的探索,如引入案例式教学、研讨式教学等。

　　三方面,这套教材适应现在教学改革发展的要求,提倡所谓"宽口径、少学时"的人才培养模式。在教学体系、教材编写内容和数量等方面也做了相应改变,而且教学起点也可随着学生水平做相应调整。同时,在这套教材编写中,特别重视人才的能力培养和基本技能培养,适应土建专业特别强调实践性的要求。

　　我们希望这套教材能有助于培养适应社会发展需要的、素质全面的新型工程建设人才。我们也相信这套教材能达到这个目标,从形式到内容都成为精品,为教师和学生,以及专业人士所喜爱。

中国工程院院士　王思敬

2006 年 6 月于北京

第二版前言

　　建筑结构课程是建筑学、工程管理、给水排水工程等专业的必修课程,该课程涉及建筑结构设计的相关内容,知识面较广。

　　本书主要阐述了建筑结构的基本概念和基本设计原则,混凝土结构、砌体结构、钢-混凝土组合结构及构件的基本设计方法,钢-混凝土组合结构的基本知识,抗震减震概念,高层建筑结构设计原则等内容。通过学习本书内容,学生可以掌握建筑结构的概念及设计方法,为专业课的学习打好基础。本书既可作为高等学校建筑学、工程管理、给水排水工程等专业的教材或教学参考书,也可供工程建设技术人员、管理人员参考使用。

　　本书共 11 章。其中,前言和第 1、2、6 章由天津城建大学周晓洁编写,第 3 章由天津大学李宁、河北建筑工程学院卜娜蕊、天津城建大学王玉良和毕永清编写,第 4 章及附录部分由天津城建大学崔金涛编写,第 5 章由天津城建大学阳芳、上海理工大学璩继立编写,第 7、11 章由阳芳编写,第 8 章由毕永清编写,第 9 章由王玉良、璩继立编写,第 10 章由天津城建大学乌兰编写。全书由周晓洁主编并统稿,天津大学戴自强教授审阅了全部书稿。

　　在编写本书时,我们参考了一些公开发表的文献,在此谨向作者表示感谢。

　　由于编者水平有限,书中难免存在错误和不妥之处,敬请广大读者和同行批评指正。

编　者

2014 年 6 月

前　　言

　　建筑结构课程是土木工程类非结构专业的主要专业基础课,是建筑学、建筑工程管理、建筑给水与排水工程、采暖通风工程等专业的必修课程。

　　建筑结构是一门知识涉及面较广的课程,本书主要阐述钢筋混凝土结构及构件的基本理论设计方法、混合结构设计原理、木结构设计基本知识、抗震减震的概念、高层建筑结构的设计概念及钢结构的设计内容等,使学生通过学习,掌握结构的概念设计方法,为专业课学习打好基础。

　　天津大学戴自强教授审阅了全部书稿。本书的第1、4、7章由周芝兰编写,第2、6章由周晓洁编写,第3章由刘克玲、卜娜蕊、乌兰和周晓洁编写,第5、10章由璩继立编写,第8、9章及附录部分由乌兰编写,第11章由贾少平编写。

　　在编写本书时,我们参考了一些公开发表的文献,在此谨向其作者表示感谢。

　　由于作者水平有限,书中不免存在缺点和错误,敬请读者指正。

编　者

2007 年 10 月

目　　录

第1章　绪论 …………………………………………………………………… 1

1.1　建筑结构设计的任务 …………………………………………………… 1

1.2　建筑结构设计的基本原则 ……………………………………………… 6

【本章要点】 …………………………………………………………………… 9

【思考和练习】 ………………………………………………………………… 10

第2章　建筑结构的设计方法 ………………………………………………… 11

2.1　作用、作用效应 S 和结构抗力 R …………………………………… 11

2.2　极限状态设计原则 ……………………………………………………… 12

【本章要点】 …………………………………………………………………… 17

【思考和练习】 ………………………………………………………………… 18

第3章　混凝土构件设计 ……………………………………………………… 19

3.1　钢筋与混凝土的物理力学性能 ………………………………………… 19

3.2　钢筋混凝土受弯构件正截面承载力计算 ……………………………… 25

3.3　混凝土受弯构件斜截面承载力计算 …………………………………… 48

3.4　受压构件截面承载力计算 ……………………………………………… 56

3.5　预应力混凝土构件 ……………………………………………………… 80

【本章要点】 …………………………………………………………………… 89

【思考和练习】 ………………………………………………………………… 90

第4章　楼盖、楼梯、阳台及雨篷 …………………………………………… 94

4.1　楼盖 ……………………………………………………………………… 94

4.2　楼梯 ……………………………………………………………………… 114

4.3　悬挑构件 ………………………………………………………………… 120

【本章要点】 …………………………………………………………………… 124

【思考和练习】 ………………………………………………………………… 124

第5章　抗震及减震概念设计 ………………………………………………… 125

5.1　地震的基本概念 ………………………………………………………… 125

5.2　抗震概念设计 …………………………………………………………… 132

5.3　隔震技术简介 …………………………………………………………… 137

【本章要点】 …………………………………………………………………… 142

【思考和练习】 ………………………………………………………………… 142

第6章　砌体结构 ……………………………………………………………… 143

6.1　砌体结构房屋承重体系 ………………………………………………… 144

6.2　砌体及其基本材料力学性能 …………………………………………… 147

6.3　受压构件承载力计算 …………………………………………………… 154

6.4　局部受压构件承载力计算 ……………………………………………… 159

6.5　砌体结构房屋设计 ……………………………………………………… 165

6.6 砌体结构房屋的构造要求 ……………………………………………… 173

【本章要点】 ………………………………………………………………… 181

【思考和练习】 ……………………………………………………………… 182

第 7 章 钢结构 ……………………………………………………………… 184

7.1 概述 ……………………………………………………………………… 184

7.2 钢结构材料 ……………………………………………………………… 186

7.3 钢结构的计算方法 ……………………………………………………… 193

7.4 基本构件计算 …………………………………………………………… 194

7.5 钢结构的连接 …………………………………………………………… 201

7.6 钢结构体系 ……………………………………………………………… 209

【本章要点】 ………………………………………………………………… 224

【思考和练习】 ……………………………………………………………… 224

第 8 章 高层建筑结构 ……………………………………………………… 228

8.1 概述 ……………………………………………………………………… 228

8.2 高层建筑结构的布置 …………………………………………………… 238

8.3 高层建筑的结构体系 …………………………………………………… 246

【本章要点】 ………………………………………………………………… 260

【思考和练习】 ……………………………………………………………… 261

第 9 章 地基与基础 ………………………………………………………… 262

9.1 地基与基础的概念 ……………………………………………………… 262

9.2 地基和基础在建筑工程中的地位 ……………………………………… 263

9.3 地基与基础的设计要求 ………………………………………………… 264

9.4 基础类型 ………………………………………………………………… 266

9.5 山区地基及特殊土地基 ………………………………………………… 273

9.6 地基承载力的概念 ……………………………………………………… 281

【本章要点】 ………………………………………………………………… 281

【思考和练习】 ……………………………………………………………… 282

第 10 章 钢筋混凝土单层厂房结构 ……………………………………… 283

10.1 单层厂房的结构形式 …………………………………………………… 283

10.2 单层厂房的结构组成 …………………………………………………… 284

10.3 单层厂房的结构布置 …………………………………………………… 286

【本章要点】 ………………………………………………………………… 296

【思考和练习】 ……………………………………………………………… 296

第 11 章 钢-混凝土组合结构 ……………………………………………… 297

11.1 概述 ……………………………………………………………………… 297

11.2 常见组合结构构件 ……………………………………………………… 301

【本章要点】 ………………………………………………………………… 311

【思考和练习】 ……………………………………………………………… 311

附录 ……………………………………………………………………………… 312

第1章 绪 论

1.1 建筑结构设计的任务

1.1.1 结构体系的分类与应用

建筑师认为,建筑是建筑物和构筑物的总称;而结构工程师则认为,建筑是由承重骨架形成的实体。工程上将由梁、板、墙(或柱)、基础等基本构件组成的建筑物的承重骨架体系称为建筑结构。在建筑领域,不同的材料以不同形式构成了各种承重骨架,即构成各种不同的结构体系。

1. 按材料的不同分类

1) 混凝土结构

以混凝土为主制成的结构称为混凝土结构,包括素混凝土结构、钢筋混凝土结构和预应力混凝土结构等。其中,钢筋混凝土结构是建筑结构中应用最为广泛的结构形式,它具有强度高、整体性好、耐久性和耐火性好、刚度大、抗震性能好、可模性好等优点,缺点是自重较大、抗裂性较差、施工复杂、隔热和隔声性能较差等。

2) 砌体结构

由块材和砂浆砌筑而成的墙、柱等作为建筑物或构筑物主要受力构件的结构称为砌体结构。这种结构的优点是便于就地取材、成本较低;耐火性、耐久性、化学和大气稳定性良好;保温、隔热性能较好;施工简单,且便于连续施工。这种结构的缺点是构件强度低、抗震性能较差、砌筑工作量大,且施工质量不易保证。因此,砌体结构常应用于低层、多层民用建筑。

3) 钢结构

钢结构是以钢材(钢板和型钢等)为主制作的结构,具有宽广的发展前景和应用范围。这种结构的优点是强度高、自重轻、抗震性能好、施工工业化程度高等,缺点是耐腐蚀性和耐火性差、成本高。钢结构大量应用于工业建筑及高层建筑结构中。

4) 木结构

以木材或主要以木材作为承重构件的结构称为木结构。木材生长周期长,同时砍伐木材会破坏环境,造成水土流失,因此,现代建筑中木结构的应用不多。

5) 组合结构

由两种或两种以上材料制作的结构称为组合结构。组合结构主要包括钢与混凝土组合结构和组合砌体结构两种。

用型钢或钢板焊(或冷压)成钢截面,再在其四周或内部浇筑混凝土,使混凝土与型钢共同受力,形成钢与混凝土组合结构。这种结构具有节约钢材、提高混凝土利用系数、降低造价、抗震性能好、施工方便等优点,目前在高层及超高层建筑结构中得到迅速发展。由砖砌体和钢筋混凝土面层或钢筋砂浆面层组成的组合砖砌体构件作为主要受力构件的结构称为组合砌体结构。与砌体结构相比,组合砌体结构的强度、抗震性能没有得到明显改善,且施工复杂,因此工程上应用并不普遍。

2. 按承重结构类型的不同分类

1) 多层、高层建筑结构

(1) 砖混结构

由砌体构件和钢筋混凝土构件共同承受外加荷载的结构称为砖混结构。通常,房屋的楼(屋)盖由钢筋混凝土梁、板组成,竖向承重构件为砌体墙。由于砌体材料强度较低,且墙体容易开裂、整体性较差,所以砖混结构房屋主要用于层数不多的民用建筑,如住宅、宿舍、办公楼、旅馆等。

(2) 框架结构

由梁、柱刚接组成的承受竖向和水平作用的结构体系称为框架结构,可以采用钢筋混凝土框架结构,也可以采用钢框架结构。框架结构的优点是建筑平面布置灵活,立面也灵活变化;比砖混结构强度高,具有较好的延展性和整体性,抗震性能较好。但框架结构属柔性结构,侧向刚度较小,在水平风荷载和水平地震作用下的侧移大,因此,其最大适用高度有限制,适用于多层办公楼、医院、学校、旅馆等。

(3) 框架-剪力墙结构

为提高框架结构的侧向刚度,可在其纵横方向适当位置的柱与柱之间布置侧向刚度很大的钢筋混凝土剪力墙。框架和剪力墙有机地结合在一起,组成一种共同抵抗竖向和水平作用的结构体系,称为框架-剪力墙结构体系。这种结构属中等刚度结构,最大适用高度得到提高,同时因为只在部分位置上布置剪力墙,所以保持了框架结构具有较大空间和立面易于变化等优点,在多层、高层公共建筑和办公楼等建筑中得到广泛应用。

(4) 剪力墙结构

剪力墙结构是将建筑物的内外墙作为承重骨架的一种结构体系,钢筋混凝土剪力墙承受竖向和水平作用。剪力墙结构侧向刚度很大,属于刚性结构,最大适用高度在框架-剪力墙结构的基础上又有所提高。但剪力墙结构建筑平面布置极不灵活,因此适用于住宅、旅馆等小开间的高层建筑。

(5) 筒体结构

筒体结构是由单个或多个竖向筒体为主组成的承受竖向和水平作用的空间结构体系,分为由剪力墙围成的薄壁筒和由密柱框架或壁式框架围成的框筒等。筒体结构的侧向刚度和承载能力在所有结构体系中是最大的,房屋适用高度也最大,同时能提供较大的使用空间,建筑平面布置灵活,因此广泛适用于高层和超高层建筑。根据筒体的不同组成方式,筒体结构可分为单筒结构、筒中筒结构和成束筒结构等类型。

各种结构体系的详细讲解及最大适用高度见第 8 章。

2）单层大跨结构

单层大跨结构可以采用大梁、桁架、空间框架那样的平直构件来建造,但当跨度超过 30 m 时,采用拱、薄壳和悬索等形式的曲线形构件构成的结构体系往往比较经济。

（1）排架结构

排架结构由柱和屋架(或屋面梁)组成,且柱与屋架(或屋面梁)铰接于和基础固接的结构,可以是单跨也可以是多跨,广泛应用于单层工业厂房。

（2）刚架结构

刚架结构由柱和屋面梁组成,且其柱与屋面梁刚接,可以是单跨也可以是多跨,分为无铰刚架、两铰刚架和三铰刚架等三种类型,也是单层工业厂房建筑的常用类型之一。

（3）拱结构

拱结构是用拱来承受整个建筑的竖向荷载和水平荷载,结构设计中要做好拱脚推力的结构处理。

（4）薄壳结构

壳体,用最少之料构成最坚之型,是最自然、最合理、最经济、最有效、最进步的结构形式。将薄壳结构用于建筑屋盖结构,覆盖面积大,无需中柱,室内空间开阔宽敞,能满足各项功能要求。

（5）悬索结构

套用悬索吊桥的原理,将屋盖直接做在悬索上,取消竖向吊索,悬索即成为屋盖的主要承重结构,也就成为悬索结构,结构设计中要做好悬索支座拉力的结构处理。

其他如网架结构、网壳结构、膜结构、折板结构等,也是单层大跨结构常用的结构体系。

1.1.2　结构与构件

结构是由基本构件组成的,它们按一定方式和方法有序地组成一个具有一定使用功能的完整空间。

结构的基本构件包括梁构件、板构件、柱构件和墙构件等(见图 1-1)。

1）梁构件

梁构件通常横放在支座上,承受与构件纵轴方向相垂直的荷载。它的截面尺寸小于其跨度,属于线性构件,在受力后发生弯曲。一般情况下,梁构件在承受弯矩作用的同时,还要承受剪切作用,有时还要承受扭转作用,但梁构件主要承受弯矩作用,属于受弯构件。根据几何形状不同,可将梁分为水平直梁、斜梁(楼梯梁)、曲梁、空间曲梁(螺旋形梁)等;根据约束条件及受力不同,可将梁分为简支、悬臂梁、连续梁

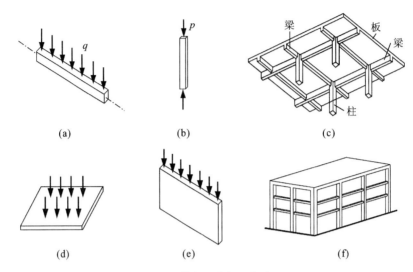

图 1-1 基本构件与结构体系
(a) 梁构件;(b) 柱构件;(c) 楼盖体系;(d) 板构件;(e) 墙构件;(f) 框架结构体系

等;根据选用的材料不同,又可将梁分为钢筋混凝土梁、钢梁、实木梁。

2) 板构件

板构件是可以覆盖一个较大的平面但自身厚度较小的水平构件(如楼板、屋面板),有时也斜向设置(如楼梯板)。板承受垂直于板平面方向上的荷载,以承受弯矩、剪力、扭矩为主。但在进行结构计算时,剪力和扭矩往往可以忽略。根据板的支承情况及平面的几何特点来分析,有些板的受力特点及变形与梁基本相同,区别在于它们的截面形式完全不同:板的截面宽而薄,梁的截面高而窄,而板和梁受力后都会发生单向弯曲。有些板受力后在两个方向上都会发生弯曲,称为双向弯曲。无论板在受力后发生单向弯曲还是双向弯曲,与梁一样,板构件也属于受弯构件。

3) 柱构件

柱构件通常是直立的,承受着与构件纵轴方向平行的荷载,它的截面尺寸小于其高度。在荷载作用下,柱主要是受压,有时也受拉、受弯,柱构件主要是压弯构件。

4) 墙构件

墙构件主要承受平行于墙面方向的荷载,在本身的重力和竖向荷载作用下,主要承受压力,有时也承受弯矩和剪力(当墙构件承受风、地震、土压力、水压力等水平荷载作用时)。与柱一样,墙构件属于压弯构件。不直接承受荷载,仅作为隔断或分隔建筑空间的隔墙为非承重墙,反之为承重墙;而以承受风荷载或水平地震作用为主的墙为剪力墙。

1.1.3 结构设计的任务

结构设计应根据建筑物的安全等级、使用功能要求或生产需要所确定的使用荷载、抗震设防标准等,对基本构件和结构整体进行设计,以保证基本构件的强度、变形、裂缝满足设计要求,同时保证结构整体的安全性、稳定性、抗变形性能符合设计要求;保证在突发事件发生时,结构能保持必要的整体性;保证合理用材,方便施工,同时尽可能降低建筑造价。总之,结构设计的核心是解决两个问题:一是结构功能问题,二是经济问题。

在结构设计中,增大结构的安全余量的代价是增加造价。例如,为提高结构安全可靠度而采取加大构件的截面尺寸、增加配筋量或提高材料强度等级等措施的同时,建筑工程的造价必定提高,导致结构设计经济效益降低。科学的设计方法是在结构的可靠性与经济性之间选取最佳平衡,即以经济合理的方法设计和建造有适当可靠度的结构。

1.1.4 结构设计步骤

以混凝土结构为例,图 1-2 从左向右叙述了一个建筑结构的形成过程,它的逆过程则是建筑结构的设计过程。首先根据建筑功能及建筑方案确定结构体系类型,分析结构体系的基本构件组成;然后进行基本构件的最不利内力分析,并由此决定构件的截面形式、截面尺寸、材料等级和材料用量等;最后绘制结构施工图,将设计结果用图纸的形式表达出来。

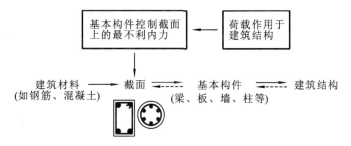

图 1-2 建筑结构的形成和设计过程

因此,结构设计归根到底要做的工作是进行以力学分析为依据的基本构件的截面设计,这也是本门课程的重点内容之一。但需要注意的是,我们要在结构体系的构架下学习基本构件,要尽早建立结构整体的概念,明确学习基本构件要以最终能形成性能良好的结构整体为目标。

1.1.5 概念设计

事实上,最佳的设计往往是通过概念设计来实现的,它能协调建筑功能、结构功能、造型美观和建造条件之间的关系,是整个设计工作的灵魂。概念设计是指根据理论与试验研究结果、以往工程结构震害和设计经验等总结形成的基本设计原则和设计思想,进行建筑和结构的总体布置,并正确确定细部构造的过程。

概念设计包括建筑概念设计和结构概念设计两个方面。建筑概念设计是对满足建筑使用功能且造型优美、技术先进的总建筑方案的确定,结构概念设计是在特定的建筑空间中用整体的概念来完成结构总体方案的设计。

概念设计强调,在工程设计一开始,就应把握好建筑场地选择、建筑选型与平立面布置、结构选型与结构布置、刚度分布、构件延性、确保结构整体性、建筑材料选择和施工质量保障等几个主要方面,从根本上消除建筑中的薄弱环节,再辅以必要的计算和构造措施,就可以设计出具有良好性能和足够可靠度的房屋建筑。

1.2 建筑结构设计的基本原则

房屋建筑设计涉及建筑、结构、建筑设备(如给排水、采暖通风、建筑电器、燃气)等多个专业,每个专业都有各自的职能。建筑工程师与建筑规划师协调,进行房屋体型和周围环境的设计,对房屋的平面及空间进行合理布局,解决好采光、通风、照明、隔音、隔热等建筑技术问题,同时对建筑进行艺术处理,装饰室内外空间,为人们的生活和活动创造良好的环境。结构工程师确定房屋结构所承受的荷载,合理选择建筑材料,正确确定结构体系,解决好承载力、变形、稳定、抗倾覆等技术问题以及结构的连接构造和施工方法。设备工程师确定水源、给排水的标准、系统和装置,确定热源、供热、制冷和空调的标准,确定电源、照明、弱电、动力用电的标准。所以说,建筑是建筑师、结构工程师、设备工程师共同配合创造的产物。

如果说建筑的功能是确定使用空间的存在形式,即在物质上、精神上满足具体使用要求,则结构的功能是确定使用空间的存在可能。早在公元前 18 世纪,古巴比伦王汉谟拉比制定的法典中就规定:"建造者为任何人建造一幢房屋,若因未准确施工,而使所建造的房屋倒塌,建造者自己应出资重建;若房主因而致死,则建造者应处死刑;若压死的是房主之子,则建造者之子抵命。"由此可见,人们在早期的房屋建造中就已经懂得结构安全性的重要了。

因此,结构设计应遵循的原则是:依据建筑结构的安全等级,保证结构体系和结构基本构件能在预定的时间内和规定的条件下,完成预定的功能。一般来讲,预定的时间是指结构的设计使用年限,预定的功能就是结构的功能。

1.2.1 结构的安全等级

建筑物的重要程度是由其用途决定的。在进行建筑结构设计时,应根据建筑结构破坏可能产生的后果(危及人的生命、造成经济损失、产生社会影响等)的严重性,采用不同的安全等级。建筑结构安全等级的划分应符合表 1-1 的要求。

表 1-1 建筑结构的安全等级

安 全 等 级	破坏后果的影响程度	建筑物类型
一级	很严重	重要建筑物

续表

安 全 等 级	破坏后果的影响程度	建筑物类型
二级	严重	一般建筑物
三级	不严重	次要建筑物

对于特殊的建筑物,其安全等级可根据具体情况另行确定。对于有抗震等级或其他特殊要求的建筑结构,安全等级还应符合相应规范的规定。

1.2.2 建筑结构的设计使用年限

设计使用年限是指设计规定的结构或结构构件不需要进行大修,就能完成预定功能的使用时期。建筑结构的设计使用年限可参见表 1-2。

表 1-2 建筑结构的设计使用年限

类 别	设计使用年限/年	示 例
1	5	临时性结构
2	25	易于替换的结构构件
3	50	一般性建筑(普通房屋和构筑物)
4	100	纪念性建筑和特别重要的建筑

建筑结构的使用年限与使用寿命有一定的联系,但又有区别:建筑超过设计使用年限并不一定是使用寿命的结束,但其完成预定功能的能力会越来越差。

1.2.3 结构的功能要求

1) 安全性

安全性是指建筑结构应能承受在正常设计、施工和使用过程中可能出现的各种作用(如荷载、外加变形、温度、收缩等)以及在偶然事件(如地震、爆炸等)发生时或发生后,结构仍能保持必要的整体稳定性,不致发生倒塌。

2) 适用性

适用性是指建筑结构在正常使用过程中,结构构件应具有良好的工作性能,不会产生影响使用的变形、裂缝或振动等现象。

3) 耐久性

耐久性是指建筑结构在正常使用、正常维护的条件下,结构构件具有足够的耐久性能,并能保持建筑的各项功能直至达到设计使用年限,如不发生材料的严重锈蚀、腐蚀、风化等现象或构件的保护层过薄、出现过宽裂缝等现象。

以下是几个结构功能不能被保证的工程事故实例。

【例 1-1】 1997 年 7 月 12 日上午 9:30,位于浙江省某县城南经济开发区的一微利安居住宅在数秒钟内突然发生整体倒塌,而且一塌到底,当时在楼内的 39 人全部被埋,其中 36 人死亡,3 人受伤。此楼建筑面积为 2 476 m²,5 层半混合结构,底部为层高 2.15 m 的储藏室,檐口高度为 16.95 m,一梯两户,共 3 个单元 30 套住房,常居住人口 105 人。1994 年 5 月 10 日开工,1994 年 12 月 30 日竣工,1995 年 6 月验收,1995 年 6 月 28 日出售,正常使用 2 年。

原因:调查中未发现影响结构的装修现象,无人为破坏情况。倒塌的主要原因是:①基础施工过程中存在严重工程隐患,基础材料及施工质量十分低劣,不符合基本设计要求。在清理倒塌现场时,发现不少基础砖墙的砖和砂浆已成粉末状。②设计要求基础内侧进行回填土,夯实至±0.000。但施工时却采用架空板,基础内侧又未粉刷,致使基础长期受积水直接浸泡,强度降低。由于没有回填土,基础墙体的稳定性和抗冲击性减弱。③施工质量管理失控,建设单位质量管理失控,监理不到位。此例属于非正常施工事故。

【例 1-2】 1995 年 6 月 29 日,韩国汉城(即现在的首尔)市中心地上 5 层、地下 4 层的三丰百货大楼从凌晨开始,第 4 层至第 5 层楼板开裂甚至个别处下沉 150 mm,但商场一直在营业。到下午 6 点多,仅在 30 秒时间内,大楼整体倒塌,造成 96 人当场死亡,202 人失踪,951 人受伤。

原因:开发方随意改变使用功能,在施工完成后,将第 5 层原滚轴溜冰场改为餐馆。因韩国人就餐习惯就地而坐,第 5 层改为地板采暖,并在厨房增加了一些厨房设备,同时在屋顶增设了 30 t 的冷却塔。荷载比原设计增加了 3 倍。施工过程中,管理混乱,有些柱截面尺寸比原设计要求小,甚至无梁楼盖柱的柱帽有些都未做。特别是在使用的 5 年中,商场多次改建,荷载的增加、主承重构件在施工及装修过程中截面尺寸减小、关键部位的构造处理不当等,使整个破坏过程相当于"手指穿草纸"。此例属于非正常施工加非正常使用事故。

【例 1-3】 2001 年 9 月 11 日,建于 1973 年、耗资 7 亿美元、高 417 m、地上 110 层地下 6 层的钢框筒结构美国世贸中心双塔大厦,遭到恐怖分子劫持飞机的撞击,致使南塔楼受到 0.9 级冲击力的撞击,在 1 小时 2 分钟后倒塌;而北塔楼受到 1.0 级冲击力的撞击,在 1 小时 43 分钟后倒塌(见图 1-3)。撞击时,巨大冲击力连同随后引起的爆炸能量使大厦晃动了 1 m 多,但并没有立即造成严重倒塌,倒塌最终是飞机的航空燃油造成的。当飞机撞击大厦后,立即引起大火,航空油顺着关键部位的缝隙流淌、渗透到防火保护层内,接触到钢材的表面。燃起的大火(最终温度估计达到 815 ℃以上)使钢材的强度急剧下降,并产生较大的塑性变形,最后丧失承载力而倒塌。撞击北塔楼的飞机所携带的油量少,撞击点接近顶部。而南塔楼的飞机所携带的油量大,撞击点位置较低,上层的压力大,使南楼倒塌在前。由于结构体系选型及构造处理具有良好的吸收撞击冲量和爆炸能量作用,钢框筒本身又具有良好的韧性,因而获得了近两个小时的疏散时间,使得楼内的一部分工作人员得以逃生,挽救了一些人的生命。此次袭击造成经济损失达 300 亿美元,453 人死亡,5 422 人失踪,给美国的金融业、航空业和保险业带来巨大的损失。此例属于偶然事件发生事故。

【例 1-4】 1983 年 9 月某日晚,上海某研究所食堂突然整体倒塌,其屋顶为双层

图 1-3　美国世贸大厦遭袭情景

圆形悬索屋盖,直径为 17.5 m,支承在砖墙加扶壁柱砌体墙上。屋顶的内环梁由型钢组成,直径为 3 m,高 4.5 m。外环梁为钢筋混凝土环梁,截面为 720 mm×600 mm,内外环间由 90 根直径为 7.5 mm 的钢绞索连接,上铺钢筋混凝土扇形板,板内填豆石混凝土,上铺两毡三油防水层。

原因:该工程于 1960 年竣工,自 1965 年以来未对屋顶进行检查,仅对屋顶局部渗漏处做了修补,致使裂缝处钢绞线常年被严重锈蚀,造成断面减小、承载力不足,引起塌落。经事故现场调查,发现 90 根钢绞索全部沿环梁周边折断。此例属于丧失结构耐久性事故。

实际上,各专业间的有机结合能够避免工程事故的发生,并在偶然事件发生时减少损失。建于 1931 年的世界标志性高层建筑之一的帝国大厦高 381 m,共 102 层,其采用的是钢框结构,所有钢构件连接均采用铆钉和螺栓,耗材约 5.7 万吨。大厦中央电梯区纵横方向均设置了斜向钢支撑,并且在钢结构外部外包炉渣混凝土,加强了整个建筑的侧向刚度,强大的侧向刚度使帝国大厦避免了 14 年后的一场劫难。1945 年 7 月 28 日 9 时 40 分,一架美国轰炸机因大雾撞进帝国大厦 78~79 层间,撞出一个约 42 m² 的大洞,所幸飞机所携带的燃油少且灭火及时,大楼安然耸立,保持世界最高建筑地位达 40 年之久。

【本章要点】

① 由梁、板、墙(或柱)、基础等基本构件组成的建筑物的承重骨架体系,称为建筑结构。

② 结构由基本构件组成。

③ 建筑结构按所用材料可分为:混凝土结构、砌体结构、钢结构、木结构和组合结构;按承重结构的类型可分为:砖混结构、框架结构、框架-剪力墙结构、剪力墙结构、筒体结构、排架结构、刚架结构、薄壳结构、拱结构等。

④ 概念设计包括建筑场地选择、建筑选型与平立面布置、结构选型与结构布置、刚度分布、构件延性、确保结构整体性、建筑材料选择和施工质量保障等几个主要方

面。

⑤ 结构设计的原则是依据建筑结构的安全等级,保证结构体系和结构基本构件能在预定的时间内和规定的条件下,完成预定的功能。

⑥ 结构的功能要求是指在规定的时间内,在规定的条件下,建筑结构应能满足安全性、适用性和耐久性等功能要求。

【思考和练习】

1-1 什么是建筑结构？简述建筑结构的分类及其适用范围。

1-2 简述结构与构件的关系。

1-3 什么是概念设计？简述概念设计的主要内容。

1-4 建筑结构的功能要求有哪些？

1-5 结构设计的基准期是多少年？超过这个年限是否意味着该建筑物是危楼？

1-6 规范是如何划分结构的安全等级的？

第2章　建筑结构的设计方法

2.1　作用、作用效应 S 和结构抗力 R

2.1.1　结构上的作用及其分类

使结构或构件产生内力和变形的原因称为作用。作用涵盖的范畴较广,主要表现在两大方面:自然现象和人为现象。自然现象包括地球重力所引起的构件自重以及建筑施工和使用过程中人、设备的自重等;自然气候的影响,如风、雪、冰、温(湿)度变化等;地质、水利方面的影响,如地震、地基不均匀沉降、水位差等。人为现象是指工厂运行吊车、车辆载物行驶、机器运行产生振动以及钢材焊接、施工安装、施加预应力等。以上种种现象均能在结构中引起内力和变形,因此统称为作用。

作用按性质的差异可分为直接作用和间接作用。直接作用即荷载,如构件自重、使用荷载、施工荷载、风荷载、雪荷载、冰荷载、水(土)压力、吊车荷载、车辆荷载、振动荷载、预应力等。荷载通常表现为施加在结构上的集中力或分布力系。间接作用指引起结构外加变形和约束变形的其他作用,如温(湿)度变化、地震作用、基础沉降、混凝土的收缩和徐变、焊接变形等。荷载是工程中常见的作用,《建筑结构荷载规范》(GB 50009—2012)将结构上的荷载按作用时间的长短和性质分为以下三类。

(1) 永久荷载

永久荷载也称为恒载,在结构设计基准期内,其值不随时间变化,或者其变化值与平均值相比可忽略不计,如结构自重、土压力、预应力等。

(2) 可变荷载

可变荷载也称为活载,在结构设计基准期内,其值随时间变化,且其变化值与平均值相比不可忽略,如楼(屋)面活荷载、积灰荷载、风荷载、雪荷载、吊车荷载、温(湿)度变化引起的荷载等。

(3) 偶然荷载

偶然荷载是指在结构设计基准期内不一定出现,而一旦出现则量值很大且持续时间较短的荷载,如地震作用、爆炸力、撞击力等。

2.1.2　作用效应 S 和结构抗力 R

作用效应 S 是指各种作用在结构或构件上产生的内力和变形。由荷载引起的作用效应称为荷载效应。

由于荷载本身的变异性以及结构内力计算假定与实际受力情况间的差异等因素,荷载效应存在不确定性。

结构抗力 R 是指结构或构件承受内力和变形的能力,如结构构件的承载力、刚度和抗裂度等。

结构抗力 R 是结构内部固有的特性,当一个构件制作完成后,它抵抗外界作用的能力也就确定了,其大小主要由构件的截面尺寸、材料强度及材料用量、计算模式等决定。由于人为因素及材料制作工艺、材料制作及使用环境的影响,结构抗力 R 也具有不确定性。

以上概念表明,当结构或构件的任意截面均处于 $S \leqslant R$ 的状态时,结构是安全可靠的。但由于 S、R 都是随机变量,因而结构是否安全可靠这一事件,即事件 $S \leqslant R$ 是随机事件,需要用概率理论来分析。

2.2 极限状态设计原则

2.2.1 结构的极限状态

1. 极限状态的概念

结构能满足安全性、适用性、耐久性三大功能要求中的某一功能要求而良好工作的状态称为可靠状态或有效状态,反之称为不可靠状态或失效状态。而极限状态是区分结构工作状态可靠或失效的标志。可以这样定义:结构在即将不能满足某项功能要求时的特定状态,称为该功能的极限状态。

2. 极限状态的分类

极限状态可分为两类:承载能力极限状态和正常使用极限状态。

(1) 承载能力极限状态

承载能力极限状态是指对应于结构或构件达到最大承载力,或者产生了不适于继续承载的过大变形,从而丧失了安全性功能的一种特定状态。当结构或构件出现下列状态之一时,应认为超过了承载能力极限状态:

① 整个结构或结构的一部分作为刚体失去平衡(如倾覆、滑移等);

② 结构构件或连接部位因为超过材料强度而破坏(包括疲劳破坏),或因过度变形而不适于继续承载;

③ 结构转变为机动体系;

④ 结构或结构构件丧失稳定(如压屈等);

⑤ 地基丧失承载力而破坏(如失稳等)。

结构或构件一旦超过承载能力极限状态,将造成结构全部或部分破坏或倒塌,会导致人员伤亡和严重经济损失,因此,所有结构或构件都必须进行承载能力极限状态的计算,并保证具有足够的可靠度。

（2）正常使用极限状态

正常使用极限状态是指对应于结构或构件达到正常使用或耐久性能的某项规定限值，从而丧失了适用性和耐久性功能的一种特定状态。当结构或构件出现下列状态之一时，应认为超过了正常使用极限状态：

① 影响正常使用或外观的变形；

② 影响正常使用或耐久性能的局部损坏（包括裂缝）；

③ 影响正常使用的振动；

④ 影响正常使用的其他特定状态。

与承载能力极限状态相比，超过正常使用极限状态，一般不致造成人员伤亡，经济损失也小些，所以结构设计时只需对结构或构件的变形、抗裂度或裂缝宽度、地基变形、房屋侧移等进行验算，使之不超过规范规定的限值，或通过简单但行之有效的构造措施来加以解决。

3. 极限状态方程

结构和构件的工作状态，可以由该结构构件所承受的作用效应 S 和结构抗力 R 两者的关系来描述，即

$$Z = R - S = g(R,S) \tag{2.1}$$

式(2.1)称为功能函数，可以用来表示结构的如下三种工作状态：

① 当 $Z>0$ 时，结构处于可靠状态；

② 当 $Z<0$ 时，结构处于失效状态；

③ 当 $Z=0$ 时，结构处于极限状态。

$Z=g(R,S)=0$ 称为极限状态方程，它是结构失效的标准，即当方程成立时，结构正处于极限状态这一分界状态。

2.2.2　结构的可靠性与可靠度

如前所述，由于结构是否安全可靠的事件为随机事件，因此，应当用结构完成其预定功能的可能性（概率）的大小来衡量结构是否安全可靠，而不能用一个绝对的、不变的标准来衡量。当结构完成其预定功能的概率大到一定程度，或不能完成其预定功能的概率（亦称失效概率）小到某一公认的、人们可以接受的程度，就认为该结构是安全可靠的。实际上，没有绝对安全可靠的结构。

为了定量地描述结构的可靠性，需引入可靠度的概念。可靠度是指结构在规定的时间内、在规定的条件下完成预定功能的概率。可靠度是可靠性的概率度量。

假定 S 与 R 均为随机变量，均服从正态分布，其平均值分别为 μ_S 和 μ_R，标准差分别为 σ_S 和 σ_R。

因 $Z=R-S$，则 Z 也是正态分布的随机变量，其概率密度分布曲线如图 2-1 所示。由图可知，$Z=R-S<0$ 的事件（即结构失效）出现的概率即失效概率，为图中阴

影部分的面积(称为尾部面积),其值为

$$P_f = P(Z < 0) \tag{2.2}$$

结构的有效概率(可靠度)为

$$P_s = P(Z > 0) = 1 - P_f \tag{2.3}$$

求得失效概率即可得出结构的可靠概率。

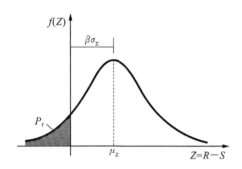

图 2-1　随机变量 Z 的概率密度曲线

2.2.3　结构的可靠指标 β 和目标可靠指标 $[\beta]$

失效概率 P_f 的计算比较麻烦,通常引入结构的可靠指标 β 简化计算。如图 2-1 所示,令

$$\mu_Z = \beta\sigma_Z \tag{2.4}$$

$$\beta = \frac{\mu_Z}{\sigma_Z} = \frac{\mu_R - \mu_S}{\sqrt{\sigma_R^2 + \sigma_S^2}} \tag{2.5}$$

可见,β 值与 P_f 成反比,β 越大,则失效概率越小,结构越可靠,因此 β 和失效概率 P_f 一样可作为衡量结构可靠度的一个指标,称为结构的可靠指标。对于标准正态分布,β 与失效概率 P_f 之间存在一一对应关系,可由概率理论得出。

所谓的目标可靠指标,就是指结构构件设计时预先给定的可靠指标,用 $[\beta]$ 表示。《混凝土结构设计规范》(GB 50010—2010)(以下简称《规范》)规定:$\beta \geqslant [\beta]$,目的是使结构在按承载能力极限状态设计时,其完成预定功能的概率不低于某一允许的水平。

由结构构件的实际破坏情况可知,破坏形态有延性破坏和脆性破坏之分。因结构构件发生延性破坏前有预兆可察,可及时采取补救措施,故目标可靠指标可定得稍低些。反之,结构发生脆性破坏时,破坏常突然发生,比较危险,故目标可靠指标应定得高些。另外,目标可靠指标还与建筑物的重要性有关。

根据结构的安全等级和破坏类型,规定了按承载能力极限状态设计时的目标可靠指标 $[\beta]$ 值(见表 2-1)。

表 2-1 承载能力极限状态设计目标可靠指标$[\beta]$值

破坏类型	安全等级		
	一级	二级	三级
延性破坏	3.7	3.2	2.7
脆性破坏	4.2	3.7	3.2

2.2.4 实用设计表达式

1) 承载能力极限状态设计表达式

对于承载能力极限状态,应考虑荷载效应的基本组合,必要时应考虑荷载效应的偶然组合。承载能力极限状态采用下列设计表达式,即

$$\gamma_0 S \leqslant R \tag{2.6}$$

$$R = R(f_c, f_s, \alpha_k, \cdots) \tag{2.7}$$

式中:γ_0——结构重要性系数,对安全等级为一级、二级、三级的结构构件,可分别取
1.1、1.0、0.9;

S——承载能力极限状态的荷载效应组合设计值,如弯矩设计值 M,剪力设计值 V,轴向力设计值 N 等;

R——结构构件的承载能力设计值,如受弯承载力 M_u,受剪承载力 V_u,受压(拉)承载力 N_u 等;

$R(f_c, f_s, \alpha_k, \cdots)$——结构构件的抗力函数;

f_c——混凝土的强度设计值;

f_s——钢筋的强度设计值;

α_k——构件几何参数的标准值。

对于基本组合,荷载效应设计值应从下列组合值中取最不利值确定。

① 由可变荷载效应控制的组合,即

$$S = \gamma_G \cdot C_G \cdot G_k + \gamma_{Q1} \cdot C_{Q1} \cdot Q_{1k} + \sum_{i=2}^{n} \psi_{ci} \cdot \gamma_{Qi} \cdot C_{Qi} \cdot Q_{ik} \tag{2.8}$$

式中:G_k——永久荷载标准值;

Q_{1k}——在基本组合中起控制作用的一个可变荷载标准值,也称第 1 个可变荷载标准值;

Q_{ik}——第 i 个可变荷载标准值;

γ_G、γ_{Q1}、γ_{Qi}——永久荷载、第 1 个可变荷载、第 i 个可变荷载的荷载分项系数,一般情况下,取 $\gamma_G = 1.2$,$\gamma_Q = 1.4$;

C_G、C_{Q1}、C_{Qi}——永久荷载、第 1 个可变荷载、第 i 个可变荷载的荷载效应系数;

ψ_{ci}——第 i 个可变荷载的组合值系数(对于有多个可变荷载同时作用的情况,考虑到它们同时达到标准值的可能性较小所做的一种折减);

n——参与组合的可变荷载数。

② 由永久荷载效应控制的组合,即

$$S = \gamma_G \cdot C_G \cdot G_k + \sum_{i=1}^{n} \psi_{ci} \cdot \gamma_{Qi} \cdot C_{Qi} \cdot Q_{ik} \tag{2.9}$$

式中各符号含义同上述,但 $\gamma_G = 1.35$。

2) 正常使用极限状态设计表达式

对于正常使用极限状态,应根据不同的设计目的,分别按荷载效应的标准组合、频遇组合和准永久组合进行设计,使变形、裂缝等荷载效应的设计值符合

$$S \leqslant C \tag{2.10}$$

式中:C——设计对变形、裂缝等规定的相应限值;

S——变形、裂缝等荷载效应的设计值。

变形、裂缝等荷载效应的设计值 S 应符合下列规定。

(1) 标准组合

$$S = C_G \cdot G_k + C_{Q1} \cdot Q_{1k} + \sum_{i=2}^{n} \psi_{ci} \cdot C_{Qi} \cdot Q_{ik} \tag{2.11}$$

(2) 频遇组合

$$S = C_G \cdot G_k + \psi_{f1} \cdot C_{Q1} \cdot Q_{1k} + \sum_{i=2}^{n} \psi_{qi} \cdot C_{Qi} \cdot Q_{ik} \tag{2.12}$$

(3) 准永久组合

$$S = C_G \cdot G_k + \sum_{i=1}^{n} \psi_{qi} \cdot C_{Qi} \cdot Q_{ik} \tag{2.13}$$

式中:ψ_{f1}——第 1 个可变荷载的频遇值系数;

ψ_{qi}——第 i 个可变荷载的准永久值系数。

【例 2-1】 已知钢筋混凝土框架结构安全等级为二级,某框架柱柱顶截面在各种荷载作用下的弯矩标准值 M_k、组合值系数 ψ_c、频遇值系数 ψ_f 和准永久值系数 ψ_q 如下表所示。

类　别	$M_k/(kN \cdot m)$	ψ_c	ψ_f	ψ_q
永久荷载	2.0	—	—	—
楼面活荷载	1.6	0.7	0.6	0.5
风荷载	0.4	0.6	0.4	0

求承载能力极限状态与正常使用极限状态下的截面弯矩设计值。

【解】

① 承载能力极限状态。

按可变荷载效应控制的组合

$$M = \gamma_0 \left(\gamma_G \cdot M_{Gk} + \gamma_{Q1} \cdot M_{Q1k} + \sum_{i=2}^{n} \psi_{ci} \cdot \gamma_{Qi} \cdot M_{Qik} \right)$$

$$= 1.0 \times (1.2 \times 2 + 1.4 \times 1.6 + 0.6 \times 1.4 \times 0.4) \text{ kN} \cdot \text{m}$$

$$= 4.976 \text{ kN} \cdot \text{m}$$

按永久荷载效应控制的组合

$$M = \gamma_0 \left(\gamma_G \cdot M_{Gk} + \sum_{i=1}^{n} \psi_{ci} \cdot \gamma_{Qi} \cdot M_{Qik} \right)$$

$$= 1.0 \times (1.35 \times 2 + 0.7 \times 1.4 \times 1.6 + 0.6 \times 1.4 \times 0.4) \text{ kN} \cdot \text{m}$$

$$= 4.604 \text{ kN} \cdot \text{m}$$

所以承载能力极限状态下的截面弯矩设计值为 $4.976 \text{ kN} \cdot \text{m}$。

② 正常使用极限状态。

按荷载的标准组合

$$M_k = M_{Gk} + M_{Q1k} + \sum_{i=2}^{n} \psi_{ci} \cdot M_{Qik}$$

$$= (2 + 1.6 + 0.6 \times 0.4) \text{ kN} \cdot \text{m}$$

$$= 3.84 \text{ kN} \cdot \text{m}$$

按荷载的频遇组合

$$M_f = M_{Gk} + \psi_{f1} \cdot M_{Q1k} + \sum_{i=2}^{n} \psi_{qi} \cdot M_{Qik}$$

$$= (2 + 0.6 \times 1.6 + 0 \times 0.4) \text{ kN} \cdot \text{m}$$

$$= 2.96 \text{ kN} \cdot \text{m}$$

按荷载的准永久组合

$$M_q = M_{Gk} + \sum_{i=1}^{n} \psi_{qi} \cdot M_{Qik}$$

$$= (2 + 0.5 \times 1.6 + 0 \times 0.4) \text{ kN} \cdot \text{m}$$

$$= 2.80 \text{ kN} \cdot \text{m}$$

【本章要点】

① 使结构或构件产生内力和变形的原因称为作用。作用分为直接作用和间接作用,直接作用即荷载。荷载按作用时间的长短和性质分为永久荷载、可变荷载和偶然荷载三类。

② 作用效应 S 是指各种作用在结构或构件上产生的内力和变形。结构抗力 R 是指结构或构件承受内力和变形的能力,如结构构件的承载力、刚度和抗裂度等。

③ 结构在即将不能满足某项功能要求时的特定状态,称为该功能的极限状态,也就是说,极限状态是区分结构可靠或失效的标志。极限状态有承载能力极限状态和正常使用极限状态之分。

④ 可靠度是指结构在规定的时间内、在规定的条件下完成预定功能的概率。可

靠度是可靠性的概率度量。

⑤ 失效概率 P_f 与结构的可靠指标 β 之间有着对应关系,可用 β 表示结构的可靠度。

⑥ 为方便实用,用结构重要性系数、荷载分项系数、材料分项系数等多个系数来表达结构可靠指标 β,使结构满足 $\beta \leqslant [\beta]$,得到可供结构设计用的实用设计表达式。

【思考和练习】

2-1   结构上的作用与荷载是否相同?为什么?恒载和活载有什么区别?对结构上的作用与荷载各举 5 个例子。

2-2   什么是结构的极限状态?极限状态有几种?雨篷梁的抗倾覆验算、受弯构件的抗剪计算、钢筋混凝土梁的裂缝验算各属于哪类极限状态的验算?

2-3   什么是作用效应 S?什么是结构抗力 R? $R > S$、$R = S$、$R < S$ 各表示什么意义?

2-4   什么是结构的可靠性与可靠度?

2-5   目标可靠指标 $[\beta]$ 的确定与哪两个因素有关?

2-6   什么是恒载标准值?什么是恒载设计值?两者的关系如何?

2-7   矩形截面简支梁,安全等级为一级,截面尺寸 $b \times h = 200 \text{ mm} \times 450 \text{ mm}$,计算跨度 $l_0 = 5.2 \text{ m}$,承受均布线荷载:活荷载标准值 $q = 8 \text{ kN/m}$,恒荷载标准值 $g = 9.5 \text{ kN/m}$(不包括自重)。求按承载能力极限状态设计的跨中最大弯矩设计值。

2-8   某办公楼楼面采用预应力混凝土七孔板,安全等级为二级。板计算跨度为 3.18 m,板宽为 0.9 m,七孔板自重为 2.04 kN/m^2,后浇混凝土层厚为 40 mm(容重为 25 kN/m^3),板底抹灰层厚为 20 mm(容重为 20 kN/m^3),活荷载取 1.5 kN/m^2,活荷载组合系数为 0.7,准永久值系数为 0.4。试计算按承载能力极限状态和正常使用极限状态设计时的截面弯矩设计值。

第3章 混凝土构件设计

3.1 钢筋与混凝土的物理力学性能

3.1.1 钢筋

建筑结构所采用的钢筋可分为柔性钢筋和劲性钢筋两类。柔性钢筋即通常所说的普通钢筋,劲性钢筋指用于混凝土中的型钢(如角钢、槽钢及工字钢等)。

1. 钢筋的分类

(1) 根据钢材的化学成分分类

钢材根据化学成分,可分为碳素钢和普通低合金钢。

碳素钢除含有铁、碳两种基本元素之外,还含有少量的硅、锰、硫、磷等元素。根据含碳量的多少,碳素钢又可分为低碳钢、中碳钢和高碳钢;含碳量越高强度越高,塑性和可焊性越差。

普通低合金钢是在碳素钢的基础上,有目的地加入少量的合金元素,如硅、锰、钛、钒、铬等,这些合金元素可以有效地提高钢材的强度并改善钢材的其他性能。

(2) 根据钢筋制作方法分类

钢筋根据制作方法,可分为热轧钢筋,中、高强钢丝和钢绞线,预应力螺纹钢筋以及冷加工钢筋四大系列。

① 热轧钢筋。

热轧钢筋是低碳钢、普通低合金钢在高温状态下轧制而成的软钢。

热轧钢筋共有 8 个牌号,分为 4 个强度等级:300 MPa、335 MPa、400 MPa 和 500 MPa(见表 3-1)。

表 3-1 常用热轧钢筋的种类、代表符号和直径范围

强度等级代号	符 号	d/mm
HPB300	Φ	6~22
HRB335 HRBF335	Φ ΦF	6~50
HRB400 HRBF400 RRB400	Φ ΦF ΦR	6~50

强度等级代号	符号	d/mm
HRB500 HRBF500	亚 亚F	6～50

在表 3-1 中，HPB300 为热轧光面钢筋[见图 3-1(a)]，HRB335、HRB400 和 HRB500 为热轧带肋钢筋，HRBF335、HRBF400 和 HRBF500 是采用温控工艺生产的细晶粒带肋钢筋，RRB400 是余热处理钢筋(带肋)。带肋钢筋又分为螺纹钢筋[见图 3-1(b)]、人字纹钢筋[见图 3-1(c)]和月牙纹钢筋[见图 3-1(d)]三种，统称变形钢筋。月牙纹钢筋的横肋呈月牙形，且其横肋高度向肋的两端逐渐降低至零，与纵肋不相交，可以缓解肋纹相交处的应力集中，因此在我国得到普遍应用。

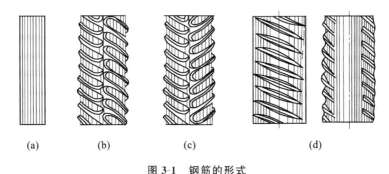

图 3-1　钢筋的形式

(a) 热轧光面钢筋；(b) 螺纹钢筋；(c) 人字纹钢筋；(d) 月牙纹钢筋

② 中、高强钢丝和钢绞线。

中、高强钢丝的直径为 4～10 mm，常用的有消除应力光面钢丝和螺旋肋钢丝[见图 3-2(a)]。钢绞线由冷拉光面钢丝按 2 股、3 股或 7 股捻制成绳状而成[见图 3-2(b)]。

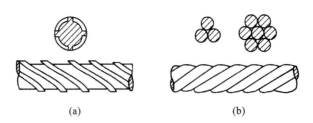

图 3-2　螺旋肋钢丝和钢绞线

(a) 螺旋肋钢丝；(b) 钢绞线

③ 预应力螺纹钢筋。

预应力螺纹钢筋是一种大直径、高强度的钢筋，直径为 18～50 mm。

④ 冷加工钢筋。

冷加工钢筋是指在常温下采用某种工艺对热轧钢筋进行加工得到的钢筋。常用的加工工艺有冷拉、冷拔、冷轧和冷轧扭四种,其目的都是为了提高钢筋的强度,以节约钢材。但是,经冷加工后的钢筋在强度提高的同时,伸长率显著降低,除冷拉钢筋仍具有明显屈服点外,其余冷加工钢筋均无明显屈服点和屈服台阶。

(3) 根据钢筋在单调受拉时应力-应变曲线屈服点的不同分类

钢筋根据在单调受拉时应力-应变曲线屈服点的不同,可分为有物理屈服点的钢筋和无物理屈服点的钢筋。有物理屈服点的钢筋(又称为软钢)包括热轧钢筋、冷拉钢筋等;无物理屈服点的钢筋(又称为硬钢)包括中、高强钢丝,钢绞线等。

(4) 根据钢筋用途分类

钢筋根据用途,可分为普通钢筋和预应力筋。普通钢筋是用于混凝土结构构件中的各种非预应力钢筋的总称。《规范》规定,用于钢筋混凝土结构的国产普通钢筋为热轧钢筋。预应力筋是用于混凝土结构构件中施加预应力的钢筋、钢丝和钢绞线的总称。《规范》规定,用于预应力混凝土结构的国产预应力筋主要采用预应力钢丝、钢绞线和预应力螺纹钢筋。

2. 钢筋的物理力学性能

(1) 钢筋的强度和变形

钢筋的强度和变形主要是由单向拉伸测得的应力-应变曲线来表征,如图 3-3、图 3-4 所示。

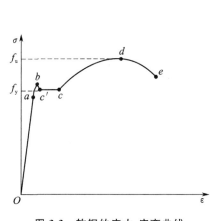

图 3-3　软钢的应力-应变曲线

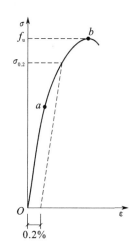

图 3-4　硬钢的应力-应变曲线

① 有物理屈服点的钢筋(软钢)。

如图 3-3 所示,a 点以前钢筋的应力-应变成直线关系,材料处于弹性阶段,故 a 点对应的应力称为比例极限,Oa 段称为钢筋的弹性阶段。

当应力达到 b 点后,应力-应变曲线不再成正比例关系,而出现上下波动,此时应力变化不大,而应变却有大幅度的增加,形成一个明显的屈服台阶,b 点称为上屈服点,c' 点称为下屈服点,c' 点对应的应力称为"屈服强度 f_y"。这种塑性应变一直延续

到 c 点,bc 段称为钢筋的屈服阶段。

应力超过 c 点后,应力-应变曲线又开始上升,钢筋进入强化阶段,抗拉能力有所提高,直至曲线上升到最高点 d,相应的应力称为钢筋的"抗拉极限强度 f_u",cd 段称为强化阶段。

过了 d 点以后,钢筋在薄弱处的断面将显著缩小,发生局部颈缩现象,变形迅速增加,应力随之下降,达到 e 点时,试件被拉断,de 段称为钢筋的破坏阶段。

软钢有两个强度指标:一是钢筋屈服强度 f_y。因为钢筋屈服后会产生很大的塑性变形,这将使构件变形和裂缝宽度大大增加,以致构件无法使用。因此,在计算承载力时取屈服强度 f_y 作为钢筋强度的限值。另一个强度指标是钢筋极限强度 f_u,它是钢筋所能达到的最大强度。

除强度外,钢筋还应具有一定的塑性变形能力。反映钢筋塑性性能的基本指标是伸长率和冷弯性能。伸长率是指钢筋拉断后的伸长值与原长的比率,通常伸长率越大,钢筋塑性越好,钢筋拉断前有足够的伸长,则构件的破坏有预兆;反之,则构件的破坏呈现脆性。冷弯性能是将钢筋围绕某个规定直径 D 的辊轴弯曲成一定的角度,弯曲后的钢筋应无裂纹、断裂及起层现象。钢辊的直径越小,弯转角越大,钢筋的冷弯性能就越好。

② 无物理屈服点的钢筋(硬钢)。

如图 3-4 所示,硬钢的应力-应变曲线不同于软钢,它没有明显的屈服台阶,塑性变形小,伸长率亦小,但极限强度高。通常取残余应变为 0.2% 所对应的应力 $\sigma_{0.2}$ 作为其条件屈服强度标准值 f_{pyk},$\sigma_{0.2} \approx 0.85 f_u$。

(2) 钢筋的强度、变形指标

钢筋的强度有标准值和设计值之分,钢筋强度标准值应具有不小于 95% 的保证率。钢筋强度设计值为其强度标准值除以大于 1 的材料分项系数 γ_s 的数值,其值小于强度标准值,结构承载力计算时钢筋强度应取设计值,以保证结构具有足够的可靠度。各类钢筋的强度标准值见附表 2 和附表 3。各类钢筋强度设计值见附表 4 和附表 5。钢筋弹性模量 E_s 见附表 6。

弹性模量是反映弹性材料应力-应变关系的一个重要物理量,用下式表示

$$E = \frac{\sigma}{\varepsilon} \tag{3.1}$$

3. 钢筋的选择

根据《规范》规定,钢筋选用原则如下。

① 纵向受力普通钢筋宜采用 HRB400、HRB500、HRBF400、HRBF500 级钢筋,也可采用 HPB300、HRB335、HRBF335、RRB400 级钢筋。

② 梁、柱纵向受力普通钢筋应采用 HRB400、HRB500、HRBF400、HRBF500 级钢筋。

③ 箍筋宜采用 HRB400、HRBF400、HPB300、HRB500、HRBF500 级钢筋,也可

采用 HRB335、HRBF335 级钢筋。

④ 预应力筋宜采用预应力钢丝、钢绞线和预应力螺纹钢筋。

3.1.2　混凝土

1. 混凝土的强度

（1）立方体抗压强度标准值 $f_{cu,k}$

混凝土的立方体抗压强度值和混凝土强度等级是衡量混凝土强度的主要指标。《规范》规定，混凝土立方体抗压强度标准值 $f_{cu,k}$，是指边长为 150 mm 的标准立方体试件在（20±3）℃的温度和相对湿度 90％以上的潮湿空气中养护 28 d，按照标准试验方法测得的具有 95％保证率的抗压强度（单位为 MPa）。

《规范》将混凝土强度等级按立方体抗压强度标准值划分为 14 级，即 C15、C20、C25、C30、C35、C40、C45、C50、C55、C60、C65、C70、C75 和 C80。例如，C30 表示立方体的抗压强度标准值为 30 MPa，即 $f_{cu,k}=30$ MPa。

（2）轴心抗压强度

混凝土的抗压强度与试件的形状有关，采用棱柱体比立方体能更好地反映混凝土结构的实际抗压能力。用混凝土棱柱体测得的抗压强度称为轴心抗压强度，其标准值用 f_{ck} 表示。我国采用 150 mm×150 mm×300 mm 棱柱体作为混凝土轴心抗压强度试验的标准试件。

（3）轴心抗拉强度

轴心抗拉强度也是混凝土的基本力学指标之一，其标准值用 f_{tk} 表示。混凝土的轴心抗拉强度可采用直接轴心受拉的试验方法测定。混凝土构件的开裂、裂缝、变形以及受剪、受扭、受冲切等的承载力均与其抗拉性能有关。混凝土的抗拉强度较小，一般只有轴心抗压强度的 5％～10％。

2. 混凝土的强度指标

混凝土强度也有标准值和设计值之分，混凝土强度的标准值应具有 95％的保证率，若将其除以材料分项系数 γ_c（$\gamma_c=1.4$），即得混凝土强度设计值。混凝土轴心抗压强度和轴心抗拉强度的标准值和设计值，见附表 7 和附表 8。

3. 混凝土的变形

混凝土的变形可分为两类：一类为荷载作用下的受力变形，如混凝土单轴短期加荷的变形、多次重复荷载作用下的变形和荷载长期作用下的变形等；另一类为体积变形，如混凝土的收缩和膨胀以及混凝土的温度变形等。

（1）混凝土的受力变形

① 混凝土单轴受压时的应力-应变曲线。

混凝土单轴短期荷载作用下的应力-应变关系是混凝土材料最基本的力学性能，是对混凝土进行理论分析的基本依据。典型的混凝土应力-应变曲线包括上升段和下降段两部分，如图 3-5 所示。

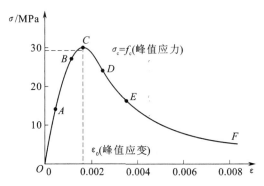

图 3-5　典型的混凝土棱柱体受压应力-应变曲线

上升段(OC)：从开始加荷至 A 点(应力为 $0.3\sim0.4f_c$)，混凝土处于弹性阶段，A 点称为比例极限点；超过 A 点，进入第二阶段——稳定裂缝扩展阶段，至临界点 B；超过 B 点，试件所积蓄的弹性应变能始终保持大于裂缝发展所需要的能量，从而进入裂缝快速发展的不稳定阶段，即第三阶段，直至峰点 C，峰点 C 所对应的峰值应力称为混凝土轴心抗压强度 f_c，相应的应变称为峰值应变 ε_0，其值波动在 $0.0015\sim0.0025$ 之间，平均值 $\varepsilon_0=0.002$。

下降段(CF)：当混凝土强度达到 f_c(C 点)后，混凝土承载力开始下降，应力-应变曲线向下弯曲，直到曲线的凹向发生改变——曲率为零的点(D 点)，称为拐点；超过拐点，结构受力性质开始发生本质的变化，应力-应变曲线逐渐凹向水平方向，此段曲线中曲率最大的一点 E 称为收敛点；E 点以后主裂缝已很宽，结构内聚力已几乎耗尽，F 点称为破坏点，收敛段 EF 对于无侧向约束的混凝土已失去结构意义。

② 混凝土的徐变。

在荷载的长期作用下，混凝土的变形随时间不断增长的现象称为徐变。

徐变会对结构产生一些不利影响，如使结构(构件)的变形增大、在预应力混凝土结构中造成预应力损失等；但徐变对结构也会产生一些有利的影响，如有利于结构构件产生内力重分布、减小大体积混凝土的温度应力等。但总的来说，不利因素大于有利因素，因此，要尽量减小徐变。

试验表明，徐变与下列因素有关：初应力越大，徐变越大；加载时龄期越长，徐变越小；水泥用量越多，水灰比越大，徐变越大；增加混凝土骨料的含量，徐变变小；养护条件好，水泥水化作用充分，徐变变小。

(2) 混凝土的体积变形

混凝土的体积变形分为两类：混凝土在空气中硬化时体积会缩小，这种现象称为混凝土的收缩；混凝土在水中结硬时体积会膨胀，这种现象称为混凝土的膨胀。通常，收缩值比膨胀值大得多。

混凝土的收缩对结构构件往往产生不利影响，如当收缩受到外部(支座)或内部(钢筋)的约束时，将在混凝土中产生拉应力，可能引起混凝土的开裂；混凝土收缩还会使预应力混凝土构件产生预应力损失，等等。

混凝土的收缩主要与下列因素有关：水泥用量越多、水灰比越大，收缩越大；骨料弹性模量高、级配好，收缩就小；在干燥失水及高温环境的收缩较大；小尺寸构件收缩大，大尺寸构件收缩小；高强度混凝土收缩较大。

（3）混凝土的弹性模量

混凝土的弹性模量见附表 9。

4. 混凝土强度等级的选用

在建筑工程中，钢筋混凝土结构的混凝土强度等级不应低于 C20；当采用400 MPa及以上钢筋时，混凝土强度等级不应低于 C25。

预应力混凝土结构的混凝土强度等级不宜低于 C40，且承受重复荷载的钢筋混凝土构件，其混凝土的强度等级不应低于 C30。

3.1.3　钢筋与混凝土共同工作的原因

钢筋和混凝土是两种物理力学性能完全不同的材料，两者之间能够共同工作的原因主要有以下几点。

① 混凝土硬化后，钢筋与混凝土之间产生了良好的黏结力。

② 钢筋与混凝土两者有相近的线膨胀系数，钢筋为 1.2×10^{-5}，混凝土为 $(1.0 \sim 1.5) \times 10^{-5}$。当温度变化时，两者之间不会发生太大的相对变形而使黏结力遭到破坏。

③ 钢筋被混凝土包裹着，从而使钢筋不会因大气的侵蚀而生锈变质。

④ 钢筋的端部应留有一定的锚固长度，有的还需要做弯钩，以保证锚固可靠，防止钢筋受力后被拔出或产生较大的滑移。

3.2　钢筋混凝土受弯构件正截面承载力计算

3.2.1　概述

受弯构件是指截面上通常有弯矩和剪力共同作用的构件。梁和板是典型的受弯构件，它们是建筑工程中数量最多、使用面最广的一类构件。梁的截面形式有矩形、T 形、工字形等，板的截面形式有矩形、槽形和空心形等，如图 3-6 所示。

受弯构件在荷载等因素作用下，可能发生两种破坏：一种是沿弯矩最大的截面破坏[见图 3-7(a)]，破坏截面与构件的轴线垂直，称为正截面破坏；另一种是沿剪力最大或弯矩和剪力都较大的截面破坏[见图 3-7(b)]，破坏截面与构件的轴线斜交，称为斜截面破坏。

进行受弯构件设计时，既要保证构件不能沿正截面发生破坏，又要保证构件不能沿斜截面发生破坏，因此要同时进行正截面承载能力和斜截面承载能力的计算。

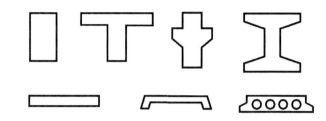

图 3-6 常用梁和板的截面形式

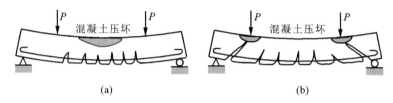

(a)   (b)

图 3-7 受弯构件的破坏形式

（a）正截面破坏；（b）斜截面破坏

3.2.2 受弯构件正截面的受力性能

1. 正截面破坏形态

试验表明:随纵向受拉钢筋配筋率的不同,受弯构件正截面可能产生三种不同的破坏形式——少筋破坏、适筋破坏和超筋破坏(见图 3-8)。

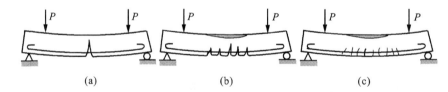

(a)   (b)   (c)

图 3-8 梁的三种破坏形式

（a）少筋破坏；（b）适筋破坏；（c）超筋破坏

定义纵向受拉钢筋配筋率为

$$\rho = \frac{A_s}{bh_0} \tag{3.2}$$

式中:A_s——梁的纵向受拉钢筋截面面积;

b——截面的宽度;

h_0——截面的有效高度。

（1）少筋破坏

当截面的配筋率很低时可能发生少筋破坏。当构件的受拉区钢筋太少时,随荷载的增加,受拉区边缘出现裂缝,裂缝截面处的拉力全部由钢筋承受。由于钢筋用量很少,其应力突然增大导致屈服,裂缝随即上升,致使构件发生折断型破坏[见图 3-8

(a)]。少筋破坏的特点是受压区高度很小,混凝土的抗压能力不能充分发挥,破坏前无明显预兆,破坏是突然发生的,属于脆性破坏,设计时应避免出现。

（2）适筋破坏

当截面的配筋率适中时可能发生适筋破坏。构件的受拉区混凝土开裂以后,裂缝截面处的拉力由钢筋承受,纯弯区段出现多条裂缝。随荷载继续增加,受拉钢筋应力达到屈服值,最后,受压区混凝土被压碎[见图 3-8(b)]。所以,这类构件中受拉钢筋以及受压混凝土的性能都能得到较充分的发挥,构件在破坏前有较大的变形和较宽的裂缝宽度等明显预兆,在钢筋屈服以后,构件产生显著的塑性变形,属于延性破坏。实际设计中必须将受弯构件设计成适筋构件。

（3）超筋破坏

当截面的配筋率过高时可能发生超筋破坏。受弯构件受拉区混凝土开裂以后,随荷载的增加,受拉钢筋的应力和受压区混凝土的应力不断增加,但由于钢筋用量过多,裂缝的发展受到钢筋的遏制,裂缝特征发展不明显,而且一直到受压区混凝土被压碎、构件发生正截面破坏时,受拉钢筋仍未屈服[见图 3-8(c)]。构件破坏前没有明显的预兆,属于脆性破坏,设计时应避免出现。

2. 适筋梁正截面受弯的三个受力阶段

图 3-9 所示为一强度等级为 C25 的钢筋混凝土简支梁。为消除剪力对正截面受弯的影响,采用两点对称加载方式,使两个对称集中力之间的截面,在忽略自重的情况下,只有弯矩而无剪力,称为纯弯区段。通常在长度为 $l_0/3$ 的纯弯区段布置仪表,以观察加载后梁的受力全过程。

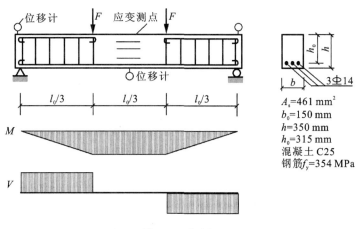

$A_s=461 \text{ mm}^2$
$b_0=150 \text{ mm}$
$h=350 \text{ mm}$
$h_0=315 \text{ mm}$
混凝土 C25
钢筋 $f_y=354 \text{ MPa}$

图 3-9 试验梁

梁上作用的荷载是逐级施加的,由零开始直至破坏。在纯弯区段内,沿梁高两侧布置测点,用仪表量测梁的纵向变形。在跨中和支座处分别安装百(千)分表或挠度测量计来量测跨中的挠度 f。适筋梁正截面受弯的全过程可划分为三个阶段——弹性工作阶段、带裂缝工作阶段和破坏阶段(见图 3-10)。

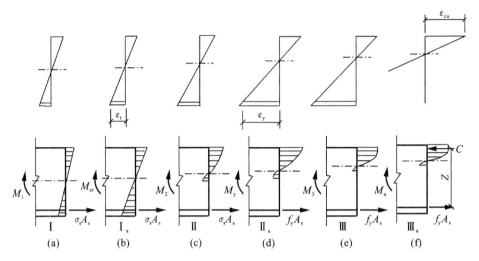

图 3-10　梁在各受力阶段的应力-应变示意图

（1）第Ⅰ阶段——弹性工作阶段

当荷载很小时，梁截面上的内力很小，应力与应变成正比，截面的应力分布为直线［见图 3-10(a)］，该受力阶段为第Ⅰ阶段。

当荷载不断增加，梁截面上的内力也不断增大，由于受拉区混凝土出现塑性变形，受拉区的应力图形呈曲线形式。当荷载增大到某一数值时，受拉区边缘的混凝土达到其实际的抗拉强度和抗拉极限应变值。截面处在开裂前的临界状态［见图 3-10(b)］，该受力状态称为第Ⅰₐ阶段。截面抗裂验算是以第Ⅰₐ阶段的应力状态作为依据的。

（2）第Ⅱ阶段——带裂缝工作阶段

截面受力达Ⅰₐ阶段后，荷载只要稍许增加，截面便立即开裂，截面上应力发生重分布，裂缝处混凝土不再承受拉应力，钢筋的拉应力突然增大，受压区混凝土再现明显的塑性变形，应力图形呈曲线［见图 3-10(c)］，该受力阶段称为第Ⅱ阶段。该阶段的应力状态是正常使用阶段变形和裂缝宽度验算的依据。

荷载继续增加，裂缝进一步开展，钢筋和混凝土的应力不断增大。当荷载增加到某一值时，受拉区纵向受力钢筋开始屈服［见图 3-10(d)］，该受力状态称为Ⅱₐ阶段。

（3）第Ⅲ阶段——破坏阶段

受拉区纵向受力钢筋屈服后，截面的承载力无明显的增加，但塑性变形急速发展，裂缝迅速开展，并向受压区延伸，受压区面积减小，混凝土压应力迅速增大，这是截面受力的第Ⅲ阶段［见图 3-10(e)］。

在荷载几乎保持不变的情况下，裂缝进一步急剧展开，受压区混凝土出现纵向裂缝，混凝土完全被压碎，截面发生破坏［见图 3-10(f)］，该受力状态称为第Ⅲₐ阶段，为正截面承载力极限状态计算的依据。

试验同时表明，从开始加载到构件破坏的整个受力过程中，变形前的平面在变形后仍保持平面。

3.2.3　受弯构件正截面承载力计算方法

1. 基本假定

《规范》规定,正截面承载力应按下列四个基本假定进行计算:

① 截面应变保持平面;

② 不考虑混凝土的抗拉强度;

③ 混凝土受压的应力-应变关系,不考虑其下降段,并简化成如图 3-11(a)所示,其表达式如下。

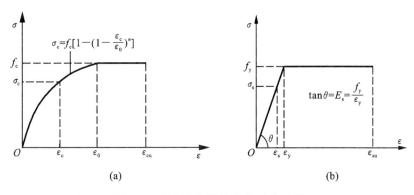

图 3-11　混凝土和钢筋应力-应变曲线

（a）混凝土应力-应变曲线；（b）钢筋应力-应变曲线

a. 当 $\varepsilon_c \leqslant \varepsilon_0$ 时(上升段)

$$\sigma_c = f_c \left[1 - \left(1 - \frac{\varepsilon_c}{\varepsilon_0} \right)^n \right]$$

b. 当 $\varepsilon_0 < \varepsilon_c \leqslant \varepsilon_{cu}$ 时(水平段)

$$\sigma_c = f_c$$

$$n = 2 - \frac{1}{60}(f_{cu,k} - 50)$$

$$\varepsilon_0 = 0.002 + 0.5(f_{cu,k} - 50) \times 10^{-5}$$

$$\varepsilon_{cu} = 0.0033 - (f_{cu,k} - 50) \times 10^{-5}$$

式中: σ_c ——混凝土压应变为 ε_c 时的混凝土压应力;

$\quad f_c$ ——混凝土轴心抗压强度设计值;

$\quad \varepsilon_0$ ——混凝土压应力达到 f_c 时的混凝土压应变,当计算的 ε_0 值小于 0.002 时,取 0.002;

$\quad \varepsilon_{cu}$ ——正截面的混凝土极限压应变,当处于非均匀受压且按上式计算的 ε_{cu} 值大于 0.003 3 时,取 0.003 3,当处于轴心受压时,取 ε_0;

$\quad f_{cu,k}$ ——主体抗压强度标准值;

n——系数,当计算的 n 值大于 2.0 时,取 2.0。

④ 钢筋的应力取钢筋应变与其弹性模量的乘积,但其绝对值不应大于相应的强度设计值,受拉钢筋的极限拉应变取 0.01,并简化成如图 3-11(b)所示,其表达式为

a. 当 $\varepsilon_s \leqslant \varepsilon_y$(上升段)

$$\sigma_s = E_s \varepsilon_s$$

b. 当 $\varepsilon_y < \varepsilon_s \leqslant \varepsilon_{su}$ 时(水平段)

$$\sigma_s = f_y$$

式中:f_y——钢筋的抗拉或抗压强度设计值;

σ_s——对应于钢筋应变为 ε_s 时的钢筋应力值,正值代表拉应力,负值代表压应力;

ε_y——钢筋的屈服应变,即 $\varepsilon_y = \dfrac{f_y}{E_s}$;

ε_{su}——钢筋的极限拉应变,取 0.01;

E_s——钢筋的弹性模量。

2. 单筋矩形截面正截面承载力计算

矩形截面通常分为单筋矩形截面和双筋矩形截面两种形式。一般只在截面的受拉区配有纵向受力钢筋,而受压区配置纵向架立钢筋的矩形截面称为单筋矩形截面;在截面的受拉区及受压区同时配有纵向受力钢筋的矩形截面,称为双筋矩形截面。单筋梁中的架立钢筋是根据构造要求设置的,计算中不考虑其受压作用。

(1)计算图形

单筋矩形截面的计算图形如图 3-12 所示。

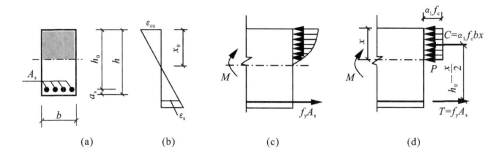

图 3-12 单筋矩形截面的计算图形

(a) 单筋矩形截面;(b) 应变图;(c) 应力图;(d) 等效应力图

为了简化计算,受压区混凝土的应力图形[见图 3-12(c)]可进一步用一个等效的矩形应力图形代替。矩形应力图形的应力取为 $\alpha_1 f_c$[见图 3-12(d)],f_c 为混凝土轴心抗压强度设计值。所谓等效,是指这两个图形不但压应力合力的大小相等,而且合力的作用点位置完全相同。

按等效矩形应力图形计算的受压区高度 x 与混凝土实际受压区高度 x_0 之间的关系为

$$x = \beta_1 x_0 \tag{3.3}$$

系数 α_1、β_1 的取值见表 3-2。

表 3-2　系数 α_1 和 β_1

	≤C50	C55	C60	C65	C70	C75	C80
α_1	1.00	0.99	0.98	0.97	0.96	0.95	0.94
β_1	0.80	0.79	0.78	0.77	0.76	0.75	0.74

（2）基本计算公式

如图 3-12(d)所示，由力平衡条件，可得

$$\alpha_1 f_c b x = f_y A_s \tag{3.4}$$

由力矩平衡条件，可得

$$M \leqslant M_u = \alpha_1 f_c b x \left(h_0 - \frac{x}{2} \right) \tag{3.5}$$

或

$$M \leqslant M_u = f_y A_s \left(h_0 - \frac{x}{2} \right) \tag{3.6}$$

式中：b——矩形截面的宽度；

　　　x——混凝土受压区高度；

　　　f_c——混凝土轴心抗压强度设计值；

　　　f_y——钢筋抗拉强度设计值；

　　　A_s——受拉钢筋的截面面积；

　　　h_0——截面的有效高度。

截面的有效高度是指自受拉钢筋合力作用点至受压区边缘的距离，即 $h_0 = h - a_s$，其中，h 为截面高度，a_s 为受拉区边缘到受拉钢筋合力作用点的距离。在一般情况下，进行截面设计时，由于钢筋直径未知，a_s 需预先估计。根据最外层钢筋的混凝土保护层最小厚度规定（见附表 14），并考虑箍筋直径以及纵向受拉钢筋直径，当环境类别为一类（即室内环境）时，a_s 一般可按下列条件选取：当梁的纵向受力钢筋按一排布置时，$a_s = 40$ mm；两排布置时，$a_s = 65$ mm；对于板，$a_s = 20$ mm，当混凝土强度等级不大于 C25 时，应再增加 5 mm（见图 3-13）。

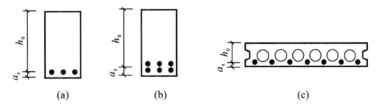

图 3-13　有效高度的确定

（3）基本公式的适用条件

式(3.4)和式(3.5)或(3.6)是在适筋条件下建立的。因此,基本公式必须满足下列条件。

① 为防止发生超筋破坏,混凝土受压区高度应满足下式(见图 3-14),即

$$x \leqslant x_b \tag{3.7}$$

x_b 为界限破坏时的截面受压区高度。界限破坏是指介于适筋破坏与超筋破坏之间的破坏形态。界限破坏形态的标志是:在受拉钢筋达到屈服的同时,受压区混凝土被压碎。

现定义截面的相对受压区高度

$$\xi = x/h_0 \tag{3.8}$$

则相对界限受压区高度为 $\xi_b = x_b/h_0$。

式(3.7)又可写为

$$\xi \leqslant \xi_b \tag{3.9}$$

或

$$A_s \leqslant \rho_{\max} b h_0 \tag{3.10}$$

式中:$\rho_{\max}$——界限破坏的配筋率,即适筋梁的最大配筋率。

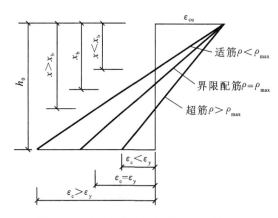

图 3-14 受压区高度与梁破坏形态的关系

由平截面假定以及界限破坏时受拉钢筋屈服与受压区混凝土边缘压碎同时发生的破坏标志,可以推得有屈服点普通钢筋的相对界限受压区高度

$$\xi_b = \frac{\beta_1}{1 + \dfrac{f_y}{E_s \varepsilon_{cu}}} \tag{3.11}$$

将 $x_b = \xi_b h_0$ 代入式(3.4),并联合式(3.2)可得

$$\rho_{\max} = \xi_b \frac{\alpha_1 f_c}{f_y} \tag{3.12}$$

式(3.7)、式(3.9)、式(3.10)的三个公式的意义都是为避免纵向钢筋过多形成超筋破坏,只是为了便于应用写成三种表达式,实际上只要满足其中之一,其余两式必

然满足。

当构件按最大配筋率配筋时,可由式(3.5)求出适筋受弯构件所能承受的最大弯矩为

$$M_{\max} = \alpha_1 f_c b h_0^2 \xi_b (1 - 0.5\xi_b) \tag{3.13}$$

② 为防止少筋破坏,需满足

$$\rho \geqslant \rho_{\min} \tag{3.14}$$

式中:$\rho_{\min}$——截面的最小配筋率。

《规范》规定的受弯构件纵向受拉钢筋最小配筋率为 $0.45 f_t / f_y$,同时不应小于 0.2%。

混凝土结构各种受力构件中纵向受力钢筋的最小配筋率见附表 11。由式 (3.11)计算的 ξ_b 值如表 3-3 所示。

表 3-3 相对界限受压区高度 ξ_b 取值

钢 筋 级 别	混凝土强度等级						
	≤C50	C55	C60	C65	C70	C75	C80
HPB300	0.576	0.566	0.556	0.547	0.537	0.528	0.518
HRB335、HRBF335	0.550	0.541	0.531	0.522	0.512	0.503	0.493
HRB400、HRBF400、RRB400	0.518	0.508	0.499	0.490	0.481	0.472	0.463
HRB500、HRBF500	0.482	0.473	0.464	0.455	0.447	0.438	0.429

(4)基本公式的应用

基本公式的应用有两种情况:截面复核和截面设计。

① 截面复核。

截面复核即截面承载力验算,要求在已知截面尺寸 b、h 和材料强度 f_c、f_y 的情况下,确定截面的受弯承载力设计值,检验截面是否安全。如果经计算是超筋截面,只能用式(3.13)计算极限弯矩。

【例 3-1】 已知单筋矩形截面如图 3-15 所示,$b \times h = 250 \text{ mm} \times 500 \text{ mm}$。混凝土强度等级 C25,纵向受拉钢筋用 HRB400 级 4 Φ 16,$A_s = 804 \text{ mm}^2$。环境类别为一类。求此截面所能承受的弯矩。

【解】

查得 $f_c = 11.9 \text{ MPa}$,$f_t = 1.27 \text{ MPa}$,$f_y = 360 \text{ MPa}$

$\dfrac{A_s}{bh} = 0.0064 > \rho_{\min} = 0.002$ 及 $0.45 \dfrac{f_t}{f_y} =$

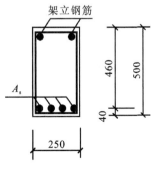

图 3-15 例 3-1 图

0.001 6

截面有效高度　　$h_0 = h - a_s = (500 - 40) \text{ mm} = 460 \text{ mm}$

$$x = \frac{f_y A_s}{\alpha_1 f_c b} = \frac{360 \times 804}{1.0 \times 11.9 \times 250} \text{ mm} = 97.3 \text{ mm} < \xi_b h_0 = 0.55 \times 460 \text{ mm} = 253 \text{ mm}$$

故满足要求。

则该截面承受的弯矩设计值为

$$M_u = f_y A_s \left(h_0 - \frac{x}{2} \right) = 360 \times 804 \times \left(460 - \frac{97.3}{2} \right) \text{ N} \cdot \text{mm}$$

$$= 119.06 \times 10^6 \text{ N} \cdot \text{mm} = 119.06 \text{ kN} \cdot \text{m}$$

② 截面设计。

截面承受的弯矩值 M 由结构内力分析求得，截面尺寸和材料强度可由设计者确定，要求确定截面所需配置的纵向受拉钢筋面积 A_s。由基本式(3.5)，得

$$x = h_0 \left(1 - \sqrt{1 - \frac{2M}{\alpha_1 f_c b h_0^2}} \right) \tag{3.15}$$

代入式(3.4)，得

$$A_s = \frac{\alpha_1 f_c b x}{f_y} \tag{3.16}$$

另外，还可按下述方法计算

取计算系数　　　$$\alpha_s = \frac{M}{\alpha_1 f_c b h_0^2} = \frac{\alpha_1 f_c b x \left(h_0 - \frac{x}{2} \right)}{\alpha_1 f_c b h_0^2}$$

即

$$\alpha_s = \xi(1 - 0.5\xi) \tag{3.17a}$$

$$\gamma_s = 1 - 0.5\xi \tag{3.17b}$$

则由上两式可得

$$\xi = 1 - \sqrt{1 - 2\alpha_s} \tag{3.17c}$$

$$\gamma_s = \frac{1 + \sqrt{1 - 2\alpha_s}}{2} \tag{3.17d}$$

将式(3.17b)代入式(3.6)得

$$A_s = \frac{M}{f_y \gamma_s h_0} \tag{3.18}$$

称 α_s 为截面抵抗矩系数，γ_s 为内力矩的力臂系数。

【例 3-2】　一受均布荷载作用的矩形截面简支梁的计算跨度 $l_0 = 5.2$ m[见图 3-16(a)]。永久荷载(包括自重)标准值 $g_k = 5$ kN/m，可变荷载标准值 $q_k = 10$ kN/m。环境类别为一类。试按正截面受弯承载力设计此梁截面并计算配筋。

【解】

① 求跨中截面的最大弯矩设计值。

因仅有一个可变荷载，故弯矩设计值应取下列两者中的较大值：

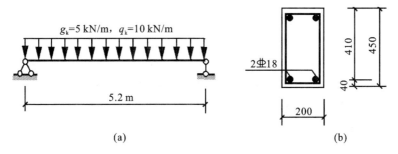

图 3-16　例 3-2 图

(a) 简支梁；(b) 截面配筋图

$$M = \frac{1}{8}(1.2g_k + 1.4q_k)l^2 = 67.6 \text{ kN} \cdot \text{m}$$

$$M = \frac{1}{8}(1.35g_k + q_k)l^2 = 56.6 \text{ kN} \cdot \text{m}$$

取 $M = 67.6$ kN·m。

② 选用材料及截面尺寸。

选用 C30 混凝土，$f_c = 14.3$ MPa，$f_t = 1.43$ MPa，HRB400 级钢筋 $f_y = 360$ MPa。$\alpha_1 = 1.0$，$\beta_1 = 0.8$。设 $h \approx l_0/12 = 5\ 200/12 = 430$ mm，取 $h = 450$ mm。按 $b = (1/3 \sim 1/2)h$，取 $b = 200$ mm。

初步估计纵向受拉钢筋为单层布置，$h_0 = h - a_s = (450 - 40)$ mm $= 410$ mm。

③ 计算配筋。

$$x = h_0\left(1 - \sqrt{1 - \frac{2M}{\alpha_1 f_c b h_0^2}}\right) = 410 \times \left(1 - \sqrt{1 - \frac{2 \times 67.6 \times 10^6}{1.0 \times 14.3 \times 200 \times 410^2}}\right) \text{ mm}$$

$$= 62.4 \text{ mm}$$

$$x < \xi_b h_0 = 0.518 \times 410 \text{ mm} = 212.38 \text{ mm}$$

则

$$A_s = \frac{\alpha_1 f_c b x}{f_y} = \frac{1.0 \times 14.3 \times 200 \times 62.4}{360} \text{ mm}^2 = 496 \text{ mm}^2$$

还可按下述方法计算

$$\alpha_s = \frac{M}{\alpha_1 f_c b h_0^2} = \frac{67.6 \times 10^6}{1.0 \times 14.3 \times 200 \times 410^2} = 0.141 < \alpha_{sb}$$

$$\gamma_s = \frac{1 + \sqrt{1 - 2\alpha_s}}{2} = \frac{1 + \sqrt{1 - 2 \times 0.141}}{2} = 0.924$$

$$A_s = \frac{M}{f_y \gamma_s h_0} = \frac{67.6 \times 10^6}{360 \times 0.924 \times 410} \text{ mm}^2 = 496 \text{ mm}^2$$

选用 2⎓18，$A_s = 509$ mm²，截面配筋如图 3-16(b)所示。

④ 验算配筋量。

最小配筋率　$\rho_{\min} = 0.45 \dfrac{f_t}{f_y} = 0.45 \times \dfrac{1.43}{360} = 0.001\ 79 < 0.002$

$$\rho=\frac{A_s}{bh}=\frac{509}{200\times410}=0.006\ 2>\rho_{min}$$，满足要求。

3. 双筋矩形截面受弯承载力计算

当荷载比较大,同时截面高度受到使用要求的限制,混凝土的强度等级受到施工条件的限制不便提高时,可在截面受压区设置受压钢筋,即设计成双筋截面;有时候,构件在风荷载和地震作用下,梁截面可能承受方向相反的弯矩,这时也应设计成双筋截面。另外,双筋截面具有较好的延性。

1）基本计算公式

双筋截面破坏时的受力特点与单筋截面相似,采用与单筋矩形截面相同的方法,用等效的计算应力图形替代实际的应力图形,如图 3-17(a)所示。

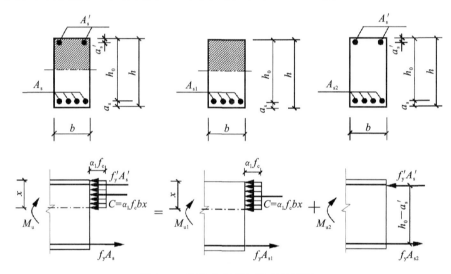

图 3-17　双筋矩形截面的计算图形

由力平衡条件,可得

$$\alpha_1 f_c bx + f'_y A'_s = f_y A_s \tag{3.19}$$

由力矩平衡条件,可得

$$M \leqslant M_u = \alpha_1 f_c bx\left(h_0 - \frac{x}{2}\right) + f'_y A'_s(h_0 - a'_s) \tag{3.20}$$

式中:f'_y——钢筋的抗压强度设计值;

A'_s——受压钢筋的截面面积;

a'_s——受压钢筋的合力点至受压区边缘的距离;

其他符号与单筋矩形截面相同。

2）计算公式的适用条件

基本计算公式的适用条件如下:

① $\xi \leqslant \xi_b$;

② $x \geqslant 2a'_s$。

条件②是为保证在截面达到承载力极限状态时受压钢筋能达到其抗压强度设计值,以与基本公式符合。

双筋截面因钢筋配置较多,通常都能满足最小配筋率的要求,可不再进行最小配筋率的验算。

3) 基本公式的应用

（1）截面设计

情况①:已知弯矩设计值 M,截面的尺寸 $b \times h$ 和材料强度设计值,求受拉及受压钢筋面积。

由已知条件知,在式(3.19)及式(3.20)中有 x、A_s 和 A'_s 三个未知数,不能直接求解,需要补充一个条件才能求解。由公式的适用条件 $x \leqslant \xi_b h_0$ 知,如令 $x = \xi_b h_0$,则可充分利用混凝土的抗压作用,从而使钢筋的总用量 $A_s + A'_s$ 为最小,达到节约用钢的目的。

将 $x = \xi_b h_0$ 代入式(3.20)并取 $M = M_u$,经整理得

$$A'_s = \frac{M - \alpha_1 f_c b h_0 \xi_b (1 - 0.5\xi_b)}{f'_y (h_0 - a'_s)} \tag{3.21}$$

由式(3.19)可得

$$A_s = A'_s \frac{f'_y}{f_y} + \xi_b \frac{\alpha_1 f_c b h_0}{f_y} \tag{3.22}$$

情况②:已知弯矩设计值 M,截面的尺寸 $b \times h$,材料强度设计值以及受压钢筋 A'_s,求受拉钢筋面积 A_s。

此时,式(3.19)和式(3.20)中仅 x 和 A_s 为未知数,故可直接联立求解。由图3-15(b)、(c),将 M_u 及 A_s 分解为两部分。

$$M_u = M_{u1} + M_{u2} \tag{3.23}$$

$$A_s = A_{s1} + A_{s2} \tag{3.24}$$

其中

$$M_{u2} = f'_y A'_s (h_0 - a'_s) \tag{3.25}$$

$$M_{u1} = M - M_{u2} = M - f'_y A'_s (h_0 - a'_s) = \alpha_1 f_c b x \left(h_0 - \frac{x}{2} \right) \tag{3.26}$$

由上式求出 x,代入式(3.4)得

$$A_{s1} = \frac{\alpha_1 f_c b x}{f_y} \tag{3.27}$$

而

$$A_{s2} = \frac{f'_y A'_s}{f_y} \tag{3.28}$$

最后可得

$$A_s = A_{s1} + A_{s2} = \frac{\alpha_1 f_c b x}{f_y} + \frac{f'_y A'_s}{f_y}$$

求解这类问题时,可能会遇到如下两种情况。

若 $x > \xi_b h_0$,说明原有的受压钢筋 A'_s 数量太少,可按 A'_s 为未知的情况①重新进行求解。

若 $x < 2a'_s$，说明 A'_s 不能达到设计强度，此时可近似认为混凝土合力作用在受压钢筋合力点处，即取 $x = 2a'_s$，则

$$A_s = \frac{M}{f_y(h_0 - a'_s)} \tag{3.29}$$

（2）截面复核

已知截面尺寸、材料的强度等级、受拉钢筋 A_s 和受压钢筋 A'_s，求正截面受弯承载力 M_u。

由式(3.19)求出受压区高度 x，若 $2a'_s \leqslant x \leqslant \xi_b h_0$，则代入式(3.20)求 M_u。

若 $x < 2a'_s$，则直接利用式(3.29)进行计算。

若 $x > \xi_b h_0$，则应把 $x = x_b = \xi_b h_0$ 代入基本式(3.20)得

$$M_u = \alpha_1 f_c bh_0^2 \xi_b\left(1 - \frac{\xi_b}{2}\right) + f'_y A'_s(h_0 - a'_s) \tag{3.30}$$

【例 3-3】 已知某钢筋混凝土矩形梁截面 $b \times h = 200\ \text{mm} \times 400\ \text{mm}$，采用 C30 混凝土，钢筋为 HRB400 级，构件安全等级二级，环境类别为一类，截面的弯矩设计值 $M = 180\ \text{kN} \cdot \text{m}$，试配置该截面钢筋。

【解】

查附表得 $f_c = 14.3\ \text{MPa}$，$f_y = f'_y = 360\ \text{MPa}$，$\alpha_1 = 1.0$，$\xi_b = 0.518$。

因弯矩较大，受拉钢筋设置为两排，$h_0 = h - a_s = (400 - 65)\ \text{mm} = 335\ \text{mm}$。

先按单筋截面考虑，所能承受的最大弯矩

$$\begin{aligned}
M_{u,\max} &= \alpha_1 f_c bh_0^2 \xi_b(1 - 0.5\xi_b) \\
&= 1.0 \times 14.3 \times 200 \times 335^2 \times 0.518 \times (1 - 0.5 \times 0.518)\ \text{N} \cdot \text{mm} \\
&= 123.2 \times 10^6\ \text{N} \cdot \text{mm} = 123.2\ \text{kN} \cdot \text{m} < 180\ \text{kN} \cdot \text{m}
\end{aligned}$$

故应按双筋截面进行设计。为使总用钢量最少，取 $x = \xi_b h_0$，按式(3.21)整理得

$$A'_s = \frac{M - \alpha_1 f_c bh_0^2 \xi_b(1 - 0.5\xi_b)}{f'_y(h_0 - a'_s)} = \frac{180 \times 10^6 - 123.2 \times 10^6}{360 \times (335 - 40)}\ \text{mm}^2 = 535\ \text{mm}^2$$

由式(3.22)可得

$$\begin{aligned}
A_s &= \frac{f'_y}{f_y}A'_s + \xi_b\, \frac{\alpha_1 f_c bh_0}{f_y} \\
&= \left(535 + \frac{0.518 \times 1.0 \times 14.3 \times 200 \times 335}{360}\right)\ \text{mm}^2 \\
&= 1913.6\ \text{mm}^2
\end{aligned}$$

受压钢筋选用 2 Φ 20（$A'_s = 628\ \text{mm}^2 > 535.6\ \text{mm}^2$），并兼作梁的架立钢筋。

受拉钢筋选用 5 Φ 22（$A_s = 1\,900\ \text{mm}^2$，在 -5% 之内），按两排布置，与题目开始假设一致。

截面配筋如图 3-18 所示。

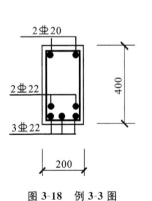

图 3-18　例 3-3 图

【例 3-4】 已知某钢筋混凝土梁的截面 $b \times h = 200$

mm×500 mm,承担的弯矩设计值 $M=210$ kN·m,混凝土 C25,钢筋 HRB335 级,构件安全等级二级,环境类别一类,已知在受压区配有 $2\,\Phi\,18(A'_s=509\ \text{mm}^2)$ 的钢筋,设计此截面。

【解】

① 查得 $f_c=11.9$ MPa, $f_y=f'_y=300$ MPa, $a'_s=40$ mm。 $\alpha_1=1.0,\beta_1=0.8$。假设钢筋按两排放置,则 $h_0=h-a_s=(500-65)$ mm$=435$ mm。

② 计算与受压钢筋对应的受拉钢筋的面积 A_{s2} 及其所能抵抗的弯矩 M_2。

$$A_{s2}=\frac{A'_s f'_y}{f_y}=\frac{509\times300}{300}\ \text{mm}^2=509\ \text{mm}^2$$

$$\begin{aligned}M_2&=A'_s f'_y(h_0-a'_s)\\&=509\times300\times(435-40)\text{N·mm}\\&=60.3\times10^6\ \text{N·mm}=60.3\ \text{kN·m}\end{aligned}$$

③ 计算受压区混凝土所应承担的弯矩。

$$M_1=M-M_2=(210-60.3)\ \text{kN·m}=149.7\ \text{kN·m}$$

④ 按单筋矩形截面的计算公式计算与受压混凝土所对应的受拉钢筋面积。

$$\alpha_s=\frac{M_1}{\alpha_1 f_c b h_0^2}=\frac{149.7\times10^6}{1.0\times11.9\times200\times435^2}=0.332$$

$$\xi=1-\sqrt{1-2\alpha_s}=0.420<\xi_b=0.550$$

$$\begin{aligned}x=\xi h_0&=0.420\times435\ \text{mm}\\&=182.7\ \text{mm}>2a'_s=2\times35\ \text{mm}=70\ \text{mm}\end{aligned}$$

则 $A_{s1}=\dfrac{\alpha_1 f_c b x}{f_y}$

$$=\frac{1.0\times11.9\times200\times182.7}{300}\ \text{mm}^2=1\,449\ \text{mm}^2$$

⑤ 计算受拉钢筋总面积。

$$A_s=A_{s1}+A_{s2}=(1\,449+509)\ \text{mm}^2=1\,958\ \text{mm}^2$$

⑥ 选筋。

选用 $3\,\Phi\,25+2\,\Phi\,22$,实际钢筋面积为 2 233 mm^2,截面配筋如图 3-19 所示。

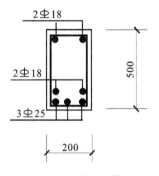

图 3-19　例 3-4 图

4. T 形截面正截面承载力计算

在单筋矩形截面承载力计算的基本假定中,没有考虑受拉区混凝土的作用,因此,如果将受拉区的混凝土挖去一部分,只留下放置钢筋的部分,则形成了如图 3-20 所示的 T 形截面,这样既不影响构件承载力,又节省了混凝土,减轻了结构的自重,还可以降低造价。除了独立的 T 形截面梁外,槽形板、圆孔空心板、现浇钢筋混凝土肋梁结构中梁的跨中截面均可按 T 形截面计算。

在图 3-20 中,T 形截面的伸出部分称为翼缘,其宽度为 b'_f,高度为 h'_f;中间部分称为梁肋或腹板,肋宽为 b,高为 h,有时为了需要,也采用翼缘在受拉区的倒 T 形截面或工字形截面。由于不考虑受拉区翼缘混凝土受力[见图 3-21(a)],工字形截面

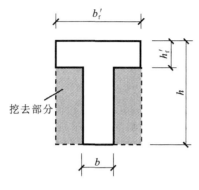

图 3-20 T 形截面梁

按 T 形截面计算。对于现浇楼盖的连续梁[见图 3-21(b)],由于支座处承受负弯矩，梁截面下部受压(见 1-1 截面)，因此支座处按矩形截面计算，而跨中(2-2 截面)则按 T 形截面计算。

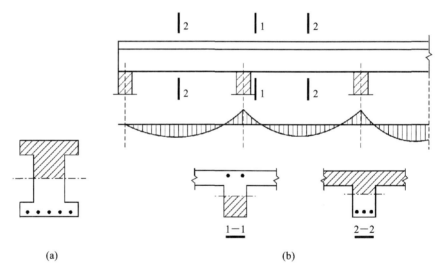

图 3-21 T 形和矩形截面的划分

在理论上，T 形截面翼缘宽度 b'_f 越大，截面受力性能就越好。因为，在弯矩 M 作用下，b'_f 越大则受压区高度 x 越小、内力臂也越大，因而可减小受拉钢筋截面面积。但试验与理论研究证明，T 形截面受弯构件翼缘的纵向压应力沿翼缘宽度方向分布不均匀，离肋部越远压应力越小[见图 3-22(a)]。因此，对翼缘计算宽度 b'_f 应加以限制。

T 形截面翼缘计算宽度 b'_f 的取值与翼缘厚度、梁的跨度和受力情况等许多因素有关。《规范》规定按表 3-4 取用最小值。在规定范围内的翼缘，可认为压应力均匀分布[见图 3-22(b)]。

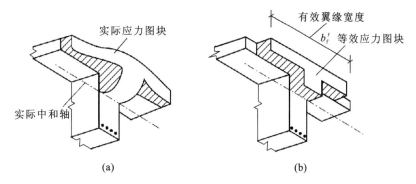

图 3-22　T 形截面的应力分布

表 3-4　建筑工程 T 形及倒 L 形截面受弯构件翼缘计算宽度 b'_f

考虑情况		T 形截面		倒 L 形截面
		肋形梁（板）	独立梁	肋形梁（板）
按计算跨度 l_0 考虑		$l_0/3$	$l_0/3$	$l_0/6$
按梁（肋）净距 s_n 考虑		$b+s_n$	—	$b+s_n/2$
按翼缘高度 h'_f 考虑	当 $h'_f/h_0 \geqslant 0.1$	—	$b+12h'_f$	—
	当 $0.1 > h'_f/h_0 \geqslant 0.05$	$b+12h'_f$	$b+6h'_f$	$b+5h'_f$
	当 $h'_f/h_0 < 0.05$	$b+12h'_f$	b	$b+5h'_f$

注：① 表中 b 为梁的腹板宽度；
　② 如肋形梁在梁跨内设有间距小于纵肋间距的横肋时，则可不遵守表列第三种情况的规定；
　③ 对有加腋的 T 形、工字形和倒 L 形截面，当受压区加腋的高度 $h_h \geqslant h'_f$ 且加腋的宽度 $b_h \leqslant 3h_h$ 时，则其翼缘计算宽度可按表列第三种情况规定分别增加 $2b_h$（T 形、工字形截面）和 b_h（倒 L 形截面）；
　④ 独立梁受压区的翼缘板在荷载作用下经验算沿纵肋方向可能产生裂缝时，其计算宽度应取用腹板宽度 b。

1）基本计算公式及其适用条件

（1）两类 T 形截面的判别

计算 T 形梁时，按中和轴位置不同，可分为两种类型。

第一种类型：中和轴在翼缘内，即 $x \leqslant h'_f$。

第二种类型：中和轴在梁肋内，即 $x > h'_f$。

为了鉴别 T 形截面属于哪一种类型，首先分析一下图 3-23 所示 $x = h'_f$ 的特殊情况。由力的平衡条件，可得

$$\alpha_1 f_c b'_f h'_f = f_y A_s \tag{3.31}$$

由力矩平衡条件，可得

$$M_u = \alpha_1 f_c b'_f h'_f \left(h_0 - \frac{h'_f}{2} \right) \tag{3.32}$$

式中：b'_f——T 形截面受弯构件受压区的翼缘宽度；

h'_f——T 形截面受弯构件受压区的翼缘高度。

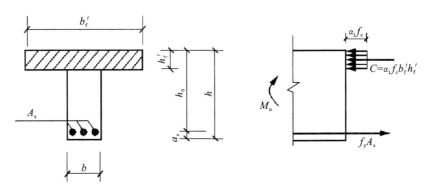

图 3-23 $x = h'_f$ 时的 T 形梁

显然,若

$$f_y A_s \leqslant \alpha_1 f_c b'_f h'_f \tag{3.33}$$

或

$$M_u \leqslant \alpha_1 f_c b'_f h'_f \left(h_0 - \frac{h'_f}{2}\right) \tag{3.34}$$

则 $x \leqslant h'_f$,即属于第一种类型。反之,若

$$f_y A_s > \alpha_1 f_c b'_f h'_f \tag{3.35}$$

或

$$M_u > \alpha_1 f_c b'_f h'_f \left(h_0 - \frac{h'_f}{2}\right) \tag{3.36}$$

则 $x > h'_f$,即属于第二种类型。

式(3.34)或式(3.36)适用于设计题的鉴别(此时 A_s 未知),而式(3.33)或式(3.35)适用于复核题的鉴别(此时 A_s 已知)。

(2) 第一类 T 形截面承载力的计算公式

由图 3-24 可知,第一类 T 形截面相当于宽度 $b = b'_f$ 的矩形截面,可用 b'_f 代替 b 按矩形截面的公式计算

$$f_y A_s = \alpha_1 f_c b'_f x \tag{3.37}$$

$$M_u \leqslant \alpha_1 f_c b'_f x \left(h_0 - \frac{x}{2}\right) \tag{3.38}$$

适用条件

$$\xi \leqslant \xi_b \tag{3.39}$$

$$A_s \geqslant \rho_{min} b h_0 \tag{3.40}$$

其中,式(3.39)一般均能满足,可不必验算。

(3) 第二类 T 形截面承载力的计算公式

第二类 T 形截面(见图 3-25)的计算公式,可由平衡条件求得

$$\alpha_1 f_c (b'_f - b) h'_f + \alpha_1 f_c b x = f_y A_s \tag{3.41}$$

$$M \leqslant \alpha_1 f_c (b'_f - b) h'_f \left(h_0 - \frac{h'_f}{2}\right) + \alpha_1 f_c b x \left(h_0 - \frac{x}{2}\right) \tag{3.42}$$

适用条件

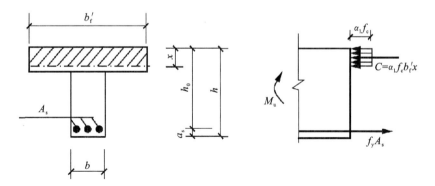

图 3-24　第一类 T 形梁的计算图形

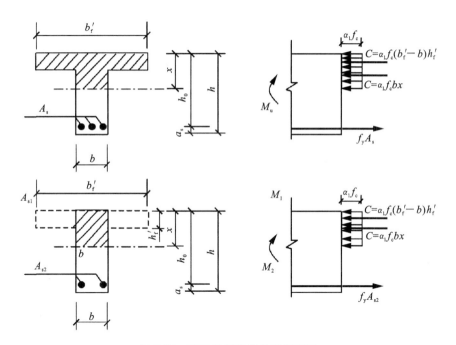

图 3-25　第二类 T 形梁的计算图形

$$x \leqslant \xi_b h_0 \tag{3.43}$$

$$A_s \geqslant \rho_{min} b h_0 \tag{3.44}$$

其中,式(3.44)一般均能满足,不必验算。

2) 基本计算公式的应用

(1) 截面设计

一般梁的截面尺寸已知,求受拉钢筋截面面积 A_s,故可按下述步骤进行。

令 $$M = M_u$$

若满足式(3.34),即 $M \leqslant \alpha_1 f_c b_f' x (h_0 - \dfrac{x}{2})$,则属第一类 T 形截面,其计算方法与

$b'_f \times h$ 的单筋矩形梁完全相同。

若满足式(3.36),即 $M > \alpha_1 f_c b'_f h'_f \left(h_0 - \dfrac{h'_f}{2}\right)$,则属第二类 T 形截面,可按以下步骤计算。

取
$$M = M_1 + M_2$$

其中
$$M_1 = \alpha_1 f_c (b'_f - b) h'_f \left(h_0 - \frac{h'_f}{2}\right) \tag{3.45}$$

$$M_2 = \alpha_1 f_c bx \left(h_0 - \frac{x}{2}\right) \tag{3.46}$$

由图 3-23 可知,平衡翼缘挑出部分的混凝土压力所需的受拉钢筋截面面积 A_{s1} 为

$$A_{s1} = \frac{\alpha_1 f_c (b'_f - b) h'_f}{f_y} \tag{3.47}$$

又由 $M_2 = M - M_1 = \alpha_1 f_c b h_0^2 \xi(1 - 0.5\xi)$,可按单筋矩形梁的计算方法,求得 A_{s2}。

$$A_s = A_{s1} + A_{s2} = \frac{\alpha_1 f_c (b'_f - b) h'_f}{f_y} + A_{s2} \tag{3.48}$$

验算 $x \leqslant \xi_b h_0$。

(2) 截面复核

当满足式(3.33)时,属第一类 T 形截面,可按宽度为 b'_f 的矩形梁求 M_u。

当满足式(3.35)时,属第二类 T 形截面,可按以下步骤计算。

计算 A_{s1}

$$A_{s1} = \frac{\alpha_1 f_c (b'_f - b) h'_f}{f_y} \tag{3.49}$$

计算 A_{s2}

$$A_{s2} = A_s - A_{s1} \tag{3.50}$$

由 $\rho_2 = \dfrac{A_{s2}}{b h_0}$ 计算 $\xi = \rho_2 \cdot \dfrac{f_y}{\alpha_1 f_c}$,算出 $\alpha_s = \xi(1 - 0.5\xi)$。

$$M_{u1} = f_y A_{s1} \left(h_0 - \frac{h'_f}{2}\right) \tag{3.51}$$

$$M_{u2} = \alpha_s \alpha_1 f_c b h_0^2 \tag{3.52}$$

最后可得

$$M_u = M_{u1} + M_{u2} \tag{3.53}$$

验算 $M_u \geqslant M$。

【例 3-5】 已知一肋梁楼盖的次梁,弯矩设计值 $M = 410$ kN·m,梁的截面尺寸为 $b \times h = 200$ mm $\times 600$ mm,$b'_f = 1\,000$ mm,$h'_f = 90$ mm;混凝土等级为 C30,钢筋采用 HRB400 级,环境类别为一类,安全等级二级。求:受拉钢筋截面面积 A_s。

【解】

查表得 $f_c = 14.3$ MPa,$f_y = f'_y = 360$ MPa,$\alpha_1 = 1.0$,$\beta_1 = 0.8$。

因弯矩较大,截面宽度 b 较窄,预计受拉钢筋需排成两排,故取

$$h_0 = h - a_s = (600 - 65) \text{ mm} = 535 \text{ mm}$$

$$\alpha_1 f_c b'_f h'_f \left(h_0 - \frac{h'_f}{2} \right) = 1.0 \times 14.3 \times 1\,000 \times 90 \times \left(535 - \frac{90}{2} \right) \text{ N} \cdot \text{mm}$$

$$= 630.63 \times 10^6 \text{ N} \cdot \text{mm} > 410 \times 10^6 \text{ N} \cdot \text{mm}$$

属于第一种类型的 T 形梁。以 b'_f 代替 b,可得

$$\alpha_s = \frac{M}{\alpha_1 f_c b'_f h_0^2} = \frac{410 \times 10^6}{1 \times 14.3 \times 1\,000 \times 535^2} = 0.100$$

$$\xi = 1 - \sqrt{1 - 2\alpha_s} = 0.106 < \xi_b = 0.518$$

$$\gamma_s = 0.5 \times (1 + \sqrt{1 - 2\alpha_s}) = 0.947$$

$$A_s = \frac{M}{f_y \gamma_s h_0} = \frac{410 \times 10^6}{360 \times 0.947 \times 535} \text{ mm}^2 = 2\,248 \text{ mm}^2$$

选用 6 ⊕ 22,$A_s = 2\,281 \text{ mm}^2$。

【例 3-6】 已知弯矩 $M = 650 \text{ kN} \cdot \text{m}$,混凝土等级为 C30,钢筋采用 HRB335 级,梁的截面尺寸为 $b \times h = 300 \text{ mm} \times 700 \text{ mm}$,$b'_f = 600 \text{ mm}$,$h'_f = 120 \text{ mm}$,环境类别为一类。求:所需的受拉钢筋截面面积 A_s。

【解】

$f_c = 14.3 \text{ MPa}$,$f_y = f'_y = 300 \text{ MPa}$,$\alpha_1 = 1.0$,$\beta_1 = 0.8$。

假设受拉钢筋排成两排,故取

$$h_0 = h - a_s = (700 - 65) \text{ mm} = 635 \text{ mm}$$

$$\alpha_1 f_c b'_f h'_f \left(h_0 - \frac{h'_f}{2} \right) = 1.0 \times 14.3 \times 600 \times 120 \times \left(640 - \frac{120}{2} \right) \text{ N} \cdot \text{mm}$$

$$= 597.2 \times 10^6 \text{ N} \cdot \text{mm} < 650 \times 10^6 \text{ N} \cdot \text{mm}$$

属于第二种类型的 T 形截面。

$$M_1 = \alpha_1 f_c (b'_f - b) h'_f \left(h_0 - \frac{h'_f}{2} \right)$$

$$= 1.0 \times 14.3 \times (600 - 300) \times 120 \times \left(635 - \frac{120}{2} \right) \text{ N} \cdot \text{mm}$$

$$= 296.01 \times 10^6 \text{ N} \cdot \text{mm}$$

则

$$M_2 = M - M_1 = (650 \times 10^6 - 296.01 \times 10^6) \text{ N} \cdot \text{mm} = 353.99 \times 10^6 \text{ N} \cdot \text{mm}$$

$$\alpha_s = \frac{M_2}{\alpha_1 f_c b h_0^2} = \frac{353.99 \times 10^6}{1 \times 14.3 \times 300 \times 635^2} = 0.205$$

$$\xi = 1 - \sqrt{1 - 2\alpha_s} = 0.232 < \xi_b = 0.55$$

$$\gamma_s = 0.5 \times (1 + \sqrt{1 - 2\alpha_s}) = 0.884$$

$$A_{s2} = \frac{M_2}{f_y \gamma_s h_0} = \frac{353.99 \times 10^6}{300 \times 0.884 \times 635} \text{ mm}^2 = 2\,106 \text{ mm}^2$$

$$A_{s1} = \frac{\alpha_1 f_c (b'_f - b) h'_f}{f_y} = \frac{1.0 \times 14.3 \times (600 - 300) \times 120}{300} \text{mm}^2 = 1\ 716\ \text{mm}^2$$

$$A_s = A_{s1} + A_{s2} = (1\ 716 + 2\ 106)\ \text{mm}^2 = 3\ 822\ \text{mm}^2$$

选用 8⊈25，$A_s = 3\ 927\ \text{mm}^2$。

3.2.4 构造要求

1. 板的构造要求

（1）板的最小厚度

现浇钢筋混凝土板的厚度除应满足各项功能要求外，尚应符合表 3-5 的规定。

表 3-5　建筑工程现浇钢筋混凝土板的最小厚度　　　　（单位：mm）

板 的 类 别		厚　　度
单向板	屋面板	60
	民用建筑楼板	60
	工业建筑楼板	70
	行车道下的楼板	80
双向板		80
密肋板	面板	50
	肋高	250
悬臂板（根部）	悬臂长度不大于 1 200 mm	60
	悬臂长度大于 500 mm	100
无梁楼板		150
现浇空心楼板		200

（2）板的受力钢筋

受力钢筋的直径通常采用 8～14 mm，为了便于浇筑混凝土，保证钢筋周围混凝土的密实性，板内受力钢筋的间距不宜过稀；为了使板内钢筋能够正常地分担内力，钢筋间距也不宜过稀，板内受力钢筋的间距一般为 70～200 mm。当板厚 $h \leqslant 150$ mm 时，板内受力钢筋的间距不宜大于 200 mm；当板厚 $h > 150$ mm 时，板内受力钢筋的间距不宜大于 1.5 的板厚，且在板的每米宽度内不应少于 4 根。

（3）板的分布钢筋

板的分布钢筋是指垂直于受力钢筋方向上布置的构造钢筋。分布钢筋与受力钢筋绑扎或焊接在一起，形成钢筋骨架。分布钢筋的作用是：将板面的荷载更均匀地传递给受力钢筋，在施工过程中固定受力钢筋的位置，并抵抗温度和混凝土的收缩应力等。常用的分布钢筋的直径为 6 mm、8 mm。分布钢筋的截面面积不应小于单位长度上受力钢筋截面面积的 15%，且配筋率不宜小于 0.15%，其直径不宜小于 6 mm，间距不宜大于250 mm；当集中荷载较大时，分布钢筋的配筋面积还应增加，且间距不宜大于 200 mm。

2. 梁的构造要求

（1）截面尺寸

独立简支梁的截面高度与其跨度的比值可为 1/12 左右,独立悬臂梁的截面高度与其跨度的比值可为 1/6 左右。矩形截面梁的高宽比(h/b)一般取 2.0~2.5;T 形截面梁的 h/b 一般取 2.5~4.0(此处 b 为梁肋宽)。为了统一模板尺寸,梁的常用宽度 b 为 120 mm,150 mm,180 mm,200 mm,220 mm,250 mm,300 mm,350 mm 等,而梁的常用高度 h 则为 250 mm,300 mm,350 mm,…,750 mm,800 mm,900 mm,1 000 mm等。

（2）纵向受力钢筋

梁中常用的纵向受力钢筋直径为 10~28 mm,根数不应少于 2 根。梁内受力钢筋的直径宜尽可能相同。当采用两种不同的直径时,它们之间相差至少应为 2 mm,以便在施工时容易为肉眼识别,但相差也不宜超过 6 mm。

为了便于浇筑混凝土,保证钢筋能与混凝土黏结在一起,以及保证钢筋周围混凝土的密实性,纵筋的净间距应满足图 3-26 的要求。

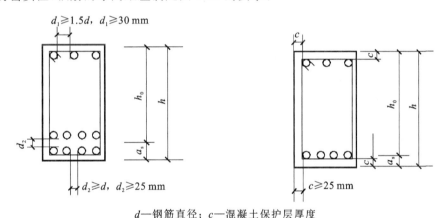

d—钢筋直径；c—混凝土保护层厚度

图 3-26 混凝土保护层及钢筋净距、有效高度

（3）纵向构造钢筋

为了固定箍筋并与钢筋连成骨架,在梁的受压区内应设置架立钢筋。

架立钢筋的直径与梁的跨度 l 有关。当 $l>6$ m 时,架立钢筋的直径不宜小于 12 mm;当 $l=4$~6 m 时,架立钢筋的直径不应小于 10 mm;当 $l<4$ m 时,架立钢筋的直径不宜小于 8 mm。

简支梁架立钢筋一般伸至梁端;当考虑其受力时,架立钢筋两端在支座内应有足够的锚固长度。

当梁扣除翼缘厚度后的截面高度大于或等于 450 mm 时,在梁的两侧面应沿高度配置纵向构造钢筋(又称腰筋),每侧纵向构造钢筋(不包括受力钢筋及架立钢筋)

的截面面积不应小于扣除翼缘厚度后的截面面积的 0.1%,纵向构造钢筋的间距不宜大于 200 mm。

3. 混凝土保护层厚度

钢筋的外表面到截面边缘的垂直距离,称为混凝土保护层厚度,用 c 表示(见图 3-26)。

混凝土保护层有三个作用:保护钢筋不被锈蚀;在火灾等情况下,使钢筋的温度上升缓慢;使纵向钢筋与混凝土有较好的黏结。

梁、板、柱的混凝土保护层厚度与环境类别和混凝土强度等级有关,见附表 14。

3.3 混凝土受弯构件斜截面承载力计算

3.3.1 概述

钢筋混凝土受弯构件除了可能会发生正截面受弯破坏外,也可能在剪力和弯矩的共同作用下,发生斜截面受剪破坏和斜截面受弯破坏。因此,在保证受弯构件正截面受弯承载力的同时,还要保证斜截面承载力,它包含斜截面受剪承载力和斜截面受弯承载力两部分。在工程设计中,斜截面受剪承载力是由计算和构造来满足的,斜截面受弯承载力是通过构造要求来保证的。

斜截面破坏的原因与斜截面上的应力状态有关。在中和轴附近,由正应力和剪应力合成的主拉应力的方向大致为 45°。当荷载增大,拉应变达到混凝土极限拉应变时,混凝土开裂,其裂缝走向与主拉应力的方向垂直,故是斜裂缝。斜裂缝的出现和发展使梁内应力的分布和数值发生变化,最终导致在剪力较大的近支座区段内不同部位的混凝土被压碎或拉坏而丧失承载能力,即发生斜截面破坏。为防止此类破坏,应在梁中配置腹筋——箍筋与弯起钢筋的统称(梁截面很小时可以不配),以满足斜截面的强度计算与构造要求。本节主要讨论有腹筋梁的计算与构造问题。

3.3.2 有腹筋梁斜截面受剪承载力计算

1. 斜截面强度的试验研究

(1)影响斜截面破坏形态的主要因素

① 剪跨比。

剪跨比 λ 是指集中荷载至支座截面的距离 a 与截面有效高度 h_0 的比值,即

$$\lambda = \frac{a}{h_0} \tag{3.54}$$

当剪跨比 $\lambda \leqslant 3$ 时,随着剪跨比 λ 的增加,斜截面的受剪承载力逐渐降低;当剪跨比 $\lambda > 3$ 时,对承载力的影响不再明显。

② 配箍率和箍筋强度。

箍筋配置的多少用配箍率 ρ_{sv} 来表示，按下式计算：

$$\rho_{sv} = \frac{A_{sv}}{bs} = \frac{nA_{sv1}}{bs} \tag{3.55}$$

式中：A_{sv}——配置在同一截面内箍筋各肢的全部截面面积，$A_{sv}=nA_{sv1}$；

　　　n——在同一截面中箍筋的肢数；

　　　A_{sv1}——单肢箍筋的截面面积；

　　　b——矩形截面梁的宽度以及 T 形和工字形截面的腹板宽度；

　　　s——沿梁长度方向箍筋的间距。

显然，在适量配筋的情况下，随着配箍率和箍筋强度的增加，其斜截面受剪承载力将提高。

③ 混凝土的强度。

试验表明，混凝土的强度越高，其斜截面受剪承载力越高。

④ 纵筋配筋率。

纵向钢筋可抑制斜裂缝的开展，增加剪压区混凝土面积，并使骨料咬合力及纵筋的销栓力有所提高，因而间接提高了梁的抗剪能力。但目前我国规范中的抗剪计算公式并未考虑这一影响。

（2）斜截面的破坏形态

斜截面的受剪破坏形态分为斜压破坏、斜拉破坏、剪压破坏三类，如图 3-27 所示。

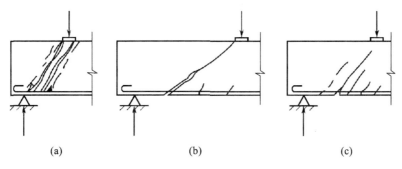

图 3-27　斜截面的破坏形式

① 斜压破坏。

当剪跨比较小（$\lambda<1.0$），或剪跨比适中，且配有过多的腹筋时，在荷载作用点至支座之间形成一斜向受压"短柱"，在箍筋未屈服时，混凝土被压碎而破坏，故称为斜压破坏，如图 3-27(a)所示。

② 斜拉破坏。

当剪跨比较大（$\lambda>3.0$）或截面尺寸合适而腹筋配置过少时，斜裂缝一出现便很快发展，形成临界裂缝，腹筋很快达到屈服，该裂缝迅速延伸到集中力的作用截面，梁被斜向拉断成两部分而破坏,称为斜拉破坏,如图 3-27(b)所示。

③ 剪压破坏。

当剪跨比适中(1.0≤λ≤3.0)且截面尺寸合适,同时腹筋配置适量时,在梁的下部出现了斜裂缝。箍筋的存在,限制着斜裂缝的发展。随着荷载的进一步增加,梁中出现一条又宽又长的主要裂缝,与该斜裂缝相交的腹筋逐渐达到屈服,对裂缝的限制作用逐渐消失,裂缝不断加宽,向上延伸,在斜裂缝的末端,混凝土在压应力与剪应力的共同作用下达到极限强度,发生破坏,称为剪压破坏,如图 3-27(c)所示。

由于斜截面的各类破坏主要取决于混凝土的强度和变形,故斜截面的各类破坏均属于脆性破坏。

2. 斜截面抗剪强度计算公式

(1) 基本公式的建立

《规范》规定,斜截面受剪计算以剪压破坏作为计算依据。当发生剪压破坏时,与斜裂缝相交的腹筋应力达到屈服强度,该斜截面上剪压区的混凝土达到极限强度。这时,梁被斜裂缝分成左右两部分,取出左半部分为脱离体,如图 3-28 所示,建立平衡方程。

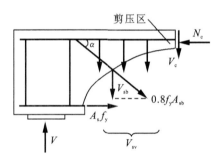

图 3-28 斜截面抗剪计算模式

当仅配箍筋时

$$V \leqslant V_{cs} = V_c + V_{sv} \tag{3.56}$$

当配有箍筋和弯起钢筋时

$$V \leqslant V_{cs} + V_{sb} = V_c + V_{sv} + V_{sb} \tag{3.57}$$

式中:V——斜截面上剪力设计值;

V_c——混凝土剪压区受剪承载力设计值;

V_{sv}——与斜裂缝相交的箍筋受剪承载力设计值;

V_{cs}——箍筋与混凝土共同抵抗的剪力设计值;

V_{sb}——与斜裂缝相交的弯起钢筋受剪承载力设计值。

(2) 仅配置箍筋时斜截面受剪承载力设计值

① 矩形截面梁在均布荷载作用下或作用多种荷载但以均布荷载为主的情况下,以及 T 形和工字形截面无论承受何种荷载时,斜截面受剪承载力设计值按下式计

算：

$$V_{cs} = 0.7f_t bh_0 + f_{yv} \frac{A_{sv}}{s} h_0 \qquad (3.58)$$

式中：f_t——混凝土抗拉强度设计值；

　　　f_{yv}——箍筋抗拉强度设计值；

　　　s——沿构件长度方向箍筋的间距。

② 集中荷载作用（包括作用有多种荷载，且集中荷载对支座截面或节点边缘截面产生的剪力设计值占总剪力值的 75% 以上的情况）下的矩形截面独立梁，其截面受剪承载力设计值按下式计算：

$$V_{cs} = \frac{1.75}{\lambda + 1} f_t bh_0 + f_{yv} \frac{A_{sv}}{s} h_0 \qquad (3.59)$$

式中：λ——计算截面的剪跨比。当 $\lambda < 1.5$ 时，取 $\lambda = 1.5$；当 $\lambda > 3$ 时，取 $\lambda = 3$。

（3）同时配置有箍筋与弯起钢筋时斜截面的受剪承载力设计值

按式（3.57）计算，其中 V_{cs} 按式（3.58）式（3.59）计算，V_{sb} 按下式计算：

$$V_{sb} = 0.8f_y A_{sb} \sin\alpha_s \qquad (3.60)$$

式中：f_y——弯起钢筋的抗拉强度设计值；

　　　A_{sb}——同一弯起平面内弯起钢筋的截面面积；

　　　α_s——斜截面上弯起钢筋的切线与构件纵向轴线的夹角，一般取 $\alpha_s = 45°$，当梁高大于 800 mm 时，$\alpha_s = 60°$；

　　　系数 0.8 为考虑靠近剪压区的弯起钢筋在斜截面破坏时，可能达不到钢筋抗拉强度设计值的折减系数。

3. 斜截面抗剪强度计算公式的适用条件

梁的斜截面受剪承载力设计值计算式（3.56）～式（3.60）仅适用于剪压破坏情况。为防止斜压破坏和斜拉破坏，还应规定其上、下限值。

（1）上限值——最小截面尺寸

当发生斜压破坏时，梁腹的混凝土被压碎、箍筋不屈服，其受剪承载力主要取决于构件的腹板宽度、梁截面高度及混凝土强度。因此，只要保证构件截面尺寸不太小，就可防止斜压破坏的发生。受弯构件的最小截面尺寸应满足下列要求：

当 $h_w/b \leqslant 4$ 时

$$V \leqslant 0.25\beta_c f_c bh_0 \qquad (3.61)$$

当 $h_w/b \geqslant 6$ 时

$$V \leqslant 0.2\beta_c f_c bh_0 \qquad (3.62)$$

当 $4 < h_w/b < 6$ 时，按线性内插法确定。

式中：V——构件斜截面上的剪力设计值；

　　　β_c——混凝土强度影响系数，当混凝土强度等级不超过 C50 时，取 $\beta_c = 1.0$，当混凝土强度等级为 C80 时，取 $\beta_c = 0.8$，其间按线性内插法确定；

　　　b——矩形截面的宽度，T 形或工字形截面的腹板宽度；

h_w——截面的腹板高度，矩形截面取有效高度 h_0，T 形截面取有效高度减去翼
缘高度，工形截面取腹板净高。

在设计中，如果不满足式(3.61)或式(3.62)的条件时，应加大构件截面尺寸或提高混凝土强度等级，直到满足为止。对于 T 形或工字形截面的简支受弯构件，当有实践经验时，式(3.62)中的系数可改为 0.3。

（2）下限值——最小配箍率和箍筋最大间距

试验表明，若箍筋配置过少，一旦出现斜裂缝，可能使箍筋迅速屈服甚至拉断，斜裂缝急剧开展，导致发生斜拉破坏。

为了防止斜拉破坏，梁中箍筋间距不大于表 3-6 的规定，直径不宜小于表 3-7 的规定，也不应小于 $d/4$（d 为纵向受压钢筋的最大直径）。

当 $V \geq 0.7 f_t b h_0$ 时，配箍率尚应满足最小配箍率要求，即

$$\rho_{sv} \geqslant \rho_{sv,min} = 0.24 \frac{f_t}{f_{yv}} \tag{3.63}$$

表 3-6　梁中箍筋最大间距 S_{max}　　　　　　　　　（单位：mm）

梁高 h	$V > 0.7 f_t b h_0$	$V \leqslant 0.7 f_t b h_0$
$150 < h \leqslant 300$	150	200
$300 < h \leqslant 500$	200	300
$500 < h \leqslant 800$	250	350
$h > 800$	300	500

表 3-7　梁中箍筋最小直径　　　　　　　　　（单位：mm）

梁高 h	箍筋直径
$h \leqslant 800$	6
$h > 800$	8

注：梁中配有计算需要的纵向受压钢筋时，箍筋直径尚不应小于 $d/4$（d 为纵向受压钢筋的最大直径）。

4. 斜截面受剪承载力的计算截面

在计算梁斜截面受剪承载力时，其计算位置应按下列规定采用（见图 3-29）。

① 支座边缘处截面（见图 3-29 中 1-1 截面）。该截面承受的剪力值最大，用该值确定第一排弯起钢筋和 1-1 截面的箍筋。

② 受拉区弯起钢筋弯起点处截面（见图 3-29 中 2-2 截面和 3-3 截面），用该截面剪力值确定后排弯起钢筋的数量。

③ 箍筋截面面积或间距改变处截面（见图 3-29 中 4-4 截面）。

④ 腹板宽度改变处截面（见图 3-29 中 5-5 截面）。

设计时，弯起钢筋距支座边缘距离 s_1 及弯起钢筋之间的距离 s_2 均不应大于箍筋最大间距（见表 3-6），以保证可能出现的斜裂缝与弯起钢筋相交。

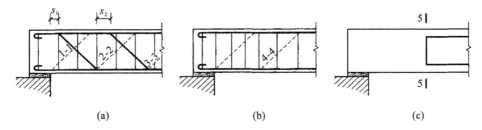

图 3-29　斜截面受剪承载力计算截面位置

5. 斜截面受剪承载力计算步骤

一般先由梁的高跨比、高宽比等构造要求及正截面受弯承载力计算确定截面尺寸、混凝土强度等级及纵向钢筋用量,然后进行斜截面受剪承载力设计值计算,其步骤如下:

① 确定计算截面和截面剪力设计值;

② 验算截面尺寸是否足够;

③ 验算是否可以按构造配置箍筋;

④ 当不能仅按构造配置箍筋时,按计算确定所需腹筋数量;

⑤ 给出配筋图。

6. 箍筋的主要构造要求

当 $V \leqslant 0.7 f_t b h_0$ 或 $V \leqslant \dfrac{1.75}{\lambda + 1.0} f_t b h_0$,按计算不需设置箍筋时,对于高度大于 300 mm 的梁,仍应按梁的全长均匀设置箍筋;高度为 150 mm 以下的梁,可不设箍筋。梁支座处的箍筋应从梁边(或墙边)50 mm 处开始设置。

箍筋的直径和间距应符合表 3-6 和表 3-7 的要求。

箍筋通常有开口式和封闭式两种(见图 3-30)。在实际工程中,大多数情况下都是采用封闭式箍筋。

箍筋按其肢数可分为单肢、双肢及四肢箍(见图 3-30)三种。

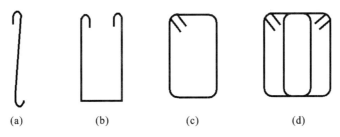

图 3-30　箍筋的形式和肢数
(a) 单肢;(b) 开口式双肢;(c) 封闭式双肢;(d) 封闭式四肢

单肢箍一般在梁宽 $b \leqslant 150$ mm 时采用;双肢箍一般在梁宽 $b < 350$ mm 时采用;当梁宽 $b \geqslant 350$ mm,或一排中受拉钢筋超过 5 根、受压钢筋超过 3 根时,采用四肢箍。

四肢箍一般由两个肢箍组合而成。采用图 3-30 所示形式的双肢箍或四肢箍时,钢筋末端应采用 135° 的弯钩,且弯钩伸进梁截面内的平直段长度,对于一般结构,应不小于箍筋直径的 5 倍。

7. 基本计算公式的应用

梁斜截面受剪承载力设计值计算中遇到的是截面选择和承载力校核两类问题。

【例 3-7】 某钢筋混凝土矩形截面简支梁,两端搁置在砖墙上,净跨度 $l_n = 3.66$ m(见图 3-31);截面尺寸 $b \times h = 200$ mm $\times 500$ mm。该梁承受均布荷载,其中恒荷载标准值 $g_k = 25$ kN/m(包括自重),活荷载标准值 $q_k = 38$ kN/m,恒荷载分项系数为 1.2(恒载控制时为 1.35),活载分项系数为 1.4(组合值系数为 0.7),混凝土强度等级为 C30,箍筋为 HPB300 级钢筋,按正截面受弯承载力计算已选配 3 根直径为 25 的 HRB400 级纵向受力钢筋。试根据斜截面受剪承载力要求确定腹筋。

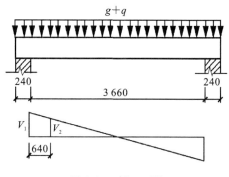

图 3-31　例 3-7 图

【解】

取　$a_s = 40$ mm,　$h_0 = h - a_s = (500 - 40)$ mm $= 460$ mm,　$\gamma_0 = 1.0$

(1) 计算截面的确定和剪力设计值计算

活载控制时

$$g + q = 1.2g_k + 1.4q_k = (1.2 \times 25 + 1.4 \times 38) \text{ kN/m} = 83.2 \text{ kN/m}$$

恒载控制时

$$g + q = 1.35g_k + 1.4 \times 0.7q_k = (1.35 \times 25 + 1.4 \times 0.7 \times 38) \text{ kN/m} = 70.99 \text{ kN/m}$$

取　　　　　　　　　　$g + q = 83.2$ kN/m

$$V_1 = \frac{1}{2}(g + q)l_n = \frac{1}{2} \times 83.2 \times 3.66 \text{ kN} = 152.26 \text{ kN}$$

(2) 复核梁截面尺寸

$$h_w = h_0 = 460 \text{ mm} \qquad h_w/b = 460/200 = 2.3 < 4$$

属一般梁。

$$0.25\beta_c f_c bh_0 = 0.25 \times 1.0 \times 14.3 \times 200 \times 460 \text{ N} = 328\,900 \text{ N}$$
$$= 328.9 \text{ kN} > 152.26 \text{ kN}$$

截面尺寸满足要求。

（3）验算是否按构造配箍

$$0.7 f_t b h_0 = 0.7 \times 1.43 \times 200 \times 460 \text{ N} = 92\ 092 \text{ N} \approx 92.092 \text{ kN} < 152.26 \text{ kN}$$

应按计算配置腹筋，且应验算 $\rho_{sv} \geqslant \rho_{sv,\min}$。

（4）计算所需的腹筋

配置腹筋有两种办法：一种是仅配箍筋，另一种是配置箍筋和弯起钢筋，一般都是选仅配箍筋方案。下面分述两种方法，以便于读者掌握。

① 仅配箍筋。

由

$$V \leqslant 0.7 f_t b h_0 + f_{yv} \frac{A_{sv}}{s} h_0$$

得

$$\frac{A_{sv}}{s} = \frac{n A_{sv1}}{s} \geqslant \frac{152\ 260 - 92\ 092}{300 \times 460} \text{ mm} = 0.436 \text{ mm}$$

选用双肢箍 $\phi 8$，则 $A_{sv1} = 50.3 \text{ mm}^2$，可求得

$$s \leqslant \frac{2 \times 50.3}{0.436} \text{ mm} = 231 \text{ mm}$$

取 $s = 200$ mm，箍筋沿梁长均匀布置［见图 3-32(a)］。

② 配置箍筋和弯起钢筋。

按表 3-6 及表 3-7 要求，选 $\phi 6 @ 200$ 双肢箍，则

$$\rho_{sv} = \frac{A_{sv}}{bs} = \frac{2 \times 28.3}{200 \times 200} = 0.142\% > \rho_{sv,\min} = 0.24 \frac{f_t}{f_{yv}} = 0.24 \times \frac{1.43}{300} = 0.001\ 14$$

$$V_{cs} = 0.7 f_t b h_0 + 1.25 f_{yv} \frac{A_{sv}}{s} h_0$$

$$= 92\ 092 + 300 \times \frac{2 \times 28.3}{200} \times 460 \text{ N} = 131\ 146 \text{ N}$$

$$V - V_{cs} \leqslant 0.8 A_{sb} f_y \sin \alpha_s$$

取 $\alpha_s = 45°$，则有

$$A_{sb} \geqslant \frac{V_1 - V_{cs}}{0.8 f_y \sin \alpha_s} = \frac{152\ 260 - 131\ 146}{0.8 \times 360 \times \sin 45°} \text{ mm}^2 = 104 \text{ mm}^2$$

选 1$\underline{\Phi}$25 纵筋作弯起钢筋，$A_{sb} = 491 \text{ mm}^2$，满足计算要求。

核算是否需要第二排弯起钢筋。

取 $s_1 = 200$ mm，弯起钢筋水平投影长度为 $(h - 60)$ mm $= 440$ mm，则 2-2 截面的剪力可由相似三角形关系求得

$$V_2 = V_1 \left(1 - \frac{200 + 440}{0.5 \times 3\ 660}\right) = 99 \text{ kN} > V_{cs} = 92.092 \text{ kN}$$

故不需要第二排弯起钢筋。其配筋如图 3-32(b)所示。

8. 斜截面的构造要求

前面主要是介绍梁的斜截面受剪承载力的计算问题。斜裂缝的产生，还会导致斜裂缝处纵向钢筋拉力增加甚至屈服，引起斜截面受弯承载力不足，同时纵筋也有可

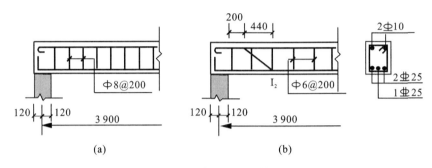

图 3-32　例 3-7 梁配筋图

(a) 仅配箍筋；(b) 配箍筋和弯起钢筋

能由于锚固不足被拉拔出来。因此在设计中,除了保证梁的正截面受弯承载力和斜截面受剪承载力外,在考虑纵筋弯起、截断及钢筋锚固时,还需在构造上采取措施,保证梁的斜截面受弯承载力及钢筋的可靠锚固。

3.4　受压构件截面承载力计算

当构件以承受轴向压力为主时称为受压构件。根据其受力情况,受压构件可分为轴心受压构件和偏心受压构件。当轴向压力作用线与构件的截面形心重合时,为轴心受压构件[见图 3-33(a)];当轴向压力作用线与构件的截面形心不重合时,为偏心受压构件[见图 3-33(b)、(c)]。当轴向压力作用点只对构件截面的一个主轴有偏心距时,为单向偏心受压构件[见图 3-33(b)];当轴向压力作用点对构件截面的两个主轴都有偏心距时,为双向偏心受压构件[见图 3-33(c)]。

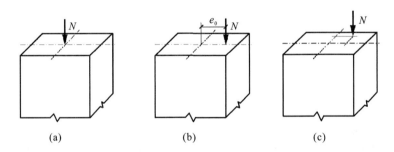

图 3-33　轴心受压与偏心受压

(a) 轴心受压；(b) 单向偏心受压；(c) 双向偏心受压

在实际工程中,由于混凝土自身的不均匀性及制作、安装误差等,理想的轴心受压构件是不存在的。但为了计算方便,对于以承受恒荷载为主的多层框架房屋的内柱以及屋架的受压腹杆等,可近似简化为轴心受压构件进行计算。实际工程中的受压构件很多,如单层厂房柱、屋架上弦杆、拱、框架柱、剪力墙、桥墩、桩等都属于受压构件。

3.4.1　受压构件的一般构造要求

1. 截面形式和尺寸

轴心受压柱一般采用正方形或矩形,有时也采用圆形或多边形,偏心受压构件一般采用矩形,对于大尺寸装配式柱,常采用工字形截面。方形柱截面尺寸不宜小于 250 mm×250 mm,当边长大于 800 mm 时以 100 为模数,小于或等于 800 mm 时以 50 为模数。

2. 材料强度

混凝土强度对受压构件的承载力影响较大,一般采用 C30～C40 或更高等级的混凝土。纵向钢筋一般采用 HRB400 级、RRB400 级和 HRB500 级,箍筋一般采用 HRB400 级、HRB335 级,也可采用 HPB300 级。

3. 纵向钢筋

纵向钢筋的直径不宜小于 12 mm,通常在 16～32 mm 范围内选用。为了减少钢筋在施工时可能产生的纵向弯曲,宜采用较粗的钢筋。全部纵向钢筋的配筋率不宜大于 5%。

纵向钢筋的根数不得少于 4 根,轴心受压构件中的纵筋应沿截面周边均匀布置,偏心受压构件中的纵筋应按计算要求布置在偏心方向截面的两边。圆柱中纵向钢筋宜沿周边均匀布置,根数不宜少于 8 根,且不应少于 6 根。柱中纵筋的净间距不应小于 50 mm;水平浇筑的预制柱的净距与梁相同。偏心受压柱中,垂直于弯矩作用平面的侧面上的纵向受力钢筋以及轴心受压柱中各边的纵向受力钢筋的中距不宜大于 300 mm。

当偏心受压柱的截面高度 $h \geqslant 600$ mm 时,在柱的侧面上应设置直径不小于 10 mm的纵向构造钢筋,以防止构件因温度和混凝土收缩而产生裂缝,并相应设置复合箍筋或拉筋。

4. 箍筋

柱中箍筋应做成封闭式,箍筋直径不应小于 $d/4$,且不应小于 6 mm,d 为纵向钢筋的最大直径。箍筋间距不应大于 400 mm 及构件截面的短边尺寸,且不应大于纵向受力钢筋最小直径的 15 倍。

当柱中全部纵向受力钢筋的配筋率大于 3%时,箍筋直径不应小于 8 mm,间距不应大于纵向受力钢筋最小直径的 10 倍,且不应大于 200 mm;箍筋末端应做成 135°弯钩且弯钩末端平直段长度不应小于箍筋直径的 10 倍;箍筋也可焊成封闭环式。

当柱截面短边尺寸大于 400 mm 且各边纵向钢筋多于 3 根时,或当柱截面短边尺寸不大于 400 mm 且各边纵向钢筋多于 4 根时,应设置复合箍筋[见图 3-34(b)]。

在纵筋搭接长度范围内,箍筋的直径不宜小于搭接钢筋直径的 0.25 倍。箍筋间距应加密,当搭接钢筋为受拉时,其箍筋间距不应大于 $5d$,且不应大于 100 mm;当搭

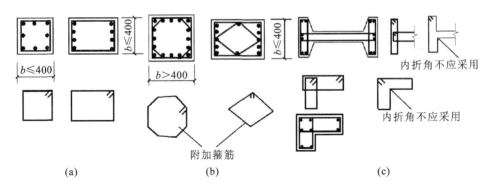

图 3-34　柱的箍筋形式

(a) 矩形箍筋；(b) 复合箍筋；(c) 工字形、L 形截面箍筋

接钢筋为受压时，其箍筋间距不应大于 $10d$，且不应大于 200 mm，d 为纵向钢筋的最小直径。当搭接受压钢筋的直径大于 25 mm 时，应在搭接接头两个端面外 100 mm 范围内设置两根箍筋。

对于截面形状复杂的构件，不可采用具有内折角的箍筋[见图 3-34(c)]，避免产生向外的拉力，致使折角处的混凝土破损。

3.4.2　轴心受压构件的正截面受压承载力

钢筋混凝土柱是工程中最有代表性的受压构件，根据箍筋的作用及配置方式的不同可分为两种：普通箍筋柱和螺旋箍筋柱。

1. 普通箍筋柱

配有纵向钢筋和普通箍筋的柱为普通箍筋柱，如图 3-35 所示。普通箍筋柱是工程中最常用的形式。纵筋的作用是与混凝土共同承担压力和可能存在的较小弯矩以及混凝土变形引起的拉应力，以提高构件的延性。箍筋的作用是与纵筋形成骨架，防止纵筋向外压屈，并对核心部分的混凝土起到一定的约束作用。

1) 轴心受压短柱的破坏形态

受压柱根据长细比不同分为短柱和长柱。长细比是指构件的计算长度 l_0 与其截面回转半径 i 的比值；对于矩形截面为 l_0/b（b 为截面的短边尺寸），对于圆形截面为 l_0/d（d 为圆形截面的直径）。当 $l_0/b \leqslant 8$、$l_0/d \leqslant 7$ 或 $l_0/i \leqslant 28$ 时为短柱。

试验结果表明，轴心受压短柱在轴向压力作用下，钢筋和混凝土黏结成一体，共同变形，钢筋应变 ε_s 和混凝土应变 ε_c 相等。当荷载较小时，轴向压力与压缩变形基本成正比；当荷载较大时，压力与变形不再成比例。构件破坏时，一般是纵筋的应力先达到屈服强度，

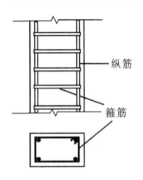

纵筋

箍筋

图 3-35　配有纵筋和箍筋的柱

当混凝土应变达到极限压应变时,柱四周表面出现明显的纵向裂缝,纵筋发生压屈,向外凸出,混凝土被压碎。当纵筋的屈服强度较高时,可能会出现钢筋没有屈服而混凝土达到极限压应变的情况。计算时,构件的压应变取 0.002 为控制条件,此时钢筋的应力值为 $\sigma_s = E_s \cdot \varepsilon_s \approx 2 \times 10^5 \times 0.002$ MPa = 400 MPa。对于 HPB300 级、HRB335 级、HRB400 级和 RRB400 级热轧钢筋,都能达到屈服;而对于屈服强度大于 400 MPa 的钢筋,在计算时其抗压强度设计值只能取 400 MPa。

2）轴心受压长柱的破坏形态

对于长细比较大的柱,在轴向压力作用下,由于各种因素造成的初始偏心距的存在,使得柱子在发生压缩变形的同时,还会出现侧向弯曲。这是因为初始偏心距会产生附加弯矩,而附加弯矩产生的侧向挠度又加大了原来的偏心距。随着荷载的增加,附加弯矩和侧向挠度将不断增加,二者相互影响,最终使得长柱在轴力和弯矩的共同作用下发生破坏。

试验测得,同截面尺寸、同材料、同样配筋的长柱承载力小于短柱。长细比越大,承载力降低越多。《规范》采用稳定系数 φ 来表示长柱承载力的降低程度,即

$$\varphi = \frac{N_u^L}{N_u^S} \tag{3.64}$$

式中:N_u^L、N_u^S——长柱和短柱的承载力。

构件的稳定系数主要和构件的长细比有关,混凝土强度及配筋率对其影响较小。根据国内外试验的实测结果,《规范》对 φ 值制定了计算表(见表 3-8),可直接采用。

表 3-8　钢筋混凝土构件的稳定系数

l_0/b	$\leqslant 8$	10	12	14	16	18	20	22	24	26	28
l_0/d	$\leqslant 7$	8.5	10.5	12	14	15.5	17	19	21	22.5	24
l_0/i	$\leqslant 28$	35	42	48	55	62	69	76	83	90	97
φ	1.00	0.98	0.95	0.92	0.87	0.81	0.75	0.70	0.65	0.60	0.56
l_0/b	30	32	34	36	38	40	42	44	46	48	50
l_0/d	26	28	29.5	31	33	34.5	36.5	38	40	41.5	43
l_0/i	104	111	118	125	132	139	146	153	160	167	174
φ	0.52	0.48	0.44	0.40	0.36	0.32	0.29	0.26	0.23	0.21	0.19

注:表中 l_0 为构件的计算长度,b 为矩形截面的短边尺寸,d 为圆形截面的直径,i 为截面的最小回转半径。

柱的计算长度与柱两端的支承情况有关,《规范》对单层厂房排架柱、框架柱等的计算长度作了具体规定。

3）正截面受压承载力计算

（1）承载力计算公式

《规范》给出的轴心受压构件正截面承载力 N_u 计算公式为

$$N \leqslant N_u = 0.9\varphi(f_c A + f'_y A'_s) \tag{3.65}$$

式中:N——轴向压力设计值;

φ——钢筋混凝土轴心受压构件的稳定系数,按表 3-8 采用;

f_c——混凝土的轴心抗压强度设计值;

A——构件的截面面积;

A'_s——全部纵筋的截面面积;

f'_y——纵筋的抗压强度设计值。

当纵向钢筋配筋率大于 3% 时,式(3.65)中 A 应改用($A - A'_s$)。

(2) 承载力计算方法

① 截面设计。

已知轴向力 N,并选定材料强度等级,要求设计柱的截面尺寸及配筋。其计算步骤如下:根据构造要求初步选定柱的截面尺寸及形状,由长细比查表 3-8 确定稳定系数,由式(3.65)求纵向钢筋的截面面积,验算配筋率是否满足规范要求。

② 截面复核。

已知截面尺寸、构件计算长度及材料强度等级、钢筋的截面面积,求构件能承担的轴向力设计值或验算截面在某已知轴向力的作用下是否安全。

【例 3-8】 某多层现浇框架结构的二层中柱,轴向力设计值 $N = 2\,590$ kN,二层层高为 3.6 m,混凝土等级为 C30,钢筋为 HRB400 级。求该柱截面尺寸及纵筋面积。

【解】

初步选定柱的截面尺寸为 400 mm × 400 mm,按《规范》的规定,取计算长度为

$$l_0 = 1.25H = 1.25 \times 3.6 \text{ m} = 4.5 \text{ m}$$

由 $l_0/b = 4.5/0.4 = 11.25$,查表 3-8 得 $\varphi = 0.961$。

由式(3.65)得

$$A'_s = \frac{1}{f'_y}\left(\frac{N}{0.9\varphi} - f_c A\right) = \frac{1}{360} \times \left(\frac{2\,590 \times 10^3}{0.9 \times 0.961} - 14.3 \times 400 \times 400\right) \text{mm}^2$$

$$= 1\,962.7 \text{ mm}^2$$

可取 8 Φ 18,$A'_s = 2\,036$ mm²。

$$\rho' = \frac{A'_s}{A} = \frac{2\,036}{400 \times 400} \times 100\% = 1.27\% > 0.55\%$$

截面每一侧配筋率

$$\rho' = \frac{A'_s}{A} = \frac{763}{400 \times 400} \times 100\% = 0.48\% > 0.2\%$$

故满足要求。

2. 螺旋箍筋柱

当轴心受压构件承受的轴向荷载较大,且其截面尺寸受到建筑及使用要求的限制时,可考虑采用配有螺旋式或焊接环式箍筋(间接钢筋)柱,即螺旋箍筋柱(见

图 3-36)来提高承载力。螺旋箍筋柱的截面形式一般为圆形或多边形。

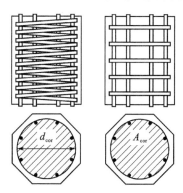

图 3-36　螺旋筋和焊接环筋柱

（1）承载力的计算

《规范》给出的螺旋箍筋柱承载力 N_u 计算公式为

$$N \leqslant N_u = 0.9(f_c A_{cor} + 2\alpha f_y A_{ss0} + f'_y A'_s) \tag{3.66}$$

式中：A_{cor}——核心混凝土的截面面积，$A_{cor} = \dfrac{\pi d_{cor}^2}{4}$；

d_{cor}——构件的核心直径，按间接钢筋内表面确定；

A_{ss0}——间接钢筋的换算截面面积，$A_{ss0} = \dfrac{\pi d_{cor} A_{ss1}}{S}$；

A_{ss1}——单根间接钢筋的截面面积；

S——沿构件轴线方向间接钢筋的间距；

f_y——间接钢筋的抗拉强度设计值；

α——间接钢筋对混凝土约束的折减系数。当混凝土强度等级不超过 C50 时，
取 1.0；当混凝土强度等级为 C80 时，取 0.85；当混凝土强度等级在
C50～C80 之间时，按直线内插法确定。

（2）设计螺旋箍筋柱时的注意事项

① 按式（3.66）算得的承载力设计值不应大于按式（3.65）算得的构件受压承载
力设计值的 1.5 倍。

② 当遇到下列任意一种情况时，不应计入间接钢筋的影响，而应按普通箍筋柱
的承载力计算公式计算：当 $l_0/d > 12$ 时，当按螺旋箍筋柱算得的承载力小于按普通
箍筋柱算得的承载力时，当间接钢筋的换算截面面积小于纵向钢筋的全部截面面积
的 25% 时。

（3）构造要求

间接钢筋的间距不应大于 80 mm 及 $d_{cor}/5$，也不应小于 40 mm。间接钢筋直径
依据《规范》规定，按普通箍筋柱的箍筋要求采用。

【例 3-9】 某建筑门厅的轴心受压圆柱，直径 $d = 400$ mm，柱子的计算长度 $l_0 =$

4.2 m,承受轴心压力设计值 $N=2\ 840$ kN,采用 C30 混凝土,纵筋及箍筋分别用 HRB400 级和 HPB300 级钢筋,已配纵筋 8Φ22($A'_s=3\ 041$ mm^2),设计柱的螺旋箍筋。

【解】

混凝土保护层取 20 mm,估计箍筋直径为 10 mm,则

$$d_{cor} = d - 30 \times 2 = (400-60)\ \text{mm} = 340\ \text{mm}, \quad A_{cor} = \frac{\pi d_{cor}^2}{4} = 90\ 746\ \text{mm}^2$$

$$A_{ss0} = \frac{N/0.9 - f_c A_{cor} - f'_y A'_s}{2f_y}$$

$$= \frac{2\ 840 \times 10^3/0.9 - 14.3 \times 90\ 746 - 360 \times 3\ 041}{2 \times 270}\ \text{mm}^2$$

$$= 1\ 413.2\ \text{mm}^2$$

$$A_{ss0} > 0.25 A'_s = 0.25 \times 3\ 041\ \text{mm}^2 = 760.25\ \text{mm}^2$$

根据构造要求采用螺旋箍筋直径 $d=10$ mm,$A_{ss1}=78.5$ mm^2,则由式(3.66)得

$$s = \frac{\pi d_{cor} A_{ss1}}{A_{ss0}} = \frac{3.14 \times 340 \times 78.5}{1\ 413.2}\ \text{mm} = 59.3\ \text{mm}$$

取 $s=50$ mm$<\dfrac{d_{cor}}{5}=70$ mm,且满足构造要求 40 mm$\leqslant s \leqslant$80 mm。

验算

$l_0/d = 4.2 \times 10^3/400 = 10.5$,查表 3-8 得 $\varphi=0.95$,由式(3.65)得普通箍筋柱的承载力为

$$N_u = \varphi(f_c A + f'_y A'_s) = 0.95 \times \left(14.3 \times \frac{\pi}{4} \times 400^2 + 360 \times 3\ 041\right)\ \text{N}$$

$$= 2\ 746.3 \times 10^3\ \text{N} = 2\ 746.3\ \text{kN}$$

根据所配置的螺旋筋 $d=10$ mm,$S=50$ mm,重新求得螺旋箍筋柱的轴心受压承载力为

$$A_{ss0} = \frac{\pi d_{cor} A_{ss1}}{S} = \frac{3.14 \times 340 \times 78.5}{50}\ \text{mm}^2 = 1\ 676.13\ \text{mm}^2$$

$$N_u = 0.9(f_c A_{cor} + 2\alpha f_y A_{ss0} + f'_y A'_s)$$

$$= 0.9 \times \left(14.3 \times \frac{\pi}{4} \times 340^2 + 2 \times 1.0 \times 270 \times 1\ 676.13 + 360 \times 3\ 041\right)\ \text{N}$$

$$= 2\ 967\ 784\ \text{N} = 2\ 967.78\ \text{kN} < 1.5 \times 2\ 746.3\ \text{kN} = 4\ 119.45\ \text{kN}$$

故满足要求。

3.4.3 偏心受压构件正截面受压承载力

1. 偏心受压构件的破坏特征及其分类

工程中大部分偏心受压构件都是按单向偏心受压进行设计的。对偏心受压构件,其截面的受力状态与弯矩和轴力的比值有关系,对应的破坏形态有两种,即大偏

心受压破坏和小偏心受压破坏。

（1）大偏心受压破坏

当截面中轴向压力的偏心距 $e_0(e_0=M/N)$ 较大,且远离 N 一侧的受拉钢筋 A_s 配置不太多时,就会发生这种破坏。其破坏特征是:截面在离轴向压力 N 较近的一侧受压,另一侧受拉,当受拉边缘混凝土达到极限拉应变时,受拉区出现横向裂缝。随荷载的增加,受拉钢筋 A_s 屈服,最后受压区的钢筋 A_s' 屈服,混凝土被压碎。破坏时有明显预兆,属延性破坏,因破坏始于受拉侧钢筋屈服,又称受拉破坏[见图 3-37(a)]。

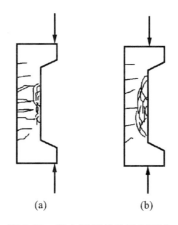

(a)　　　　　(b)

图 3-37　偏心受压柱的破坏形态

（2）小偏心受压破坏

当偏心距 e_0 较小或虽然偏心距 e_0 较大,但远离 N 一侧的钢筋 A_s 配置过多时发生这种破坏。其破坏特征是:截面在离 N 较近的一侧受压,受压钢筋 A_s' 屈服,混凝土被压碎而破坏。远离 N 一侧的钢筋 A_s 可能受拉,也可能受压,但都不会屈服。截面全部或大部分受压,整个破坏过程没有明显预兆,属于脆性破坏。因破坏是受压区混凝土压碎引起的,又称受压破坏[见图 3-35(b)]。

（3）界限破坏

在大、小偏心受压破坏之间的界限状态,称为界限破坏。其破坏特征是:受拉钢筋 A_s 的应力达到屈服强度的同时,受压区边缘混凝土被压碎。根据界限破坏特征,界限破坏时截面相对受压区高度取值与受弯构件相同。

当相对受压区高度 $\xi \leqslant \xi_b$ 时,为大偏心受压破坏;当 $\xi > \xi_b$ 时,为小偏心受压破坏。

2. 偏心受压构件的二阶效应

轴向压力对偏心受压构件的侧移和挠曲产生附加弯矩和附加曲率的荷载效应称为偏心受压构件的二阶荷载效应,简称二阶效应。其中,由挠曲产生的二阶效应,称为 $P\text{-}\delta$ 效应;由结构侧移产生的二阶效应,称为 $P\text{-}\Delta$ 效应。$P\text{-}\Delta$ 效应计算属于结构整体层面的问题,一般在结构整体分析中考虑,本节主要讨论 $P\text{-}\delta$ 效应。

（1）$P\text{-}\delta$ 效应的影响因素

偏心受压构件 $P\text{-}\delta$ 效应的主要影响因素除构件的长细比外，还有构件两端弯矩的大小和方向，以及构件的轴压比。

构件长细比的大小直接影响偏心受压柱在偏心力作用下的侧向挠度，长细比较小时，其侧向挠度引起的附加弯矩也小；长细比越大，其侧向挠度引起的附加弯矩也会越大。但其影响是否会对截面设计起控制作用还取决于柱两端作用弯矩的大小和方向。例如，在结构中常见的反弯点位于柱高中部的偏心受压构件，这种二阶效应虽然能增加除两端区域外各截面的弯矩，但增大后的弯矩通常不可能超过柱两端控制截面的弯矩，因此这种情况下，$P\text{-}\delta$ 效应不会对杆件截面的偏心受压承载力产生不利影响。

（2）考虑 $P\text{-}\delta$ 效应的条件

《规范》根据受压构件的长细比、构件两端弯矩的大小和方向及柱的轴压比，给出了考虑 $P\text{-}\delta$ 效应的条件。当满足下述三个条件中的一个条件时，就要考虑 $P\text{-}\delta$ 效应：

$$M_1/M_2 > 0.9 \tag{3.67}$$

或

$$N/f_c A > 0.9 \tag{3.68}$$

或

$$l_c/i > 34 - 12M_1/M_2 \tag{3.69}$$

式中：M_1、M_2——分别为已考虑侧移影响的偏心受压构件两端截面按结构弹性分析确定的同一主轴的组合弯矩设计值，绝对值较大端为 M_2，绝对值较小端为 M_1，当构件按单曲率弯曲时，M_1/M_2 取正值，否则取负值；

$\quad\quad l_c$——构件的计算长度，可近似取偏心受压构件相应主轴方向上下支撑点之间的距离；

$\quad\quad i$——偏心方向的截面回转半径。

（3）考虑 $P\text{-}\delta$ 效应后控制截面的弯矩设计值

《规范》规定，除排架结构外，其他偏心受压构件考虑轴向压力在挠曲杆件中产生的 $P\text{-}\delta$ 二阶效应后控制截面的弯矩设计值，应按下列公式计算：

$$M = C_m \eta_{ns} M_2 \tag{3.70}$$

$$C_m = 0.7 + 0.3\frac{M_1}{M_2} \tag{3.71}$$

$$\eta_{ns} = 1 + \frac{1}{1\,300(M_2/N + e_a)/h_0}\left(\frac{l_0}{h}\right)^2 \zeta_c \tag{3.72}$$

$$\zeta_c = \frac{0.5 f_c A}{N} \tag{3.73}$$

式中：C_m——构件杆端截面偏心距调节系数，当小于 0.7 时，$C_m = 0.7$；

$\quad\quad N$——与弯矩设计值 M_2 相应的轴力设计值；

$\quad\quad \eta_{ns}$——弯矩增大系数；

$\quad\quad e_a$——附加偏心距；

ζ_c——截面曲率修正系数,当计算值大于 1.0 时,取 $\zeta_c=1.0$;

l_0/h——偏心受压构件的长细比。

当 $C_m\eta_{ns}$ 小于 1.0 时,取 $C_m\eta_{ns}=1.0$;对剪力墙及核心筒墙肢,可取 $C_m\eta_{ns}=1.0$。

（4）附加偏心距及初始偏心距

工程中由于设计荷载与实际荷载作用位置的偏差、混凝土质量的不均匀性、施工误差等因素的影响,都可能产生附加偏心距。《规范》规定,在偏心受压构件的正截面承载力计算中,应计入轴向压力在偏心方向存在的附加偏心距 e_a。初始偏心距 e_i 按下式计算:

$$e_i = e_0 + e_a \tag{3.74}$$

式中:e_0——轴向压力对截面重心的偏心距,$e_0=M/N$;

e_a——附加偏心距,取 20 mm 和偏心方向截面尺寸的 1/30 两者中的较大值;

e_i——初始偏心距。

3. 矩形截面偏心受压构件的正截面受压承载力基本计算公式

（1）矩形截面大偏心受压构件正截面的受压承载力计算公式

① 计算公式。

与受弯构件正截面承载力的计算相似,将受压区混凝土的曲线正应力图用等效矩形图形来代替,其应力值为 $\alpha_1 f_c$,受压区混凝土高度为 x,其计算图形如图 3-38 所示。

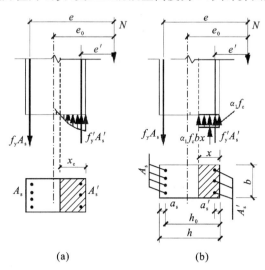

图 3-38　大偏心受压构件的计算

（a）实际应力分布;（b）等效计算图形

由力的平衡条件得

$$N \leqslant N_u = \alpha_1 f_c bx + f_y'A_s' - f_y A_s \tag{3.75}$$

将各力对受拉钢筋的合力点取矩,可得

$$Ne \leqslant N_u e = \alpha_1 f_c bx\left(h_0 - \frac{x}{2}\right) + f_y'A_s'(h_0 - a_s') \tag{3.76}$$

式中:N_u——受压承载力设计值;

e——轴向力作用点至受拉钢筋合力点之间的距离,$e=e_i+\dfrac{h}{2}-a_s$;

e_i——初始偏心距,按式(3.74)计算;

a'_s——纵向受压钢筋合力点至受压区边缘的距离;

a_s——纵向受拉钢筋合力点至受拉区边缘的距离;

x——受压区混凝土的计算高度。

② 适用条件。

为保证构件破坏时受拉区的钢筋屈服,必须满足下列条件:

$$x \leqslant \xi_b h_0 \tag{3.77}$$

为保证构件破坏时受压钢筋屈服,必须满足下列条件:

$$x \geqslant 2a'_s \tag{3.78}$$

(2) 矩形截面小偏心受压构件正截面的受压承载力计算公式

小偏心受压构件截面破坏时,受压区混凝土被压碎,受压钢筋 A'_s 屈服,而另一侧的钢筋 A_s 可能受拉或受压,但都不会屈服,所以其应力用 σ_s 表示,其计算图形如图 3-39 所示。

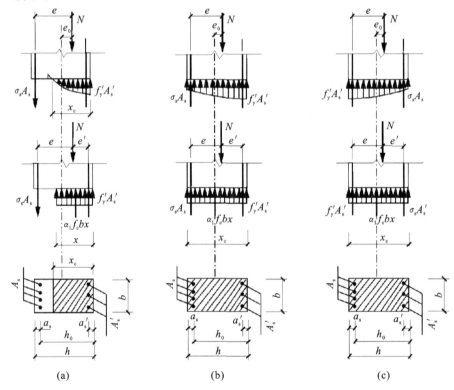

图 3-39 小偏心受压构件的计算图示

(a) A_s 受拉不屈服;(b) A_s 受压不屈服;(c) A_s 受压屈服

由力的平衡条件及力矩平衡条件,得

$$N \leqslant N_u = \alpha_1 f_c bx + f'_y A'_s - \sigma_s A_s \tag{3.79}$$

$$Ne \leqslant N_u e = \alpha_1 f_c bx \left(h_0 - \frac{x}{2} \right) + f'_y A'_s (h_0 - a'_s) \tag{3.80}$$

或

$$Ne' \leqslant N_u e' = \alpha_1 f_c bx \left(\frac{x}{2} - a'_s \right) + \sigma_s A_s (h_0 - a_s) \tag{3.81}$$

式中:σ_s 为纵向钢筋 A_s 的应力,可按下式计算:

$$\sigma_s = \frac{\xi - \beta_1}{\xi_b - \beta_1} f_y \tag{3.82}$$

式中:ξ、ξ_b——相对受压区计算高度和界限相对受压区计算高度;

　　　e、e'——轴向力作用点至钢筋 A_s 合力点和 A'_s 合力点之间的距离。

且 σ_s 应满足 $f'_y \leqslant \sigma_s \leqslant f_y$。

$$e = e_i + \frac{h}{2} - a_s \tag{3.83}$$

$$e' = \frac{h}{2} - e_i - a'_s \tag{3.84}$$

当偏心距很小且比 A_s 大很多时,可能出现一种特殊情况,此时 A_s 应力先达到屈服强度,远离轴向力一侧的混凝土可能先被压坏,其截面应力图形如图 3-39(c)所示。为避免这种情况的发生,《规范》规定:对于小偏心受压构件,除了按式(3.79)、式(3.80)或式(3.83)计算外,还应满足下列条件:

$$N_u \left[\frac{h}{2} - a'_s - (e_0 - e_a) \right] \leqslant \alpha_1 f_c bh \left(h'_0 - \frac{h}{2} \right) + f'_y A'_s (h'_0 - a'_s) \tag{3.85}$$

式中:h_0'——纵向钢筋 A'_s 合力点至离偏心压力较远一侧边缘的距离,即 $h'_0 = h - a_s$。

4. 不对称配筋矩形截面偏心受压构件的正截面受压承载力的计算

偏心受压构件根据截面配筋布置形式的不同,分为对称配筋和不对称配筋。对称配筋是指截面两侧钢筋的强度、面积均相同的配筋形式,否则就为非对称配筋。偏心受压构件正截面受压承载力的计算分为截面设计和截面复核两类问题。本节讨论非对称配筋的正截面受压承载力的计算问题。

1) 截面设计

已知截面上的内力设计值 N、M,材料及构件的截面尺寸,求 A_s 和 A'_s。

计算步骤为:首先用 C_m-η_{ns} 法确定截面弯矩设计值。初步判别偏压类型,当 $e_i >$ 0.3h_0 时,按大偏压情况计算;当 $e_i \leqslant 0.3h_0$ 时,按小偏压情况计算。根据基本公式计算 A_s 和 A'_s。根据求出的 A_s 和 A'_s 计算 x,用 $x \leqslant \xi_b h_0$ 或 $x > \xi_b h_0$ 检查原假定是否正确,如果不正确需重新计算。最后验算配筋率是否满足要求。

(1) 大偏心受压构件的计算

情况①:A_s 和 A'_s 均未知的情况。

与双筋梁类似,为了使 $A_s + A'_s$ 总用量最少,可取 $x = \xi_b h_0$,代入式(3.74)得

$$A'_s = \frac{Ne - \alpha_1 f_c b h_0^2 \xi_b (1 - 0.5\xi_b)}{f'_y (h_0 - a'_s)} \qquad (3.86)$$

将求得的 A'_s 及 x 代入式(3.75),得

$$A_s = \frac{\alpha_1 f_c b h_0 \xi_b - N}{f_y} + \frac{f'_y}{f_y} A'_s \qquad (3.87)$$

若 $A'_s \leqslant \rho'_{min} b h_0 = 0.002 b h_0$,取 $A'_s = 0.002 b h_0$,并按已知 A'_s 的情况求 A_s;若 $A_s < \rho_{min} b h_0$,取 $A_s = \rho_{min} b h_0$。最后,按轴心受压构件验算垂直于弯矩作用平面的受压承载力。

情况②:已知 A'_s,求 A_s 的情况。

将 A'_s 代入式(3.75)、式(3.76),联立求解 A_s,此时应注意 x 有两个根,计算时要判别其中哪一个根是真实的 x 值。

若 $x > \xi_b h_0$,应加大截面尺寸或令 $x = \xi_b h_0$,计算 A_s;

若 $x \leqslant 2a'_s$,与双筋梁类似,取 $x = 2a'_s$,对受压钢筋 A'_s 合力点取矩,得

$$A_s = \frac{N\left(\eta e_i - \dfrac{h}{2} + a'_s\right)}{f_y (h_0 - a'_s)} \qquad (3.88)$$

另外,再按不考虑受压钢筋,即取 $A'_s = 0$,利用式(3.75)、式(3.76)计算 A_s 值,与式(3.88)求得的 A_s 比较,取其中较小值。最后按轴心受压构件验算垂直于弯矩作用平面的受压承载力。

(2) 小偏心受压构件的计算

此时,基本式(3.79)、式(3.80)中共有三个基本未知量 x、A_s、A'_s,可按以下方法计算:为使总用钢量较少,取 $A_s = \rho_{min} b h_0$,联立式(3.84),求得 ξ 和 σ_s。

若 $\xi_b < \xi < 2\beta_1 - \xi_b$,则按式(3.80)求得 A'_s;

若 $\xi \leqslant \xi_b$,则按大偏压计算;

若 $2\beta_1 - \xi_b < \xi < \dfrac{h}{h_0}$,取 $\sigma_s = -f'_y$,$\xi = 2\beta_1 - \xi_b$,由式(3.79)、式(3.80)求得 A_s 和 A'_s 值,同时验算是否满足式(3.88)的要求;

若 $\xi > \dfrac{h}{h_0}$,则取 $\sigma_s = -f'_y$,$x = h$,代入式(3.79)、式(3.80)求得 A_s 和 A'_s 值,同时验算是否满足式(3.88)的要求。

最后,也要按轴心受压构件计算垂直于弯矩作用平面的受压承载力。

2) 承载力复核

已知构件的截面尺寸、计算长度、材料的强度等级及截面配筋、轴向压力设计值 N 及偏心距 e_0,求截面是否能够承受该 N 值,或已知 N 值时,求能承受的弯矩设计值 M。

(1) 弯矩作用平面内的承载力复核

情况①:已知偏心距 e_0,求 N。

按图 3-39 对 N 的作用点取矩,计算受压区高度 x。若 $x \leqslant \xi_b h_0$,则按大偏压构件

计算,将 x 代入式(3.75)即可求得 N;若 $x > \xi_b h_0$,则为小偏心受压,按式(3.79)至式 (3.84)联立求得 N。

情况②:已知 N,求弯矩设计值 M。

将已知配筋和 ξ_b 代入式(3.75),求得界限情况下的受压承载力 N_{ub}。若 $N \leqslant N_{ub}$,则为大偏压,由大偏压计算式(3.75),求得 x,代入式(3.76)即可求得 e,进而求得 e_0,则得 $M = N \cdot e_0$;若 $N > N_{ub}$,则为小偏压,由小偏压计算式(3.79)、式(3.82),求得 x,代入式(3.80)即可求得 e_0 及 M。

(2) 垂直于弯矩作用平面的承载力复核

按轴心受压构件验算垂直于弯矩作用平面的承载力,此时取 b 作为截面高度,并考虑 φ 值。

【例 3-10】 已知某矩形截面钢筋混凝土柱,环境类别为一类,设计使用年限为 50 年。该柱截面尺寸为 $b = 300$ mm、$h = 400$ mm,承受受轴向压力设计值 $N = 500$ kN,柱两端截面弯矩设计值 $M_1 = 250$ kN·m,$M_1 = 280$ kN·m,弯矩作用平面内柱上下两端的支撑长度为 3.5 m,采用 HRB500 级钢筋($f_y = 435$ MPa,$f'_y = 410$ MPa),混凝土强度等级为 C35($f_c = 16.7$ MPa)。若采用非对称配筋,试求纵向钢筋截面面积。

【解】

保护层厚度 $c = 20$ mm,取 $a_s = a'_s = 40$ mm,则
$$h_0 = h - a'_s = (400 - 40) \text{ mm} = 360 \text{ mm}$$

(1) 求弯矩设计值 M
$$\frac{M_1}{M_2} = \frac{250}{280} = 0.893 < 0.9$$

轴压比
$$n = \frac{N}{f_c A} = \frac{500 \times 10^3}{16.7 \times 300 \times 400} = 0.250 < 0.9$$

$$i = \sqrt{\frac{I}{A}} = \sqrt{\frac{h^2}{12}} = 115.5 \text{ mm}, \quad \frac{l_c}{i} = 30.1 > 34 - 12\frac{M_1}{M_2} = 22.9$$

所以考虑二阶效应的影响。

$$c_m = 0.7 + 0.3\frac{M_1}{M_2} = 0.7 + 0.3 \times 0.893 = 0.968 > 0.7$$

$$\frac{h}{30} = \frac{400}{30} \text{ mm} = 13 \text{ mm} < 20 \text{ mm}, \quad e_a = 20 \text{ mm}$$

$$\zeta_c = \frac{0.5 f_c A}{N} = \frac{0.5 \times 16.7 \times 300 \times 400}{500 \times 10^3} = 2.0 > 1, \quad 取 \quad \zeta_c = 1$$

$$\eta_{ns} = 1 + \frac{1}{1\,300\left(\dfrac{M_2}{N} + e_a\right)/h_0}\left(\frac{l_c}{h}\right)^2 \zeta_c$$

$$= 1 + \frac{1}{1\,300 \times \left(\dfrac{280 \times 10^6}{500 \times 10^3} + 20\right)/360} \times \left(\frac{3.5}{0.4}\right)^2 \times 1.0 = 1.037$$

故　　　　$M = c_m \eta_{ns} M_2 = 0.979 \times 1.037 \times 280 \text{ kN} \cdot \text{m} = 280.9 \text{ kN} \cdot \text{m}$

（2）判断偏心受压类型

$$e_i = e_0 + e_a = \frac{M}{N} + e_a = 582 \text{ mm}$$

$$\frac{e_i}{h_0} = \frac{582}{360} = 1.62 > 0.3$$

故按大偏心受压构件计算。

$$e = \frac{h}{2} - a_s + e_i = 742 \text{ mm}$$

（3）计算 A'_s、A_s

为使钢筋总用量最小，取 $\xi = \xi_b = 0.482$。

由式（3.73）和式（3.74）分别计算 A'_s、A_s

$$
\begin{aligned}
A'_s &= \frac{Ne - \alpha_1 f_c b h_0^2 \xi_b (1 - 0.5\xi_b)}{f'_y (h_0 - a'_s)} \\
&= \frac{500 \times 10^3 \times 742 - 1.0 \times 16.7 \times 300 \times 360^2 \times 0.482 \times (1 - 0.5 \times 482)}{410 \times (360 - 40)} \text{ mm}^2 \\
&= 1\,017 \text{ mm}^2 > A'_{smin} = 0.2\% \times 300 \times 400 = 240 \text{ mm}^2
\end{aligned}
$$

$$
\begin{aligned}
A_s &= \frac{\alpha_1 f_c b h_0 \xi_b + f'_y A'_s - N}{f_y} \\
&= \frac{1.0 \times 16.7 \times 300 \times 360 \times 0.482 + 410 \times 1\,017 - 500 \times 10^3}{435} \text{ mm}^2 \\
&= 1\,808 \text{ mm}^2 > A'_{smin} = 0.2\% \times 300 \times 400 \text{ mm}^2 = 240 \text{ mm}^2
\end{aligned}
$$

（4）配筋

受压钢筋选 2 Φ 22 + 1 Φ 18（$A'_s = 1\,015$ mm²），受拉钢筋选 3 Φ 28（$A_s = 1\,847$ mm²）。

$$\rho = \frac{A_s + A'_s}{bh} = \frac{1\,015 + 1\,847}{300 \times 400} = 2.4\% > \rho_{min} = 0.5\%$$

且　　　　　　　　　　　$\rho < \rho_{max} = 5\%$

故满足要求。

（5）验算垂直于弯矩作用平面方向的承载力，过程略

【例 3-11】 已知某矩形截面钢筋混凝土柱，环境类别为一类，设计使用年限为 50 年。截面尺寸为 $b = 400$ mm，$h = 600$ mm，$a_s = a'_s = 45$ mm，柱的轴向力设计值 $N = 5\,100$ kN，两端弯矩设计值分别为 $M_1 = 25$ kN·m，$M_2 = 45.3$ kN·m，混凝土强度为 C35，钢筋采用 HRB400 级，柱计算长度 $l_0 = 3$ m。求 A_s、A'_s。

【解】

$$\frac{M_1}{M_2} = \frac{25}{45.3} = 0.552 < 0.9$$

$$n = \frac{5\,100 \times 10^3}{16.7 \times 400 \times 600} = 1.272 > 0.9$$

$$i = \sqrt{\frac{1}{12}h^2} = \sqrt{\frac{1}{12} \times 600^2}\ \text{mm} = 173.2\ \text{mm}$$

$$\frac{l_0}{i} = \frac{3\ 000}{173.2} = 17.3 < 34 - 12\frac{M_1}{M_2} = 27.4$$

故考虑 $P\text{-}\delta$ 效应。

$$C_{\mathrm{m}} = 0.7 + 0.3\frac{M_1}{M_2}$$

$$= 0.7 + 0.3 \times \frac{25}{45.3} = 0.8656$$

$$\xi_{\mathrm{c}} = \frac{0.5f_{\mathrm{c}}A}{N} = \frac{0.5 \times 16.7 \times 400 \times 600}{5\ 100 \times 10^3} = 0.393$$

$$\eta_{\mathrm{ns}} = 1 + \frac{1}{1\ 300(M_2/N + e_{\mathrm{a}})/h_0}\left(\frac{l_0}{h}\right)^2 \xi_{\mathrm{c}}$$

$$= 1 + \frac{1}{1\ 300 \times (45.3 \div 5\ 100 \times 10^3 + 20) \div (600 - 45)} \times \left(\frac{3 \times 10^3}{600}\right)^2 \times 0.393$$

$$= 1.145$$

$$C_{\mathrm{m}}\eta_{\mathrm{ns}} = 0.8656 \times 1.145 = 0.99 < 1.0$$

取 $\qquad C_{\mathrm{m}}\eta_{\mathrm{ns}} = 1.0$

则 $\qquad M = C_{\mathrm{m}}\eta_{\mathrm{ns}}M_2 = M_2 = 45.3\ \text{kN·m}$

$$e_0 = \frac{M}{N} = \frac{45.3 \times 10^6}{5\ 100 \times 10^3}\ \text{mm} = 8.88\ \text{mm}, \quad e_{\mathrm{a}} = 20\ \text{mm}$$

则 $\qquad e_{\mathrm{i}} = e_0 + e_{\mathrm{a}} = 28.88\ \text{mm}$

因 $e_{\mathrm{i}} = 28.88\ \text{mm} < 0.3 h_0 = 166.5\ \text{mm}$，初步判定属于小偏压。

$$e = e_{\mathrm{i}} + \frac{h}{2} - a_{\mathrm{s}} = \left(28.88 + \frac{600}{2} - 45\right)\ \text{mm} = 283.88\ \text{mm}$$

$$e' = \frac{h}{2} - e_{\mathrm{i}} - a'_{\mathrm{s}} = \left(\frac{600}{2} - 28.88 - 45\right)\ \text{mm} = 226.12\ \text{mm}$$

取 $\quad \beta = 0.8, A_{\mathrm{s}} = \rho_{\min}bh_0 = 0.002 \times 400 \times 555\ \text{mm}^2 = 444\ \text{mm}^2$

由式(3.81)、式(3.82)，可得

$$5\ 100 \times 10^3 \times 226.12 = 1.0 \times 16.7 \times 400x\left(\frac{x}{2} - 45\right)$$

$$+ \frac{\frac{x}{555} - 0.8}{0.518 - 0.8} \times 360 \times 444 \times (555 - 45)$$

即 $\qquad x^2 - 245.94x - 276\ 186.86 = 0$

$$x = \frac{245.94 + \sqrt{245.94^2 + 4 \times 276\ 186.86}}{2}\ \text{mm} = 662.7\ \text{mm}$$

$x > h = 600\ \text{mm}$，取 $x = h = 600\ \text{mm}$，$\sigma_{\mathrm{s}} = f'_{\mathrm{y}} = 360\ \text{MPa}$。

由式(3.80)得

$$A'_s = \frac{Ne - \alpha_1 f_c bh(h_0 - 0.5h)}{f'_y(h_0 - a'_s)}$$

$$= \frac{5\,100 \times 10^3 \times 283.88 - 1.0 \times 16.7 \times 400 \times 600 \times (555 - 0.5 \times 600)}{360 \times (555 - 45)}\,\text{mm}^2$$

$$= 2\,319\ \text{mm}^2$$

$$A_s = \frac{N - \alpha_1 f_c bx - f'_y A'_s}{f_y}$$

$$= \frac{5\,100 \times 10^3 - 1.0 \times 16.7 \times 400 \times 600 - 360 \times 2\,319}{360}\,\text{mm}^2 = 714.3\ \text{mm}^2$$

由式(3.80)得

$$N_u\left[\frac{h}{2} - a'_s - (e_0 - e_a)\right] \leqslant \alpha_1 f_c bh\left(h'_0 - \frac{h}{2}\right) + f'_y A_s(h'_0 - a'_s)$$

$$A_s = \frac{N[0.5h - a'_s - (e_0 - e_a)] - \alpha_1 f_c bh(h'_0 - 0.5h)}{f'_y(h'_0 - a'_s)}$$

$$= \frac{5\,100 \times 10^3 \times [0.5 \times 600 - 45 - (4.90 - 20)]}{360 \times (555 - 45)}$$

$$\frac{-1.0 \times 16.7 \times 400 \times 600 \times (555 - 0.5 \times 600)}{360 \times (555 - 45)}\,\text{mm}^2$$

$$= 1\,936\ \text{mm}^2$$

取 $A_s = 1\,936$ mm²,可选用 4 $\underline{\Phi}$ 25($A_s = 1\,964$ mm²),A'_s 选用 5 $\underline{\Phi}$ 25($A'_s = 2\,454$ mm²)。

验算垂直于弯矩作用平面的受压承载力。

$\dfrac{l_0}{b} = \dfrac{3\,000}{400} = 7.5$,查表 3-8,得 $\varphi = 1.0$,则

$$N_u = 0.9\varphi(f_c A + f'_y A'_s)$$

$$= 0.9 \times 1.0 \times [16.7 \times 400 \times 600 + 360 \times (2\,454 + 1\,964)]\,\text{N}$$

$$= 5\,038.6 \times 10^3\,\text{N} = 5\,038.6\ \text{kN}$$

该值略小于 5 100 kN,但相差 1.2%,故安全。

【例 3-12】 已知某矩形截面钢筋混凝土柱,环境类别为一类,设计使用年限为 50 年。截面尺寸为 $b = 300$ mm,$h = 500$ mm,$a_s = a'_s = 35$ mm,柱的轴向力设计值 $N = 520$ kN,已配置受拉钢筋 $A_s = 1\,256$ mm²,受压钢筋 $A'_s = 628$ mm²,混凝土强度为 C30,钢筋采用 HRB400 级,柱计算长度 $l_0 = 3.3$ m。求该截面在 h 方向承担的弯矩设计值。

【解】

由式(3.75)得

$$x = \frac{N - f'_y A'_s + f_y A_s}{\alpha_1 f_c b} = \frac{520 \times 10^3 - 360 \times 628 + 360 \times 1\,256}{1.0 \times 14.3 \times 300}\,\text{mm} = 173.9\ \text{mm}$$

$x < \xi_b h_0 = 240.87$ mm,且 $x > 2a_s = 70$ mm,属于大偏心情况。

由式(3.76)得

$$e = \frac{\alpha_1 f_c b x \left(h_0 - \dfrac{x}{2}\right) + f_y' A_s' (h_0 - a_s')}{N}$$

$$= \frac{1.0 \times 14.3 \times 300 \times 173.9 \times \left(465 - \dfrac{173.9}{2}\right) + 360 \times 628 \times (465 - 35)}{520 \times 10^3} \text{ mm}$$

$$= 729.3 \text{ mm}$$

$$e_i = e - \frac{h}{2} + a_s = \left(729.3 - \frac{500}{2} + 35\right) \text{ mm} = 514.3 \text{ mm}$$

$$e_0 = e_i - e_a = (514.3 - 20) \text{ mm} = 494.3 \text{ mm}$$

则
$$M = N e_0 = 520 \times 0.4943 \text{ kN} \cdot \text{m} = 257.0 \text{ kN} \cdot \text{m}$$

5. 对称配筋矩形截面偏心受压构件的正截面受压承载力的计算

在实际工程中,偏心受压构件上作用的弯矩方向可能是变化的(如框架柱、排架柱等在风荷载、地震荷载作用下),此类构件要对称配筋,具有构造简单、施工方便的特点。

1) 截面设计

(1) 大小偏心的判断

对称配筋时,$A_s = A_s'$,$f_y = f_y'$,由式(3.75)得

$$x = \frac{N}{\alpha_1 f_c b} \tag{3.89}$$

当 $x \leqslant \xi_b h_0$ 时,为大偏心受压;当 $x > \xi_b h_0$ 时,为小偏心受压。

(2) 大偏心受压构件的计算

由式(3.89)计算 x,当 $2a_s' \leqslant x \leqslant \xi_b h_0$ 时,直接代入式(3.76)得

$$A_s = A_s' = \frac{Ne - \alpha_1 f_c b x \left(h_0 - \dfrac{x}{2}\right)}{f_y'(h_0 - a_s')} \tag{3.90}$$

当 $x < 2a_s'$ 时,令 $x = 2a_s'$,则

$$A_s = A_s' = \frac{Ne'}{f_y(h_0 - a_s')} \tag{3.91}$$

式中:$e' = e_i - \dfrac{h}{2} + a_s'$。

(3) 小偏心受压构件的计算

将 $A_s = A_s'$,$f_y = f_y'$ 代入基本式(3.79)、式(3.80)、式(3.81)联立可得 ξ 的三次方程,为避免求解三次方程,可简化计算得 ξ 的近似计算式

$$\xi = \frac{N - \xi_b \alpha_1 f_c b h_0}{\dfrac{Ne - 0.43 \alpha_1 f_c b h_0^2}{(\beta_1 - \xi_b)(h_0 - a_s')} + \alpha_1 f_c b h_0} + \xi_b \tag{3.92}$$

则
$$A_s = A_s' = \frac{Ne - \alpha_1 f_c b h_0^2 \xi(1 - 0.5\xi)}{f_y'(h_0 - a_s')} \tag{3.93}$$

2) 截面复核

取 $A_s = A'_s$, $f_y = f'_y$, 按非对称配筋的承载力复核方法进行验算。

【例 3-13】 某方形截面单向偏心受压柱 $b \times h = 400\ \text{mm} \times 500\ \text{mm}$, 环境类别为一类, 设计使用年限为 50 年, 荷载作用下产生的截面轴向力设计值 $N = 800\ \text{kN}$, 柱端控制截面的弯矩设计值为 $M = 400\ \text{kN} \cdot \text{m}$, 采用 C30 混凝土 ($f_c = 14.3\ \text{MPa}$) 和 HRB400 级纵向受力钢筋 ($f_y = f'_y = 360\ \text{MPa}$, $\xi_b = 0.518$), $a_s = a'_s = 40\ \text{mm}$, 构件计算长度 $l_0 = 4.5\ \text{m}$。若采用对称配筋, 求所需的纵向钢筋的截面面积。

【解】

$$x = \frac{800 \times 10^3}{1.0 \times 14.3 \times 400}\ \text{mm} = 140\ \text{mm} < \xi_b h_0 = 0.518 \times 460\ \text{mm} = 238\ \text{mm}$$

故属于大偏心受压, 且

$$x = 140\ \text{mm} > 2a'_s = 80\ \text{mm}$$

$$e_0 = \frac{M}{N} = \frac{400 \times 10^6}{800 \times 10^3}\ \text{mm} = 500\ \text{mm}$$

$$e_i = e_0 + e_a = (500 + 20)\ \text{mm} = 520\ \text{mm}$$

$$e = e_i + \frac{h}{2} - a_s = \left(520 + \frac{500}{2} - 40\right)\ \text{mm} = 730\ \text{mm}$$

$$A'_s = A_s = \frac{Ne - \alpha_1 f_c b x (h_0 - x/2)}{f'_y (h_0 - a'_s)}$$

$$= \frac{800 \times 10^3 \times 730 - 1.0 \times 14.3 \times 400 \times 140 \times \left(460 - \dfrac{140}{2}\right)}{360 \times (460 - 40)}\ \text{mm}^2$$

$$= 1\ 797\ \text{mm}^2 > 0.002bh = 0.002 \times 500 \times 400\ \text{mm}^2 = 400\ \text{mm}^2$$

每侧选配 5 Φ 22, $A'_s = A_s = 1\ 900\ \text{mm}^2$

全部纵向钢筋配筋率为

$$\rho = \frac{A_s + A'_s}{bh} = \frac{1\ 900 \times 2}{400 \times 500} = 1.9\% > \rho_{\min} = 0.55\%$$

且

$$\rho < \rho_{\max} = 5\%$$

故满足要求。

验算垂直于弯矩作用平面方向的承载力, 过程略。

【例 3-14】 已知条件同例 3-11, 按对称配筋。求 $A_s = A'_s$。

【解】

由式 (3.92) 计算 ξ, 有

$$\xi = \frac{N - \xi_b \alpha_1 f_c b h_0}{\dfrac{Ne - 0.43 \alpha_1 f_c b h_0^2}{(\beta_1 - \xi_b)(h_0 - a'_s)} + \alpha_1 f_c b h_0} + \xi_b$$

$$= \frac{5\ 100 \times 10^3 - 0.518 \times 1.0 \times 16.7 \times 400 \times 555}{\dfrac{5\ 100 \times 10^3 \times 283.88 - 0.43 \times 1.0 \times 16.7 \times 400 \times 555^2}{(0.8 - 0.518) \times (555 - 45)} + 1.0 \times 16.7 \times 400 \times 555}$$

$$+0.518$$
$$=0.935$$

则

$$A_s = A'_s = \frac{Ne - \alpha_1 f_c b h_0^2 \xi (1 - 0.5\xi)}{f'_y (h_0 - a'_s)}$$

$$= \frac{5\,100 \times 10^3 \times 283.88 - 1.0 \times 16.7 \times 400 \times 555^2 \times 0.935 \times (1 - 0.5 \times 0.935)}{360 \times (555 - 45)}\ \text{mm}^2$$

$$= 2\,306\ \text{mm}^2$$

验算垂直于弯矩作用平面的受压承载力。

$$\frac{l_0}{b} = \frac{3\,000}{400} = 7.5, 查表 3-8, 得\ \varphi = 1.0, 则$$

$$N_u = 0.9\varphi (f_c A + f'_y A'_s)$$

$$= 0.9 \times 1.00 \times [16.7 \times 400 \times 600 + 360 \times (2\,306 + 2\,306)]\ \text{N}$$

$$= 5\,101 \times 10^3\ \text{N} = 5\,101\ \text{kN} > 5\,100\ \text{kN}$$

故满足要求。

6. 工字形截面对称配筋偏心受压构件正截面受压承载力计算

在实际工程中,较大尺寸的装配式柱一般做成工字形。工字形截面可节省材料,减轻构件自重,其受力特点、破坏特征及计算方法与矩形截面基本相同。工字形截面一般采用对称配筋,因此这里只讨论对称配筋的情况。

1) 大偏心受压构件

（1）计算公式

根据受压区高度的不同,分两种情况。

情况①:当 $x \leqslant h'_f$（h'_f 为受压翼缘的高度）时,受力情况等同于宽度为 b'_f 的矩形截面,如图 3-40(a)所示。则由平衡条件得

$$N \leqslant N_u = \alpha_1 f_c b'_f x + f'_y A'_s - f_y A_s \tag{3.94}$$

$$Ne \leqslant N_u e = \alpha_1 f_c b'_f x \left(h_0 - \frac{x}{2} \right) + f'_y A'_s (h_0 - a'_s) \tag{3.95}$$

式中:b'_f 为工字形截面受压翼缘的宽度。

情况②:当 $h'_f < x \leqslant \xi_b h_0$ 时,受压区进入腹板,如图 3-38(b)所示。
则由平衡条件得

$$N \leqslant N_u = \alpha_1 f_c [bx + (b'_f - b)h'_f] + f'_y A'_s - f_y A_s \tag{3.96}$$

$$Ne \leqslant N_u e = \alpha_1 f_c \left[bx \left(h_0 - \frac{x}{2} \right) + (b'_f - b)h'_f \left(h_0 - \frac{h'_f}{2} \right) \right] + f'_y A'_s (h_0 - a'_s) \tag{3.97}$$

（2）适用条件

为保证受拉钢筋及受压钢筋的应力能达到屈服强度,应满足下列条件:

$$x \leqslant \xi_b h_0 \quad 及 \quad x \geqslant 2a'_s$$

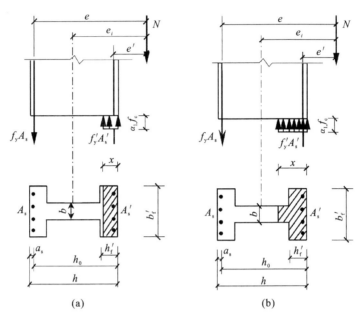

图 3-40　工字形截面大偏心受压构件的计算

(a) $x \leqslant h'_f$；(b) $h'_f < x \leqslant \xi_b h_0$

（3）计算方法

因对称配筋时，$f_y A_s = f'_y A'_s$，则由式（3.94）得

$$x = \frac{N}{\alpha_1 f_c b'_f} \tag{3.98}$$

若 $2a'_s \leqslant x \leqslant h'_f$，则按式（3.94）、式（3.95）计算；若 $h'_f < x \leqslant \xi_b h_0$，则按式（3.96）、式（3.97）计算；若 $x < 2a'_s$，则取 $x = 2a'_s$，按式（3.88）计算 A_s；再取 $A'_s = 0$ 按非对称计算 A_s，取小值。

2）小偏心受压构件

（1）计算公式

由于小偏心受压构件 $\xi > \xi_b$，一般受压区高度进入腹板，即 $x > h'_f$，根据 x 的大小不同，可分为如下两种情况。

情况①：$x \leqslant h - h_f$（h_f 为离 N 较远一侧翼缘的高度），如图 3-41(a)所示，则

$$N \leqslant N_u = \alpha_1 f_c [bx + (b'_f - b)h'_f] + f'_y A'_s - \sigma_s A_s \tag{3.99}$$

$$Ne \leqslant N_u e = \alpha_1 f_c \left[bx \left(h_0 - \frac{x}{2} \right) + (b'_f - b)h'_f \left(h_0 - \frac{h'_f}{2} \right) \right] + f'_y A'_s (h_0 - a'_s) \tag{3.100}$$

情况②：$x > h - h_f$，如图 3-41(b)所示，则

$$N \leqslant N_u = \alpha_1 f_c [bx + (b'_f - b)h'_f + (b_f - b)(h'_f + x - h)] + f'_y A'_s - \sigma_s A_s \tag{3.101}$$

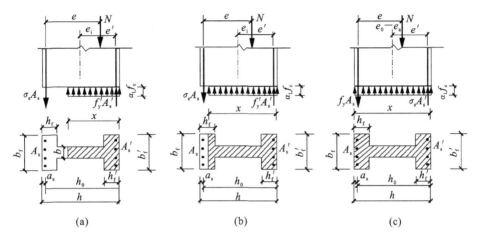

图 3-41　工字形截面小偏心受压构件的计算

(a) $x \leqslant h - h_f$；(b) $x > h - h_f$；(c) A_s 受压屈服

$$Ne \leqslant N_u e = \alpha_1 f_c \left[bx \left(h_0 - \frac{x}{2} \right) + (b'_f - b) h'_f \left(h_0 - \frac{h'_f}{2} \right) \right.$$
$$\left. + (b_f - b)(h_f + x - h) \left(h_f - \frac{h_f + x - h}{2} - a_s \right) \right] + f'_y A'_s (h_0 - a_s)$$

$$(3.102)$$

若 $x > h$，则取 $x = h$。

对于小偏心受压构件，还应满足下列条件：

$$N_u \left[\frac{h}{2} - a'_s - (e_0 - e_a) \right] = \alpha_1 f_c \left[bh \left(h'_0 - \frac{h}{2} \right) + (b_f - b) h_f \left(h'_0 - \frac{h_f}{2} \right) \right.$$
$$\left. + (b'_f - b) h'_f \left(\frac{h'_f}{2} - a'_s \right) \right] + f'_y A_s (h'_0 - a_s)$$

$$(3.103)$$

（2）适用条件

$$x > \xi_b h_0$$

（3）计算方法

计算方法与矩形截面相同，由下列近似公式求得

$$\xi = \frac{N - \alpha_1 f_c [bh_0 \xi_b + (b'_f - b) h'_f]}{\dfrac{Ne - \alpha_1 f_c [0.45 bh_0^2 + (b'_f - b) h'_f (h_0 - 0.5 h'_f)]}{(\beta_1 - \xi_b)(h_0 - a'_s)} + \alpha_1 f_c bh_0} + \xi_b \quad (3.104)$$

将 $x = \xi h_0$ 代入式（3.100）或式（3.102），则可求得 A_s 和 A'_s。

【**例 3-15**】　如图 3-42 所示，某单层厂房的偏心受压柱，截面为工字形，柱计算长度 $l_0 = 6.9$ m，$a_s = a'_s = 35$ mm，柱的轴向力设计值 $N = 900$ kN，控制截面弯矩设计值 $M = 416.34$ kN·m，混凝土强度为 C30，钢筋采用 HRB335 级，按对称配筋。求钢筋截面面积 A_s 及 A'_s。

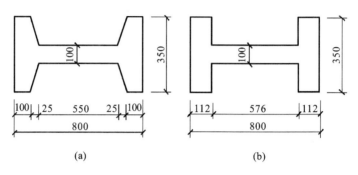

图 3-42 例 3-15 图

【解】

先分析大小偏心。先按大偏心受压考虑。由式(3.100),得

$$x = \frac{N}{\alpha_1 f_c b'_f} = \frac{900 \times 10^3}{1.0 \times 14.3 \times 350} \text{ mm} = 179.82 \text{ mm} > h'_f = 112 \text{ mm}$$

受压区进入腹板,则按式(3.94)重新计算 x

$$x = \frac{N - \alpha_1 f_c (b'_f - b) h'_f}{\alpha_1 f_c b} = \frac{900 \times 10^3 - 1.0 \times 14.3 \times (350 - 100) \times 112}{1.0 \times 14.3 \times 100} \text{ mm}$$

$$= 349.37 \text{ mm}$$

$x < \xi_b h_0 = 0.55 \times 765 \text{ mm} = 420.75 \text{ mm}$,为大偏心受压。

$$e_0 = \frac{M}{N} = \frac{416.34 \times 10^6}{900 \times 10^3} \text{ mm} = 462.6 \text{ mm},$$

$$e_a = \frac{800}{30} \text{ mm} = 26.67 \text{ mm} > 20 \text{ mm}$$

则
$$e_i = e_0 + e_a = 489.27 \text{ mm}$$

$$e = e_i + \frac{h}{2} - a_s = \left(489.27 + \frac{800}{2} - 35\right) \text{ mm} = 854.27 \text{ mm}$$

由式(3.95)得

$$A_s = A'_s = \frac{Ne - \alpha_1 f_c \left[bx\left(h_0 - \frac{x}{2}\right) + (b'_f - b)h'_f\left(h_0 - \frac{h'_f}{2}\right)\right]}{f'_y(h_0 - a'_s)}$$

$$= \frac{900 \times 10^3 \times 854.27 - 1.0 \times 14.3 \times}{300 \times (765 - 35)}$$

$$\frac{\left[100 \times 349.37 \times \left(765 - \frac{349.37}{2}\right) + (350 - 100) \times 112 \times \left(765 - \frac{112}{2}\right)\right]}{300 \times (765 - 35)} \text{ mm}^2$$

$$= 867.8 \text{ mm}^2 > \rho'_{\min} b h_0 = 0.002 \times 100 \times 765 \text{ mm}^2 = 153 \text{ mm}^2$$

每边选用 3 Φ 20($A_s = A'_s = 941 \text{ mm}^2$)。

7. 偏心受压构件 N-M 相关曲线

试验表明,偏心受压构件上作用的轴力 N 和弯矩 M,对构件的作用是相互影响的,即具有相关性。在构件截面尺寸及材料强度给定的情况下,两者之间的比例不同,构件的破坏形态也不同,截面配筋也不一样,或者说构件可以在不同的 N 和 M 的组合下达到承载力极限状态。

图 3-43 所示相关曲线上各点是构件承载力极限状态的各种 N-M 的组合。当实际构件 N、M 的组合点落在曲线内时,承载力足够,且越远离曲线越安全,越靠近曲线安全储备越小;若落在曲线外,则构件丧失承载力而破坏。从图 3-43 可知,对于大偏心受压构件,在 M 相同的条件下,N 越大越安全,越小越危险;对于小偏心受压构件,在 M 相同的条件下,N 越小越安全。利用此规律在设计时可以判断最不利的内力组合。

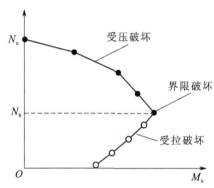

图 3-43　一组试验所得到的 N_u-M_u 的相关曲线

8. 偏心受压构件斜截面受剪承载力的计算

当偏心受压构件受到的剪力较大时(如水平地震荷载作用下的框架柱),除了进行正截面计算外,还要验算斜截面的受剪承载力。试验表明,轴向压力的存在,能够延缓斜裂缝的出现和发展,使截面保留较大的混凝土剪压区面积,因而使受剪承载力得以提高,但有一定的限度。当 $N \leqslant 0.3 f_c bh$ 时,受剪承载力随轴力的增大而增强;当 $N > 0.3 f_c bh$ 时,受剪承载力不再随轴力的增大而增强。《规范》给出了矩形、T 形和工字形截面的偏心受压构件的斜截面受剪承载力计算公式。

$$V \leqslant \frac{1.75}{\lambda + 1} f_t bh_0 + f_{yv} \frac{A_{sv}}{s} h_0 + 0.07N \tag{3.105}$$

式中:N——与剪力设计值 V 相应的轴向压力设计值,当 $N > 0.3 f_c A$ 时,取 $N = 0.3 f_c A$,此处 A 为截面面积;

λ——偏心受压构件计算截面的剪跨比,对各类结构的框架柱,宜取 $\lambda = M/Vh_0$;对框架结构中的框架柱,当其反弯点在层高范围内时,可取 $\lambda = H_n/2h_0$;当 $\lambda < 1$ 时,取 $\lambda = 1$;当 $\lambda > 3$ 时,取 $\lambda = 3$;此处 M 为计算截面上与剪力设计值 V 相应的弯矩设计值,H_n 为柱净高;对其他偏心受压构件,当承受均布荷载时,取 $\lambda = 1.5$;当承受集中荷载时(包括作用有多种荷载、且集中荷载对支座截面或节点边缘所产生的剪力占总剪力的 75% 以上的情况),取 $\lambda = a/h_0$;当 $\lambda < 1.5$ 时,取 $\lambda = 1.5$;当 $\lambda > 3$ 时,取 $\lambda = 3$;

此处 a 为集中荷载至支座截面或节点边缘的距离。

当符合下列条件时,可不进行斜截面受剪承载力计算,仅按构造要求配置箍筋

$$V \leqslant \frac{1.75}{\lambda+1} f_t bh_0 + 0.07N \qquad (3.106)$$

对偏心受压构件,其截面尺寸应符合下列条件:

当 $h_w/b \leqslant 4$ 时,有

$$V \leqslant 0.25 \beta_c f_c bh_0 \qquad (3.107)$$

当 $h_w/b \geqslant 6$ 时,有

$$V \leqslant 0.2 \beta_c f_c bh_0 \qquad (3.108)$$

式中:h_w——截面的腹板高度,对矩形截面取有效高度;对 T 形截面,取有效高度减去翼缘高度;对工字形截面,取腹板净高。

3.5 预应力混凝土构件

3.5.1 预应力混凝土的基本概念

1. 预应力混凝土的概念

钢筋混凝土受拉与受弯等构件,由于混凝土的抗拉强度及极限拉应变值都很小,构件的抗裂能力较低,在使用荷载作用下,通常是带裂缝工作的。因此,对于使用阶段不允许开裂的构件,受拉钢筋应力只能用到 20~30 MPa,不能充分利用其强度;对于使用阶段允许开裂的构件,当允许裂缝宽度为 0.2~0.3 mm 时,受拉钢筋应力只能达到 150~250 MPa,这与各种热轧钢筋的正常工作应力接近,因此在普通钢筋混凝土结构中采用高强度钢筋是不能充分利用其强度的。提高混凝土强度等级,其抗拉强度不会有太大提高,因而对改善构件的抗裂和变形性能效果不大。

为了避免钢筋混凝土结构的裂缝过早出现,并充分利用高强度钢筋和高强度混凝土,进一步扩大构件的使用范围,更好地保证构件的质量,必须提高构件的抗裂性能。采用预应力混凝土是改善构件抗裂性能的有效方法。预应力混凝土结构就是在混凝土构件承受外荷载作用前,通过预加外力使其产生预压应力,以此来减小或抵消外荷载所引起的混凝土拉应力,从而使构件的拉应力较小,甚至处于受压状态,以达到控制受拉混凝土不过早开裂的目的。

2. 预应力混凝土的优缺点

预应力混凝土与钢筋混凝土一样,也是一种组合材料,但预应力钢筋采用高强度钢筋或高强度钢丝束,混凝土采用高强度混凝土,这两种材料能有效地结合在一起。通过预加应力可以使钢材在高应力下工作,同时可以使部分混凝土由受拉状态转为受压状态,从而可以更有效地发挥两种材料各自的力学性能。

与钢筋混凝土相比较,预应力混凝土的主要优点是改善了使用荷载作用下构件

的受力性能,可以推迟裂缝的出现,即在使用荷载作用下可以不开裂或减小裂缝宽度,提高构件的抗裂度和刚度,同时还可形成起拱现象,减小构件在正常使用荷载作用下的挠度。但预应力混凝土也有一定的局限性,如施工工序多、对施工技术要求高、需要成套张拉锚固装备、锚夹具及劳动力费用高、周期较长等。因此,一般对于下列结构物,才宜优先采用预应力混凝土结构。

① 裂缝控制等级要求较高的结构,某些结构物,如水池、油罐、原子能反应堆、受到侵蚀性介质作用的厂房、水利、海洋、港口工程结构等,要求有较高的防水、抗渗及耐腐蚀性能,采用预应力混凝土结构能满足不出现裂缝或裂缝宽度不超过允许限值的要求。

② 大跨度或承受重型荷载的结构,例如主梁、大跨度楼板体系、中等及大跨度桥梁等,要求轻质高强,以减小自重、提高强度,又要控制变形及裂缝,采用预应力混凝土结构,可以提高构件的刚度,限制其裂缝宽度及变形,并能充分发挥高强度材料的作用。

③ 对构件的刚度和变形控制要求较高的结构构件,如工业厂房中的吊车梁、桥梁中的大跨度梁式构件等,采用预应力混凝土结构,可以提高构件的抗裂度和刚度,减小裂缝宽度和挠度值。同时,由于预压力的偏心作用使结构出现反拱现象,可减小构件在正常使用荷载作用下产生的挠度。

应当指出,预应力混凝土梁的抗弯强度并无提高,如对各种条件相同的钢筋混凝土梁和预应力混凝土梁进行比较,两者抗弯强度几乎是相同的。

3. 全预应力混凝土及部分预应力混凝土

根据预应力大小对构件截面裂缝控制程度的不同,预应力混凝土结构构件可设计成全预应力或部分预应力两种。如果在全部使用荷载作用下截面上混凝土不出现拉应力,称为全预应力混凝土,大致相当于《规范》中严格要求不出现裂缝的构件。在使用荷载作用下,允许混凝土受拉区产生裂缝,但最大裂缝宽度不超过允许值,一般称为部分预应力混凝土,大致相当于《规范》中允许出现裂缝的构件。

全预应力混凝土的特点是:①抗裂性能好;②抗疲劳性好;③反拱值较大;④延性较差。

部分预应力混凝土的特点是:①抗裂性能好,可合理控制裂缝,节约钢材;②控制反拱值不致过大;③延性较好;④与全预应力混凝土相比较,可简化张拉、锚固等工艺,综合经济效果较好;⑤计算较复杂。

4. 施加预应力的方法

施加预应力的方法有两种:先张法和后张法。

(1) 先张法

在浇筑混凝土之前张拉钢筋的方法称为先张法,其工序如下。

① 浇筑混凝土之前,在台座(或钢模)之间张拉钢筋至预定位置并作临时固定。

② 安置模板,绑扎钢筋,并浇筑混凝土。

③ 待混凝土达到一定强度后(约为设计强度的 70% 以上),放松并切断预应力筋,利用钢筋弹性回缩,借助于黏结力在混凝土中建立预压应力,如图 3-44 所示。所以先张法构件是通过预应力钢筋与混凝土之间的黏结力传递预应力的。

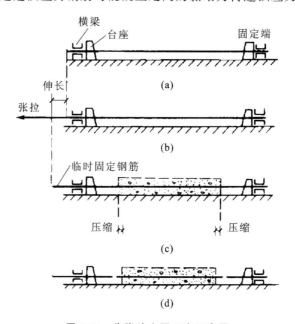

图 3-44　先张法主要工序示意图

(a) 钢筋就位;(b) 张拉钢筋;(c) 临时固定钢筋,浇筑混凝土并养护;(d) 放张钢筋,钢筋回缩对混凝土施加压力

先张法多用于工厂化生产,台座可以很长(长度可达 100 m 以上)。在台座间可生产多个同类型构件,预应力筋越快放松就越能缩短生产周期,提高生产率,但应采取相应措施,保证混凝土达到一定强度。先张法适用于定型成批生产的中、小型预制构件,如预应力混凝土楼板、屋面板、梁等。

(2) 后张法

在结硬后的混凝土构件上张拉钢筋的方法称为后张法,其工序如下。

① 先浇筑混凝土构件,并在构件中预留孔道。

② 养护混凝土达到一定强度后,将预应力钢筋穿入孔道,利用构件本身作为台座,再张拉预应力筋至控制应力。

③ 在张拉端用锚具锚住预应力钢筋,并在孔道内灌浆;也可不灌浆,完全通过锚具施加预应力,形成无黏结的预应力结构,如图 3-45 所示。因此,后张法是通过构件两端的锚具传递预应力的。

张拉预应力筋时,可以一端先锚固,在另一端张拉钢筋完毕后再锚固;也可以两端分别张拉或同时张拉,然后锚固于端部。后张法适用于在施工现场制作大型构件,如预应力屋架、吊车梁、大跨桥梁等。大型构件分段施工时用此法更为有效。

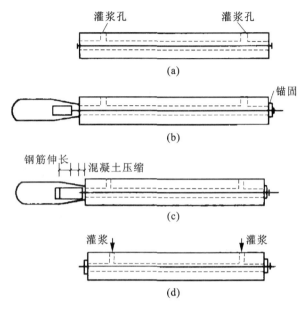

图 3-45 后张法主要工序示意图

（a）浇筑混凝土构件，预留孔道，穿入预应力钢筋；（b）安装张拉设备；
（c）张拉钢筋；（d）锚固钢筋，孔道压力灌浆

5. 夹具和锚具

夹具和锚具是在制作预应力构件时锚固预应力钢筋的工具。一般认为：当预应力构件制作完成后能够取下重复使用的称为夹具，而留在构件上不能取下的称为锚具。夹具和锚具是保证预应力混凝土施工安全、结构可靠的关键性设备，主要依靠摩阻、握裹和承压锚固来夹住或锚住钢筋。下面介绍建筑工程中常用的几种锚具形式。

（1）螺丝端杆锚具

螺丝端杆锚具是在单根预应力钢筋的两端各焊上一短段螺丝端杆，套以螺母和垫板所组成的锚具。螺丝端杆的螺纹是在高强粗钢筋上冷轧出来的，钢筋张拉后拧紧螺母，靠螺母和锚固板的承压作用锚固钢筋（见图 3-46）。这种锚具的优点是操作简单，且锚固后在千斤顶回油时，预应力钢筋基本不发生滑移。如有需要，便于再次张拉。其缺点是对预应力钢筋长度的精确度要求较高，不能太长或太短，以免发生螺

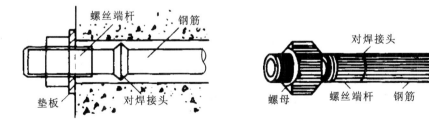

图 3-46 螺丝杆端锚具

纹长度不够的情况。

（2）锥形锚具

锥形锚具是由一个环形锚圈和一个锥形锚塞组成的锚具（见图 3-47）。预应力钢筋依靠摩擦力将预拉力传到锚环，再由锚环通过承压力和黏结力将预拉力传到混凝土构件上。这种锥形锚具每套能锚固多根直径为 5～12 mm 的平行钢丝束，或者锚固多根直径为 13～15 mm 的平行钢绞线束。其缺点是滑移大，且不易保证每根钢筋或钢丝的应力均匀分布。

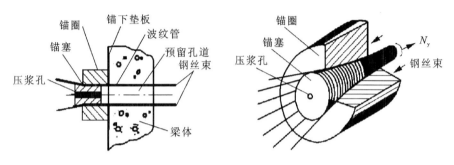

图 3-47　锥形锚具

（3）镦头锚具

镦头锚具是用特制的镦头机将钢丝端部镦粗，形成铆钉头形的端头（见图 3-48），用于锚固多根直径为 10～18 mm 的平行钢丝束或者 18 根以下直径为 5 mm 的平行钢丝束。这种锚具锚固性能可靠，操作方便，但对钢筋或钢丝束的长度有较高精度要求。

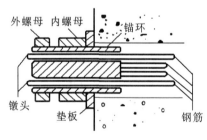

图 3-48　镦头锚具

（4）夹具式锚具

夹具式锚具由带有锥形内孔的锚环和一组可以合成的锥形夹片组成，可锚固钢绞线或钢丝束。夹具式锚具主要有 JM12 型（见图 3-49）、OVM 型、QM 型等。JM12 型锚具的缺点是钢筋内缩值大。

6. 有黏结预应力钢筋及无黏结预应力钢筋

后张法构件在张拉钢筋后通常要用压力灌浆将预留孔道填实。这种沿预应力钢筋全长均与混凝土接触表面产生黏结作用的钢筋称为有黏结预应力钢筋，它在超荷载阶段的受力性能较好，裂缝宽度较小，分布也较均匀。

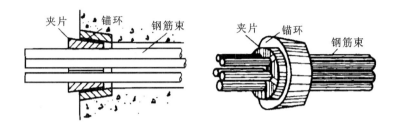

图 3-49　JM12 锚具

若沿预应力钢筋全长与混凝土接触表面不存在黏结作用,两者产生相对滑移,则称为无黏结预应力钢筋。近年来,国内已开始采用无黏结预应力钢筋,其做法是先将预应力钢筋的外表面涂以沥青、油脂或其他润滑防锈材料,以减小摩擦,防止生锈,再外包牛皮纸(或塑料薄膜)或套以塑料管,埋入构件模板中浇筑混凝土,待混凝土达到规定强度后张拉钢筋。要求涂料应具有防腐性、化学稳定性,在预期使用温度范围内不致开裂发脆,也不致液化流淌。

与有黏结预应力构件相比较,采用无黏结预应力钢筋可以省去留孔、穿筋和灌浆等工序,降低造价,也便于以后再次张拉或更换预应力筋,使后张法预应力混凝土易于推广应用。但无黏结预应力构件的开裂荷载较低,裂缝分布疏而宽,且挠度较大,需设置一定数量的非预应力钢筋以改善构件的受力性能。此外,无黏结预应力钢筋对锚具的质量及防腐要求较高,在实际工程中主要用于预应力钢筋分散配置、锚具区易于封口处理(用混凝土或环氧树脂水泥浆封口,防止潮气入侵)的结构(构件)。

3.5.2　预应力混凝土的材料

1. 钢材

与普通混凝土结构不同,预应力筋宜采用预应力钢丝、钢绞线和预应力螺纹钢筋。钢筋在预应力构件中,从构件制作开始,到构件破坏,始终处于高应力状态,因此对钢筋有较高的质量要求,其特点如下。

① 强度高。混凝土预应力的大小,取决于预应力钢筋张拉应力的大小。考虑到构件在制作过程中会出现各种应力损失,这就要求预应力钢筋有较高的抗拉强度。

② 具有一定的塑性。预应力筋在最大力下的总伸长率 δ_{gt} 不应小于 3.5%。

③ 良好的加工性能。要求有良好的可焊性、冷镦性及热镦性等。

④ 与混凝土间有足够的黏结强度。由于先张法构件的预应力主要是依靠钢筋与混凝土间的黏结力来传递的,因此必须保证两者间有足够的黏结强度。当采用光面高强钢丝时,表面应经刻痕或压波处理。

常用的预应力钢筋有:热处理钢筋、钢绞线、消除应力钢丝(见图 3-50)等。

2. 混凝土

预应力混凝土构件所用的混凝土,应满足下列要求。

图 3-50 预应力钢筋形式

① 高强度。预应力混凝土必须具有较高的抗压强度,这样才能承受大的预应力,有效地减小构件的截面尺寸,减轻构件自重。对于先张法构件,高强度的混凝土具有较高的黏结强度,可减小端部应力传递长度;对于后张法构件,高强度的混凝土可承受构件端部强大的预应力,防止端部锚固区局部受压破坏。

② 收缩、徐变小。这样可以减少由于收缩、徐变引起的预应力损失。

③ 快硬、早强。这样可尽早地施加预应力,提高台座、模具、夹具的周转率,加快施工进度,降低管理费用。

《规范》规定,预应力混凝土构件中,混凝土强度等级不宜低于 C40,且不应低于C30。

3.5.3 预应力损失

1. 张拉控制应力 σ_{con}

张拉控制应力是指预应力钢筋在进行张拉时所控制达到的最大应力值。其值为张拉设备的测力仪表(如千斤顶油压表)所指示的总张拉力除以预应力钢筋截面面积而得的应力值,以 σ_{con} 表示。

张拉控制应力的取值大小,直接影响预应力混凝土的使用效果。若张拉控制应力过低,则预应力钢筋经过各种应力损失之后,使混凝土所受到的有效预压应力过小,不能有效地提高预应力混凝土构件的抗裂度和刚度。若张拉控制应力过高,则易出现下列问题。

① 在施工阶段可能会使构件的某些部位受到拉力(称为预拉区)甚至开裂,还可能引起后张法构件端部混凝土局压破坏。

② 构件开裂荷载与极限荷载接近,使构件在破坏前无明显征兆,延性较差。

③ 为了减少预应力损失,往往需进行超张拉,可能在超张拉过程中个别钢筋的应力超过其实际的屈服强度,使钢筋产生较大塑性变形甚至脆断。

张拉控制应力的取值还与预应力钢筋的钢种有关。由于预应力混凝土采用高强度钢筋,其塑性较差,因此控制应力不能取值过高。

根据国内外设计与施工经验及近年来的科研成果,《规范》规定预应力钢筋的张拉控制应力 σ_{con} 不宜超过表 3-9 的限值。

表 3-9　张拉控制应力 σ_{con} 限值

钢 筋 种 类	σ_{con}
消除应力钢丝、钢绞线	$\leqslant 0.75 f_{ptk}$
中强度预应力钢丝	$\leqslant 0.70 f_{ptk}$
预应力螺纹钢筋	$\leqslant 0.85 f_{pyk}$

注:① f_{ptk} 为预应力筋极限强度标准值。

　　② f_{pyk} 为预应力螺纹钢筋屈服强度标准值。

同时,《规范》还规定,消除应力钢丝、钢绞线、中强度预应力钢丝的张拉控制应力值不应小于 $0.4 f_{ptk}$,预应力螺纹钢筋的张拉应力控制值不宜小于 $0.5 f_{pyk}$。

此外,当符合下列情况之一时,上述张拉控制应力限值可相应提高 $0.05 f_{ptk}$ 或 $0.05 f_{pyk}$:

① 要求提高构件在施工阶段的抗裂性能而在使用阶段受压区(即预拉区)内设置的预应力筋;

② 要求部分抵消由于应力松弛、摩擦、钢筋分批张拉以及预应力筋与张拉台座间的温差等因素产生的预应力损失。

2. 预应力损失值种类

在钢筋张拉、锚固到后来的运输、安装以及使用的整个过程中,由于张拉工艺和材料特性等原因,钢筋中的张拉应力是不断降低的。这种预应力钢筋应力的降低,称为预应力损失。预应力损失会使混凝土获得的有效预压应力减小,从而降低构件的抗裂性能和刚度。因此,正确分析和计算各种预应力损失,并试图采用各种方法减少预应力损失,是预应力混凝土结构设计、施工及科研工作的重要课题。引起预应力损失的因素很多,为简化起见,工程设计中一般认为混凝土构件的总预应力损失值,可以采用各种因素产生的预应力损失值相叠加的办法求得。下面分项讲述各种预应力损失值产生的原因及减少预应力损失的措施。

(1) 直线预应力筋由于张拉端锚具变形和预应力筋内缩引起的预应力损失 σ_{l1}

直线形预应力钢筋张拉后锚固于台座或构件上时,由于锚具、垫板与构件之间的缝隙被挤紧,或由于钢筋和楔块在锚具内的滑移,使被拉紧的钢筋松动回缩而引起预应力损失。锚具损失仅考虑张拉端,对于锚固端,由于在张拉过程中锚具已被挤紧,因此不考虑其所引起的预应力损失。对于块体拼成的结构,其预应力损失还应计及块体间填缝的预压变形引起的损失。

减小 σ_{l1} 的措施如下。

① 选择变形小或使预应力钢筋内缩值小的锚具、夹具,并尽量少用垫板。

② 增加台座长度。σ_{l1} 值与台座长度成反比,对先张法构件,当台座长度超过 100 m时,σ_{l1} 可忽略不计。

(2) 预应力筋与孔道壁之间的摩擦引起的预应力损失 σ_{l2}

在后张法构件中,由于孔道不直、孔道尺寸偏差、孔壁粗糙、钢筋不直等原因,张拉预应力钢筋时,钢筋与孔道壁就会产生摩擦力。离张拉端越远,这种摩擦阻力的累积值越大,使构件各截面上预应力钢筋的实际拉应力逐渐减小而引起预应力损失。

减小 σ_{l2} 的措施如下。

① 对于较长的构件可采用两端张拉。但此种方法将引起 σ_{l1} 的增加,使用时应加以注意。

② 采用超张拉。超张拉程序为:$0 \rightarrow 1.1\sigma_{con} \xrightarrow{\text{持续增加荷载 2 min}} 0.85\sigma_{con} \rightarrow \sigma_{con}$。

(3) 混凝土加热养护时,预应力筋与承受拉力的设备之间的温差引起的预应力损失 σ_{l3}

制作先张法构件时,为缩短其生产周期,常采用蒸汽养护的方法,以加快混凝土的硬结。加热升温时,新浇筑的混凝土尚未硬结,钢筋受热伸长,但两端台座之间的距离不变,使预应力钢筋内部张紧程度降低,预应力下降。而降温时,混凝土已硬结并与钢筋之间产生黏结作用,损失的应力不能恢复,称为温差损失 σ_{l3}。

减少 σ_{l3} 的方法如下。

① 可采用两次升温养护。先在常温下养护,待混凝土达到一定强度,这时可认为钢筋与混凝土已结成整体;再逐渐升温至规定的养护温度,钢筋与混凝土可以一起胀缩而不会引起预应力的损失。

② 在钢模上张拉预应力钢筋。升温时钢筋和钢模无温差,可不考虑此项损失。

(4) 预应力筋应力松弛引起的预应力损失 σ_{l4}

钢筋在高应力作用下具有随时间而增长的塑性变形性质:一方面,当钢筋长度保持不变时,钢筋的应力会随时间的增长而降低,这种现象称为钢筋的应力松弛;另一方面,当钢筋应力保持不变时,应变会随时间的增长而增大,这种现象称为钢筋的徐变。钢筋的徐变和松弛会引起预应力钢筋的应力损失,这种损失统称为钢筋应力松弛损失 σ_{l4}。

试验表明,钢筋的应力松弛与钢材品种有关,钢种不同,应力损失不同。一般是热处理钢筋的应力松弛比钢丝、钢绞线的小。另外,张拉控制应力 σ_{con} 越大,则 σ_{l4} 越大。钢筋的应力松弛还与时间有关,开始阶段发展较快,1 h 后可达全部应力松弛损失的 50% 左右,24 h 后可达 80% 左右,此后发展较慢。

根据应力松弛的上述特点,采用超张拉的方法,可使应力松弛损失降低。超张拉程序为:$0 \rightarrow 1.05\sigma_{con} \xrightarrow{\text{持荷 2 min}} \sigma_{con}$。

(5) 混凝土收缩和徐变引起的预应力损失 σ_{l5}

在一般温度情况下,混凝土会发生体积收缩,而在预压力作用下,混凝土又会发生徐变。收缩、徐变都使构件缩短,预应力钢筋也随之回缩而造成预应力损失。

当结构处于年平均相对湿度低于 40% 的环境下时,σ_{l5} 会增加 30%。

减小 σ_{l5} 的措施如下。

① 采用高标号水泥,减少水泥用量,降低水灰比,采用干硬性混凝土。

② 采用级配较好的骨料,加强振捣,提高混凝土密实度。

③ 加强养护,以减少混凝土的收缩。

（6）螺旋式预应力筋作配筋的环形构件,由于混凝土的局部挤压引起的预应力损失 σ_{l6}

采用螺旋式预应力钢筋的环形构件,由于预应力钢筋对混凝土的挤压,使构件的直径有所减小,预应力钢筋中的拉应力随之降低,从而造成预应力钢筋的应力损失 σ_{l6}。σ_{l6} 的大小与环形构件的直径成反比,直径越小,损失越大。因此,《规范》规定:

① 当 $d \leqslant 3$ m 时,$\sigma_{l6} = 30$ MPa;

② 当 $d > 3$ m 时,$\sigma_{l6} = 0$。

3. 预应力损失值的组合

上述 6 项预应力损失,有的只发生于先张法构件中,有的只发生于后张法构件中,有的两者都有,而且是分批产生的。工程设计中,预应力损失以预应力传递到混凝土(即混凝土受到"预压")为界主要分成两批:在此之前称为前期损失或第一批损失,在此之后称为后期损失或第二批损失。对先张法构件,是指放张钢筋,开始给混凝土施加预应力的时刻;对后张法构件,因为是在混凝土构件上张拉钢筋,混凝土从张拉钢筋开始即受到预压,故此处特指张拉预应力钢筋至控制应力 σ_{con} 并加以锚固的时刻。预应力混凝土构件在各阶段的预应力损失值宜按表 3-10 的规定进行组合。

表 3-10　各阶段预应力损失值的组合

预应力损失值的组合	先张法构件	后张法构件
混凝土预压前(第一批)的损失	$\sigma_{l1} + \sigma_{l2} + \sigma_{l3} + \sigma_{l4}$	$\sigma_{l1} + \sigma_{l2}$
混凝土预压后(第二批)的损失	σ_{l5}	$\sigma_{l4} + \sigma_{l5} + \sigma_{l6}$

注:① 先张法构件由于钢筋应力松弛引起的损失值 σ_{l4},在第一批和第二批损失中所占的比例如需区分,可根据实际情况确定;

② 先张法构件当采用折线形预应力钢筋时,由于转角装置处的摩擦,故在混凝土预压前(第一批)的损失计入 σ_{l2},其值按实际情况确定。

考虑到预应力损失的离散性,其计算值可能比实际值偏小。为保证预应力混凝土构件有足够的抗裂度和刚度,应对预应力损失值规定最低限值。当计算出的预应力总损失值小于下列数值时,应按下列数值取用:

① 先张法构件,100 MPa;

② 后张法构件,80 MPa。

【本章要点】

① 普通热轧钢筋是目前工程上常用的钢筋类型,按其强度由低到高分为 300 MPa、335 MPa、400 MPa 和 500 MPa 等四级,按其单调受拉的特点又分为有明显屈服点的钢筋和无明显屈服点的钢筋。表征钢筋物理力学性能的指标有四个,即屈服强度 f_y、极限强度 f_u、伸长率和冷弯性能。

② 常用的混凝土强度可分为立方体抗压强度 f_{cu}、轴心抗压强度 f_c 和轴心抗拉强度 f_t。《规范》将混凝土强度等级按立方体抗压强度标准值 f_{cuk} 划分为 14 级,即

C15、C20、C25、C30、C35、C40、C45、C50、C55、C60、C65、C70、C75 和 C80。

③ 随纵向受拉钢筋配筋率的不同,受弯构件正截面可能产生三种不同的破坏形式:少筋破坏、超筋破坏和适筋破坏。

④ 斜截面的破坏形态分为斜压破坏、斜拉破坏、剪压破坏三类。

⑤ 影响斜截面破坏形态的主要因素有剪跨比、配箍率和箍筋强度、混凝土的强度和纵筋配筋率。

⑥ 偏心受压构件的破坏形态分为大偏心受压破坏和小偏心受压破坏两种。

⑦ 掌握正截面承载力、斜截面承载力、受压构件正截面承载力的计算方法;熟悉受弯构件正截面、斜截面及受压构件的构造要求。

⑧ 普通混凝土构件施加预应力,是克服其自重大,抗裂度低的有效方法。由于预应力混凝土结构的优点,在实际结构中,尤其是大跨、重荷载及抗裂要求较高的结构,多采用预应力混凝土结构。预应力损失是预应力混凝土结构特有的,引起预应力损失的因素较多。学习中应注意理解预应力损失的概念,掌握其变化规律,理解预应力损失的组合。

【思考和练习】

3-1 什么是钢筋的强度标准值?什么是钢筋的强度设计值?两者的关系如何?

3-2 绘出软钢和硬钢的应力-应变图形,并分别说明它们强度的设计依据是取自什么强度。

3-3 检验热轧钢筋的质量有哪几项力学性能指标。

3-4 画出混凝土棱柱体在单轴受压时的应力-应变关系曲线,在曲线上注明 f_c、ε_0,并说明符号的意义。

3-5 什么是混凝土的徐变和收缩?混凝土的徐变和收缩对钢筋混凝土结构会产生哪些不利影响?

3-6 钢筋和混凝土共同工作的原因是什么?

3-7 受弯构件中适筋梁从加载到破坏经历哪几个阶段?各阶段的主要特征是什么?每个阶段分别是哪种极限状态的计算依据?

3-8 什么叫配筋率?配筋率对梁的正截面承载力有何影响?

3-9 少筋梁、适筋梁与超筋梁的破坏特征有何区别?为什么实际工程中应避免采用少筋梁与超筋梁?

3-10 梁、板中混凝土保护层的作用是什么?其最小值是多少?对梁内受力主筋的直径、净距有何要求?

3-11 什么叫截面相对界限受压区高度 ξ_b?它在承载力计算中的作用是什么?

3-12 什么情况下采用双筋梁?其计算应力图形如何确定?在双筋矩形截面中受压钢筋的作用是什么?为什么双筋截面必须要用封闭箍筋?

3-13 梁斜截面受剪承载力主要与哪些因素有关?

3-14 梁斜截面破坏的主要形态有哪几种?在设计中如何防止这些破坏?

3-15 梁内箍筋有哪些作用?其主要构造要求有哪些?

3-16　计算梁斜截面受剪承载力时应取哪些计算截面？

3-17　在轴心受压柱中配置纵向钢筋的作用是什么？为什么要控制纵向钢筋的最小配筋率？

3-18　普通箍筋柱中箍筋的作用是什么？在螺旋箍筋柱中的螺旋箍筋又有什么作用？

3-19　轴心受压长柱与短柱的破坏特点有何不同？计算中如何考虑长柱的影响？

3-20　偏心受压构件可能发生几种破坏？其破坏特点是什么？

3-21　怎样区分大小偏心受压破坏的界限？

3-22　在什么情况下要考虑 $P\text{-}\delta$ 效应？如何考虑？

3-23　弯矩增大系数 η_{ns} 有什么物理意义？

3-24　偏心距的变化对偏心受压构件的承载力有何影响？

3-25　在偏心受压构件中，为何有时采用对称配筋方式？它与非对称配筋方式在承载力计算时有何不同？

3-26　某矩形截面钢筋混凝土简支梁，截面尺寸为 $b \times h = 200 \text{ mm} \times 500 \text{ mm}$，采用 C25 混凝土，HRB335 级纵向钢筋，控制截面的弯矩设计值 $M = 150 \text{ kN} \cdot \text{m}$，试确定截面受拉区纵向受力钢筋。环境类别为一类。

3-27　某矩形截面钢筋混凝土简支梁，计算跨度 $l_0 = 6 \text{ m}$，控制截面的弯矩设计值 $M = 160 \text{ kN} \cdot \text{m}$，采用 C20 混凝土，HRB335 级纵向钢筋，试按正截面承载力计算的要求确定截面尺寸及受拉区纵向受力钢筋。

3-28　某矩形截面钢筋混凝土简支梁，截面尺寸为 $b \times h = 200 \text{ mm} \times 600 \text{ mm}$，采用 C25 混凝土，HRB335 级纵向钢筋，截面受拉区配有 4 Φ 25 的受力筋，试确定该梁所能承受的最大弯矩设计值。

3-29　已知某矩形截面梁的尺寸为 $b \times h = 200 \text{ mm} \times 450 \text{ mm}$，采用 C30 混凝土，截面受拉区配有 4 根直径为 16 的 HRB335 钢筋，若承受弯矩设计值 $M = 70 \text{ kN} \cdot \text{m}$，试验算该梁是否安全。

3-30　某矩形截面钢筋混凝土简支梁，截面尺寸为 $b \times h = 200 \text{ mm} \times 500 \text{ mm}$，采用 C20 混凝土，HRB335 级纵向钢筋，控制截面的弯矩设计值 $M = 210 \text{ kN} \cdot \text{m}$，受压区已配有 2 Φ 18 的钢筋，试确定受拉区所需的纵向受力钢筋。

3-31　某 T 形截面钢筋混凝土独立梁，截面尺寸为 $b \times h = 200 \text{ mm} \times 500 \text{ mm}$，$b_f' = 600 \text{ mm}$，$h_{kf}' = 100 \text{ mm}$，采用 C20 混凝土，HRB335 级纵向钢筋，控制截面的弯矩设计值 $M = 300 \text{ kN} \cdot \text{m}$，试确定受拉区所需的纵向受力钢筋。

3-32　某矩形截面钢筋混凝土简支梁，截面尺寸为 $b \times h = 200 \text{ mm} \times 500 \text{ mm}$，采用 C30 混凝土，承受剪力设计值 $V = 1.4 \times 10^5 \text{ N}$，试确定所需受剪箍筋。

3-33　如图 3-51 所示，矩形截面钢筋混凝土简支梁，截面尺寸为 $b \times h = 250 \text{ mm} \times 600 \text{ mm}$，集中荷载设计值 $F = 160 \text{ kN}$（未包括梁的自重），采用 C25 混凝土，受力纵筋 HRB335 级，箍筋 HPB235 级，试设计该梁。要求：①确定纵筋的根数和直径；

②若箍筋选用 $\phi 6@150$，$a_s=60$ mm，纵筋直径选用 18，试确定弯起筋的数量及位置（假定第一排弯起筋的上弯点距支座边缘的距离为 50 mm）。

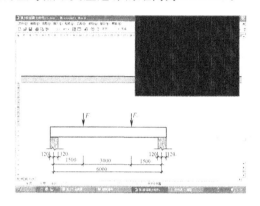

图 3-51   习题 3-33 图

3-34   某矩形截面钢筋混凝土简支梁，计算跨度 $l_0=6$ m，净跨 $l_n=5.760$ m，截面尺寸为 $b\times h=250$ mm×600 mm，采用 C20 混凝土，受力纵筋为 HRB335 级，箍筋为 HPB235 级，构件的安全等级为二级，若已知梁的纵筋为 4Φ25，试问：当采用 $\phi 6@200$ 和 $\phi 8@200$ 的双肢箍时，梁所能承受的均布荷载分别为多少？

3-35   某轴心受压柱，截面尺寸为 $b=350$ mm，$h=350$ mm，计算长度 $l_0=4.2$ m，采用 C30 混凝土，HRB335 级纵向钢筋，若该柱承受轴向力设计值 $N=1\,900$ kN，试设计柱子的配筋。

3-36   某多层房屋的中柱，计算长度 $l_0=5.4$ m，采用 C20 混凝土，已配置 8Φ20 的 HRB335 级纵向钢筋，当柱截面尺寸为 300 mm×300 mm 时，试设计该柱承担的轴力。

3-37   某门厅内的现浇圆形截面的螺旋箍筋柱，直径为 450 mm，计算长度 $l_0=5.1$ m，承受轴向力设计值 $N=2\,300$ kN，采用 C25 混凝土，6Φ20 的 HRB335 级纵向钢筋，试设计螺旋箍筋(确定直径及间距，螺旋箍筋采用 HPB235 级钢筋)。

3-38   某矩形截面偏心受压柱，承受轴向力设计值 $N=800$ kN，柱端弯矩设计值 $M_1=380$ kN·m，$M_2=400$ kN·m，计算长度 $l_0=6$ m，截面尺寸为 $b\times h=400$ mm×600 mm，采用 C35 混凝土，HRB400 级纵向钢筋，$a_s=a_s'=40$ mm，试求钢筋截面面积 A_s、A_s'。

3-39   已知矩形截面偏心受压柱，截面尺寸为 $b\times h=300$ mm×500 mm，承受轴向力设计值 $N=2\,000$ kN，柱端弯矩设计值 $M_1=46$ kN·m、$M_2=64$ kN·m，计算长度 $l_0=5.5$ m，采用 C30 混凝土，HRB400 级纵向钢筋，$a_s=a_s'=40$ mm，试求钢筋截面面积 A_s、A_s'。

3-40   矩形截面偏心受压柱，截面尺寸为 $b\times h=400$ mm×600 mm，采用 C45 混凝土，已知配有纵向钢筋截面面积 $A_s=1\,017$ mm²(4Φ18)，$A_s'=1\,520$ mm²(4Φ22)，若承受轴向力设计值 $N=1\,600$ kN，柱端控制截面弯矩设计值 $M=495$ kN·m，

计算长度 $l_0 = 5.5$ m，$a_s = a_s' = 40$ mm，试验算此柱截面是否安全。

3-41 若条件同习题 3-38，计算对称配筋时 $A_s = A_s'$ 值。

3-42 若条件同习题 3-39，计算对称配筋时 $A_s = A_s'$ 值。

3-43 工字形截面柱，其截面尺寸为：$b \times h = 100$ mm $\times 1\,000$ mm，$b_f' = b_f = 500$ mm，$h_f' = h_f = 120$ mm，柱计算长度 $l_0 = 11.5$ m，轴向力设计值 $N = 1\,400$ kN，柱端控制截面弯矩设计值 $M = 700$ kN·m，$a_s = a_s' = 35$ mm，混凝土：C30，纵向钢筋：HRB400 级，试求钢筋截面面积 $A_s (= A_s')$。

3-44 为什么要对构件施加预应力？预应力混凝土结构的优缺点是什么？

3-45 为什么预应力混凝土构件所选用的材料都要求有较高的强度？

3-46 什么是张拉控制应力？张拉控制应力为何不能取得太高，也不能取得太低？为何先张法的张拉控制应力略高于后张法的张拉控制应力？

3-47 预应力损失有哪些？是由什么原因产生的？如何减少各项预应力的损失？

第4章 楼盖、楼梯、阳台及雨篷

建筑结构承重体系可分为水平结构体系和竖向结构体系,它们共同承受着作用在建筑物上的竖向力和水平力。楼盖、屋盖等梁板结构属于水平结构体系,而承重的砌体、柱、剪力墙、筒体等属于竖向结构体系。

钢筋混凝土梁板结构[例如肋梁楼盖,如图 4-1(a)所示]在土木工程中应用很广,在其他结构设计中,例如钢筋混凝土扶壁式挡土墙[见图 4-1(b)]、大型贮水池的底板和顶板、基础工程中筏片基础[见图 4-1(c)]等配筋计算中广泛采用的就是梁板结构设计方法。

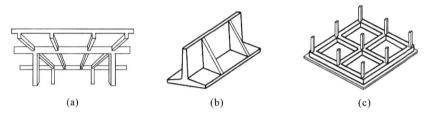

(a)   (b)   (c)

图 4-1 楼盖、挡土墙和筏片基础
(a) 肋梁楼盖;(b) 扶壁式挡土墙;(c) 筏片基础

4.1 楼盖

楼盖也称楼层,通常由面层、结构层和顶棚组成。屋盖也称屋顶,屋顶通常由防水层、结构层和保温层组成。其中由梁板结构组成的结构层在建筑结构中起着承受竖向荷载(如面层、顶棚层或防水层和保温层、楼板上活荷载等)的作用,并将竖向荷载和结构层的自重传给竖向承重构件,同时将水平力分配给竖向结构。它也是竖向结构的支撑和水平联系。

在实际工程中,钢筋混凝土楼盖的造价占土建总造价的 20%～30%;在钢筋混凝土高层建筑中,混凝土楼盖的自重占总自重的 50%～60%。因此,楼盖的设计是否合理对能否降低整个建筑物的造价是很重要的;而减小混凝土楼盖的结构设计高度,可以增大建筑净空,从而降低建筑层高,对建筑工程具有很大的经济意义;混凝土楼盖设计对于建筑隔声、隔热和美观等建筑效果有直接影响,对保证建筑物的承载力、刚度、耐久性,以及提高抗风、抗震性能等也有重要的作用。

4.1.1　楼盖的设计要求及结构形式

1. 楼盖结构设计要求

在楼盖的结构设计时，应该满足下列要求：

① 在竖向荷载作用下，满足承载力和竖向刚度的要求；

② 在楼盖自身水平面内要有足够的水平刚度和整体性；

③ 与竖向构件有可靠的连接，以保证竖向力和水平力的传递。

2. 楼盖的结构形式

1）现浇钢筋混凝土楼盖

现浇钢筋混凝土楼盖是先现场支模、绑扎钢筋，再浇灌混凝土，经养护而形成的楼板。该楼板整体性好、刚度大，防震、防水性能好，梁板布置灵活，适应性较强，可适用于形状不规则的建筑平面或具有较复杂孔洞的特殊布置情况，特别适用于荷载较大或荷载作用形式复杂、有抗震设防要求的多层、高层房屋和对楼板的整体性有特殊要求等情况。但其模板用量大，材料的耗量大，工人劳动强度大，施工进度慢，且受施工季节的影响较大。它是目前土木工程中应用最广泛的一种楼盖形式。

（1）肋梁楼盖

肋梁楼盖是由梁、板组成的楼板中常见的结构体系。肋梁楼盖根据四边支承的矩形板长边跨度与短边跨度的比值，又分为单向板肋梁楼盖和双向板肋梁楼盖。肋梁楼盖的主要分类及特点如下。

① 主次梁楼盖。

主次梁楼盖是由楼板、主梁、次梁构成的整体楼盖。力的传递过程为楼板将荷载传给次梁，次梁将荷载传给主梁，主梁将荷载再传给柱或墙，最后传到基础。这类楼盖体系的特点是受力明确、施工方便、建筑造价低，在大量的钢筋混凝土工程中广泛采用，如图 4-2(a)所示。

② 井字梁楼盖。

井字梁楼盖是由楼板、纵横方向等高截面的交叉梁形成的整体楼盖。力的传递过程为楼板将荷载传给纵横交错的梁，再由纵横交错的梁传给柱或墙，最后传到基础。其特点是梁截面高度比主次梁楼盖梁截面高度小、自重轻、造型好。但用钢量大，不经济，适用于跨度较大(可达 10～35 m)且柱网为正方形的结构，例如中小型公共建筑中门厅、会议厅的大空间等，如图 4-2(b)、(c)所示。

③ 密肋梁楼盖。

密肋梁楼盖是由薄板、肋距较小但纵横方向等高的交叉梁形成的整体楼盖。密肋梁楼盖的传力过程同井字梁楼盖。这类楼盖的特点是结构自重轻，可采用轻质材料填充密肋之间的空格，改善隔热和隔声性能以满足装修要求。肋梁跨度一般小于1.5 m，截面宽度 60～120 mm，板厚一般为 50 mm。常采用塑料模板来解决施工支模困难问题，楼盖造型好、造价低，如图 4-2(d)所示。

（2）无梁楼盖

无梁楼盖是指整个楼盖不设梁。楼板上的荷载通过柱帽传到柱或墙上，再传至基础。无梁楼盖的特点是楼板直接支承在柱上（或柱帽上），具有平整的天棚，结构构件所占用的空间小，建筑净空高，无卫生、采光死角，通风条件好，支模简单，但用钢量大，常用于商场、图书馆的书库、仓库、冷藏库，以及地下水池的顶盖等建筑中，可节省模板，简化施工，如图 4-2(e)所示。

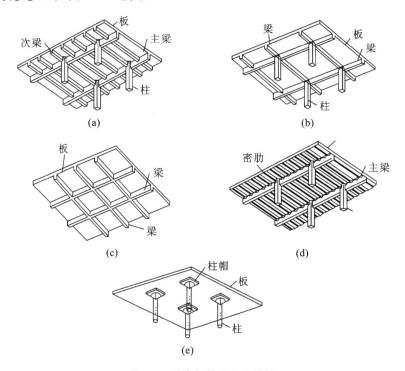

图 4-2　现浇钢筋混凝土楼盖

2）装配式楼盖

装配式楼盖是采用预制楼板和梁在现场拼装而成的楼盖。其特点是构件尺寸误差小，节约劳动力及材料，由于构件预先制作，不占工期，因此可减少季节和天气的影响，加快施工进度，便于工业化生产和机械化施工。但装配式楼板的整体性较差，楼盖平面刚度小，要求建筑平面规整，施工吊装条件高，且受城市市容的影响，市内的构件运输有困难。

在工程设计时应依据建筑方案、使用要求、建筑经济等因素综合考虑采用哪种结构形式的楼盖，正确的选择将会对整个房屋的使用和技术经济指标带来有利影响。

4.1.2　单向板肋梁楼盖

1. 混凝土板的计算原则

《规范》中关于混凝土板的计算原则规定如下。

① 两对边支承的板应均按单向板计算。

② 四边支承的板应按下列规定计算：

a. 当长边与短边长度之比不大于 2.0 时,应按双向板计算；

b. 当长边与短边长度之比大于 2.0,但小于 3.0 时,宜按双向板计算；

c. 当长边与短边长度之比不小于 3.0 时,宜按沿短边方向受力的单向板计算,并应沿长边方向布置构造钢筋。

2. 单向板的类型

单向板是指主要沿一个方向受力的板,包括以下几种情况。

1) 悬臂板

如一边支承的板式雨篷和一边支承的板式阳台或雨篷等,如图 4-3(a)所示。

2) 对边支承板

如对边支承的装配式铺板[见图 4-3(b)],两相邻边支承的空调板[见图 4-3(c)]、三边支承或四边支承的走廊中的现浇走道板等[见图 4-3(d)、(e)]。

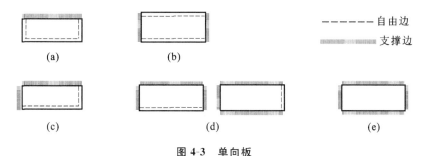

图 4-3　单向板

(a) 悬臂板；(b) 对边支撑板；(c) 相邻边支撑；(d) 三边支撑；(e) 四边支撑

3. 板上荷载

现通过一块四边简支单向板来分析板的受力状况,如图 4-4、图 4-5 所示。

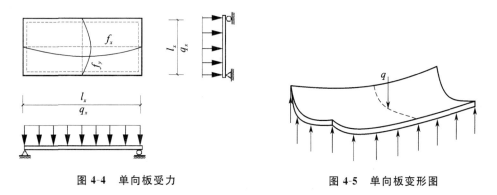

图 4-4　单向板受力　　　　　　图 4-5　单向板变形图

一四边简支板板上所承受的均布荷载为 q,向两边传递的荷载分别为 q_x、q_y,且 l_x、l_y 分别为板区格的长边与短边。

$$q = q_x + q_y \tag{4.1}$$

板跨中挠度为

$$f_x = \frac{\alpha_x q_x l_x^4}{E I_x} \tag{4.2}$$

$$f_y = \frac{\alpha_y q_y l_y^4}{E I_y} \tag{4.3}$$

式中:α_x、α_y——挠度系数,根据板带两端的支承条件而定。当板的两端均为简支时

$$\alpha_x = \alpha_y = \frac{5}{384};$$

E——混凝土弹性模量;

I——混凝土截面惯性矩。

由于跨度中心点处挠度相等

$$f = f_x = f_y \tag{4.4}$$

不计配筋影响

$$I_x = I_y \tag{4.5}$$

将式(4.2)、(4.3)、(4.5)代入式(4.4)得

$$q_x l_x^4 = q_y l_y^4 = (q - q_x) l_y^4 \tag{4.6}$$

若 $\dfrac{l_x}{l_y} = 2$,由式(4.6)得

$$q_x = \frac{l_y^4}{l_x^4 + l_y^4} q = \frac{1}{17} q = 0.059 q$$

$$q_y = \frac{16}{17} q = 0.941 q \tag{4.7}$$

若 $\dfrac{l_x}{l_y} = 3$,由式(4.6)得

$$q_x = \frac{l_y^4}{l_x^4 + l_y^4} q = \frac{1}{82} q = 0.0122 q$$

$$q_y = \frac{81}{82} q = 0.988 q \tag{4.8}$$

以上分析中,虽然近似地忽略了邻近板带的影响,但由式(4.7)、式(4.8)可知,四边支承的单向板上的荷载,主要是通过两个方向的弯曲把荷载传递下去的,且短跨方向承担着主要荷载,故在单向板设计中可忽略荷载沿长跨方向上的传递,仅考虑短跨方向上力的传递,同时在构造上对长跨方向的受弯配筋做适当处理。

4. 计算简图

楼盖设计中,主要对板、次梁和主梁进行内力计算和配筋计算,计算方法可用弹性理论计算或塑性理论计算,但计算前必须确定结构的计算简图。

(1) 板、次梁的计算简图

跨数超过五跨的连续梁(板),当各跨荷载相同且跨度相差小于 10% 时,按五跨连续梁(板)计算。

①　当边支座为砖墙或梁时，梁（板）在砖墙或梁上的支承较小，墙对梁或梁对板的约束作用也很小，为便于简化计算，假定为铰支座。

②　对于中间支座，板或次梁的支承是次梁或主梁，板、次梁的支座可以自由转动，忽略次梁对板、主梁对次梁的转动约束，但没有竖向位移（即忽略次梁的竖向变形对板的影响和主梁的竖向变形对次梁的影响），均简化为铰支座。

这样板的计算简图为支承在次梁上的连续板，从整个板面上沿短跨方向取 1 m 板带作为计算单元。次梁的计算简图为支承在主梁上的连续梁。

（2）主梁的计算简图

主梁的计算简图取决于主梁与柱的线刚度之比。设 i_b 为梁的线刚度，i_c 为柱的线刚度，则

当 $i_b/i_c \geqslant 5$ 时，按连续梁简图计算；

当 $i_b/i_c < 5$ 时，按梁与柱刚接的框架简图计算。

主、次梁的截面形状都是两端带翼缘（板）的 T 形截面梁。

当按弹性理论计算时，梁（板）的计算跨度一般取支承中心线之距，对边跨要考虑支承不同进行修正。

当按塑性理论计算时，梁（板）的计算跨度一般取净跨（扣除支座宽度），对边跨也要考虑支承不同进行修正。

5. 荷载计算单元

作用在楼盖上的荷载有恒载及活载。恒载包括结构自重、装修及保温层、固定设备等重量。活荷载包括人群、堆料、移动设备等重量。工程设计时，板按单位宽度（1 m 宽）范围内的均布荷载计算，次梁的荷载按均布线荷载计算，主梁一般按次梁传来的集中荷载计算（由于主梁的自重所占比例不大，为了计算方便，可将其换算成集中荷载加到次梁传来的集中荷载内）。板、次梁及主梁的荷载计算范围和计算简图见图 4-6。

6. 连续梁、板按弹性理论的内力计算

按弹性理论的计算是指在进行板、梁的内力分析时，假定板、梁是理想的弹性构件，计算方法完全按结构力学的方法进行。由于楼盖上活荷载位置是可变的，而荷载位置的变动对梁的内力分布影响较大，并不是所有荷载均满布在梁上时，梁的各个截面内力一定是最大的。在设计时对于多跨连续梁应考虑活荷载最不利的布置时对结构产生的效应，分析各种活荷载布置时构件内力的变化规律，进行荷载效应组合。

梁、板的内力计算可查阅有关力学计算手册。

图 4-7 介绍关于五跨连续梁恒载满布、活荷载的位置不同时，在跨中、支座截面出现的最大弯矩、最大剪力的情况。

7. 连续梁、板按塑性理论的内力计算

钢筋混凝土是弹塑性材料，钢筋在达到其屈服强度后，仍有很大的塑性变形。钢筋混凝土受弯构件在荷载作用下，受拉区混凝土开裂、裂缝开展、钢筋屈服后的变形

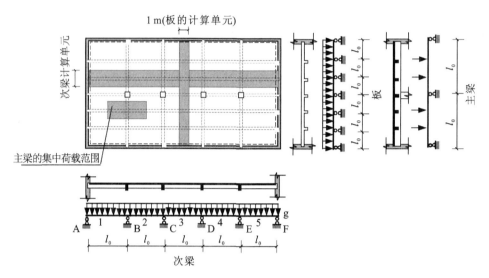

图 4-6　单向板肋梁楼盖的板和梁的荷载计算单元、计算简图

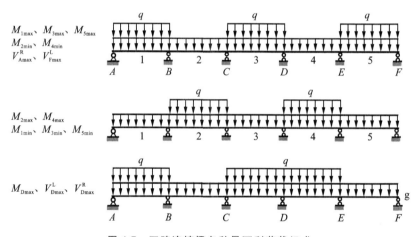

图 4-7　五跨连续梁各种最不利荷载组成

过程中，构件仍能继续承担弯矩。显然对于允许出现裂缝的连续梁、板构件，结构的内力与变形计算明显不同于弹性理论计算。考虑钢筋混凝土塑性变形的内力计算方法在实际工程中直接按下式计算：

$$M = \alpha_M (g + q) l_0^2 \tag{4.9}$$

$$V = \alpha_V (g + q) l_n \tag{4.10}$$

式中：M——弯矩的设计值；

V——剪力的设计值；

α_M——梁、板结构的弯矩系数，见表 4-1；

α_V——梁、板结构的剪力系数，见表 4-2；

g、q——梁、板单位长度上的恒荷载及活荷载设计值；

l_0——梁、板结构的计算跨度；

l_n——梁、板结构的净跨度。

表 4-1　均布荷载连续梁、板的弯矩计算系数 α_m

支承情况	截面位置					
	端支座	边跨跨内	第二支座	第二跨跨内	中间支座	中间跨跨内
	A	1	B	2	C	3
梁、板搁置在墙上	0	$\dfrac{1}{11}$	$-\dfrac{1}{10}$（两跨连续） $-\dfrac{1}{11}$（三跨以上连续）	$\dfrac{1}{16}$	$-\dfrac{1}{14}$	$\dfrac{1}{16}$
与梁整体连接	$-\dfrac{1}{16}$（板） $-\dfrac{1}{24}$（梁）	$\dfrac{1}{14}$				
梁与柱整体浇筑连接	$-\dfrac{1}{16}$	$\dfrac{1}{14}$				

表 4-2　均布荷载连续梁的剪力计算系数 α_V

支承情况	截面位置				
	端支座内侧	第二支座		中间支座	
		支座左	支座右	支座左	支座右
搁置在墙上	0.45	0.60	0.55	0.55	0.55
与梁或柱整体连接	0.50	0.55			

8. 截面计算要点及配筋构造要求

内力求出后，可进行截面强度的计算，计算方法见第 3 章。对于单向板肋梁楼盖，整体设计时应注意以下几点。

（1）截面计算要点

① 多跨连续板在外荷载作用下，由于正、负弯矩的作用，在板跨中部下表面及板的支座附近上表面形成一系列裂缝，受拉区混凝土退出工作段。受压区混凝土沿板跨方向形成一拱形分布，它将使作用于板上的一部分荷载通过拱的作用直接传递给次梁，如图 4-8 所示。计算时考虑到拱的有利影响，可把多跨连续板的所有中间跨中截面和中间支座截面的计算弯矩值均可以降低 20%。但对边跨跨内以及第一支座截面的计算弯矩，由于边梁不能提供足够的反推力，为安全起见不予降低。

② 在进行梁的截面强度计算时，梁在跨中取 T 形截面，支座处取矩形截面。

③ 对于主梁与次梁相交处，次梁在负弯矩作用下，在主梁侧面的上部将会引起开裂，而次梁上的全部荷载只能通过受压区混凝土以剪力的形式传给主梁，且该力作用在主梁高度的中、下部，有可能引起主梁下部混凝土产生八字形裂缝。为了防止发

图 4-8 单向板的拱作用

生主梁截面高度内的斜裂缝,应在主梁与次梁相交处设置附加钢筋,附加钢筋包括附加吊筋和附加箍筋,附加钢筋应布置在长度 $s=2h_1+3b$ 的范围内,如图 4-9 所示。

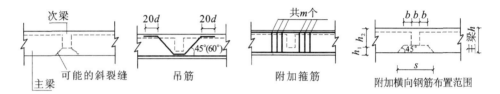

图 4-9 附加钢筋的布置

附加钢筋总截面面积按下列公式计算:

$$A_{sv} \geqslant \frac{F}{f_{yv}\sin\alpha} \tag{4.11}$$

或

$$F \leqslant f_{yv}A_{sv1}\sin\alpha + mf_{yv}A_{sv2} \tag{4.12}$$

式中:A_{sv}——承受集中荷载所需的附加横向钢筋总截面面积;

f_{yv}——附加横向钢筋的抗拉强度设计值;

F——作用在梁的下部或梁截面高度范围内的集中荷载的设计值;

α——附加横向钢筋与梁轴线间的夹角;

m——附加箍筋的个数;

A_{sv1}——附加吊筋的截面面积;

A_{sv2}——附加箍筋的截面面积。

在式(4.12)中,第一部分为附加吊筋所能抵抗的集中荷载,第二部分为附加箍筋所能抵抗的集中荷载。

(2)配筋构造要求

① 板中的受力钢筋。

板中承受跨中正弯矩的受力钢筋一般称为正筋,放置在板底的底层。承受支座处负弯矩的受力钢筋为负筋,放置在板顶的顶层。板中受力钢筋的直径一般为 6 mm、8 mm、10 mm 和 12 mm。为了防止施工时踩塌负筋,其直径不宜太细。当板的跨度大于 4 m 时,正筋的钢筋直径最好在 10 mm 以上。当板厚 $h \leqslant 150$ mm 时,钢筋间距不应大于 200 mm;当 $h > 150$ mm 时,钢筋间距不应大于 1.5 h,且不应大于 250 mm。伸入支座的钢筋,间距应不大于 400 mm,其截面面积不小于跨中受力钢筋截面面积的 1/3。

　　板的跨中受力钢筋可弯起 1/3～1/2 来承受负弯矩，弯起角度多采用 30°，当板厚大于 120 mm 时，可用 45°。为了施工方便，在选择板的正、负钢筋时，直径种类不宜多于两种。

　　连续板中受力钢筋的配置可采用弯起式或分离式（见图 4-10、图 4-11）。

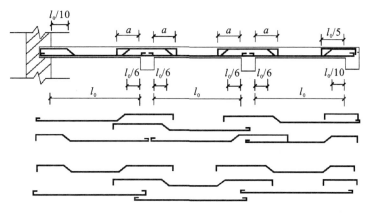

图 4-10　分离式配筋

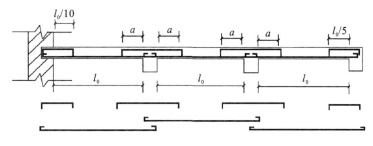

图 4-11　弯起式配筋

图 4-10、图 4-11 中 a 值的确定如下：

当 $p/g \leqslant 3$ 时

$$a = \frac{1}{4} l_0$$

当 $p/g > 3$ 时

$$a = \frac{1}{3} l_0$$

式中：p——均布活载值；

　　　g——均布恒载值。

　　对分离式配筋方式来讲，其钢筋的锚固稍差，耗钢量略大，但施工方便，是工程中常用的配筋方式。弯起式配筋方式的板中的受力钢筋有弯起钢筋、正筋和负筋三种钢筋，锚固性能好，节约钢材，但施工较复杂，工程中采用极少。当板承受较大的动荷载时，应采用此方法。

② 板中的构造钢筋。

在连续板中除了按计算配置的受力钢筋外,还需在板与承重墙处、板与主梁相交处、板的相邻两边嵌入到墙内的板角处设置构造负筋,以抵抗未计算的负弯矩;在与板的受力钢筋垂直的方向上设置分布钢筋。分布钢筋的作用为:承受混凝土收缩和温度变化所产生的内力、承受板上局部荷载所产生的内力、承受板沿长度方向实际存在但在计算时被忽略的正弯矩并固定受力钢筋的位置(见图 4-12)。

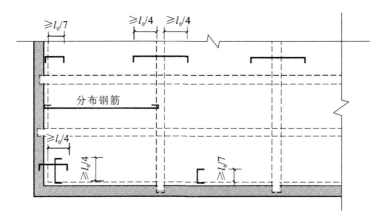

图 4-12　板中构造钢筋的布置

主、次梁配筋的一般构造要求如图 4-13 所示。钢筋的截断位置应由各种最不利弯矩的组合图来确定。

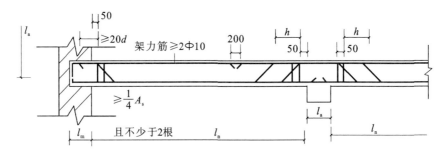

图 4-13　主、次梁的配筋构造要求

9. 肋梁楼盖结构平面布置

梁板布置时,应尽量简单、整齐,使楼板形成规则板,避免不规则板产生应力集中,造成楼板开裂;尽量满足使用要求、平面形状、柱网尺寸、荷载大小、隔墙位置、通风及采光要求;应方便施工。总之,应合理确定楼板结构体系、梁板的布置,达到保证结构安全、经济、合理的目的,并在可能的条件下达到美观。

(1)梁板布置

对于单向板肋梁楼盖,其次梁的间距决定板的跨度,主梁的间距决定次梁的跨度,柱网尺寸决定主梁的跨度。在工程中常用经济跨度为

单向板:1.8~2.7 m,荷载较大时取较小值,一般不宜超过 3 m;

次梁:4~6 m;

主梁:5~8 m。

单向板肋梁楼盖的结构平面布置方案有以下三种。

① 主梁横向布置,次梁纵向布置。

如图 4-14(a)所示,其优点是主梁和柱可形成横向框架,房屋的横向刚度大,而各榀横向框架间由纵向的次梁相连,故房屋的纵向刚度也大,整体性较好。此外,由于主梁与外纵墙垂直,使外纵墙上窗的高度有可能开得大一些,也减少了天棚处梁的阴影,对室内采光有利。

② 主梁纵向布置,次梁横向布置。

如图 4-14(b)所示,这种布置适用于横向柱距比纵向柱距大得多的情况。它的优点是减小了主梁的截面高度,增大了室内净高。

③ 主梁纵、横向双向布置。

如图 4-14(c)所示,这种布置适用于有中间走道的楼盖。

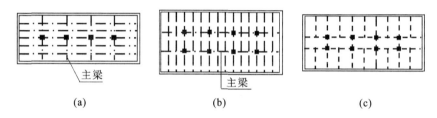

图 4-14　单向板楼盖布置

(a) 主梁沿横向布置;(b) 主梁沿纵向布置;(c) 主梁纵、横向布置

(2) 楼盖结构平面布置

楼盖结构平面布置时,应注意以下问题。

① 要考虑建筑效果。例如应避免把梁,特别是主梁,搁置在门、窗过梁上,否则将增大过梁的负担,也影响建筑效果。

② 要考虑其他各专业对此的要求。例如,需设置管线检查井,若次梁不能贯通,就需在检查井两端放置两根小梁。

③ 在楼面、屋面上有机器设备、冷却塔、悬吊装置和隔墙等地方,宜设置梁来承托设备、装置或隔墙等产生的荷载。

④ 主梁跨内最好不要只放置一根次梁,以减小主梁跨内弯矩的不均匀分布。

⑤ 对于不封闭的阳台、厨房、卫生间的板面及采用地板采暖时,当此处结构标高要求低于相邻板面 30~130 mm 时,应注意板结构标高不同时的结构处理。

⑥ 楼板上开有较大尺寸的洞口时,应在洞边设置小梁。

4.1.3 双向板楼盖

1. 双向板的变形

长边与短边长度之比小于或等于 2.0 的四边支承板、三边支承板或相邻边支承板应按双向板计算。支承条件可以是墙也可以是梁,如图 4-15 所示。

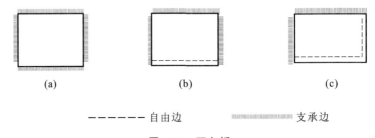

(a)　　　　　　　　(b)　　　　　　　　(c)

— — — — — 自由边　　　　　　|||||||||||||||||||||| 支承边

图 4-15　双向板

(a) 四边支撑;(b) 三边支撑;(c) 相邻边支撑

双向板上的荷载沿两个跨度方向传递,两个方向的弯曲变形和内力均需计算,不能忽略。双向板的受力性能比单向板好,刚度也较大,在相同跨度的条件下,双向板的厚度比单向板小。

双向板的弯曲变形如图 4-16 所示。

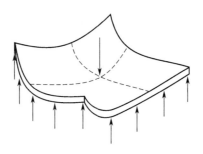

图 4-16　双向板弯曲变形

2. 双向板的试验研究

通过试验研究,四边简支的正方形、矩形双向板在均布荷载作用下裂缝出现之前,板基本上处于弹性工作阶段,板的四角有翘起的趋势。

对于正方形板,在板底面中部首先出现裂缝,随着荷载的逐步增大,这些板底的跨中裂缝逐渐延长,并向着两个对角线方向延伸。即将破坏时,板的顶面靠近四角处,出现垂直于对角线方向的裂缝,基本上呈环形,这种裂缝的出现,促使板底裂缝进一步发展,最终因板底裂缝处受力钢筋达到屈服而破坏。

当荷载逐渐增大时,矩形板的板底面中部且平行于板长边方向出现第一批裂缝,随着荷载的不断增大,裂缝宽度也不断扩大,并逐渐向两个对角线方向发展。裂缝与板边的夹角成 45°角,板即将破坏时,板的顶面角区处出现大体呈环状裂缝。最终受力钢筋达到屈服而破坏。

双向板的破坏形式如图 4-17 所示。

3. 双向板的计算原则

双向板在荷载作用下的内力分析通常有两种方法:一类是视双向板为各向同性、

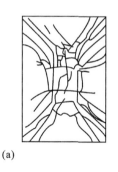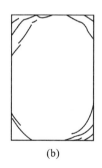

(a)　　　　　　　　　　　　　(b)

图 4-17　均布荷载作用下四边简支双向板破坏形态
（a）正方形、矩形板的板底裂缝分布；（b）板的顶板面裂缝分布

挠度较小、板厚远小于其平面尺寸的理想杆件，使用弹性理论方法计算，工程设计时，可直接查用《建筑结构静力计算手册》中双向板计算表格；另一类是考虑钢筋混凝土双向板受力后，混凝土裂缝不断地出现，钢筋应力的不断增大直至达到其屈服强度的塑性变形影响的塑性理论计算方法。

　　双向板支承梁在进行设计时，首先是确定支承梁上的荷载。精确地确定出连续双向板沿两个方向传给支承梁的荷载大小值是困难的，一般可采用近似法求得，如图4-18所示。根据荷载总是沿最短的路线传递的原则，即以每一区格板的四角作与板边成 45°角的斜线与平行于长边的中线相交，将每一块双向板划分为四小块，每小块面积内的荷载就近似传到其支承梁上。因此，板传至长边梁上的荷载为梯形荷载，而传至短边梁上的荷载为三角荷载。支承梁除板传来荷载外，还应考虑梁的自重，支承梁的内力计算方法、强度计算和配筋构造均与单向板肋形楼盖中对梁的要求相同。

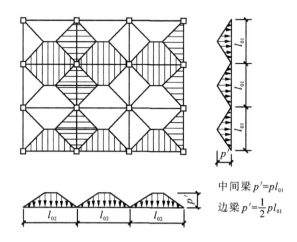

中间梁 $p' = p l_{01}$
边梁 $p' = \dfrac{1}{2} p l_{01}$

图 4-18　双向板支承梁荷载分布

4. 双向板构造要求

由于双向板比单向板受力性能好，板的刚度也好，因此双向板的跨度可做到 5 m

左右,双向板的厚度比相同跨度的单向板薄,其厚度一般为 80～160 mm,不应小于 80 mm。

为了满足刚度要求,对于简支板,其厚度不小于 $l_y/45$,对于连续板,其厚度不小于 $l_y/50$,l_y 为双向板的短跨跨度。

4.1.4 井字梁楼盖

井字梁楼盖是由板与沿着两个方向纵横交错的梁组成的,纵向梁与横向梁截面高度相同并协同工作,共同承受板传来的荷载。楼板是四边支承梁上的双向板,且由纵横梁所围成的板平面为正方形或接近于正方形的矩形。两个方向的梁即井字梁的支座为周边墙体或线刚度较大的梁。由于整个楼板是空间受力体系,所以井字梁截面的高度比主次梁楼盖的梁截面高度小,其内力计算应按空间交叉梁系进行计算。计算方法与板的区格多少、梁与梁之间的距离有关。最后按跨中弯矩配置梁底钢筋,按支座剪力配置箍筋。其中井字梁中较短方向梁的底部纵筋放在下部下排,而较长方向梁的底筋放在梁下部的上排,并各自伸入支座锚固。在井字梁的交叉点处,荷载不均匀时将产生一定的负弯矩,因此两个方向的梁的顶部各配相当的纵向构造负筋。而为防止梁在交点处的相互冲切作用,通常采用箍筋加密的方法来解决。

井字梁的梁截面的高度可取井字梁较小跨度的 $1/18～1/16$。常见的井字梁楼盖布置如图 4-19 所示。

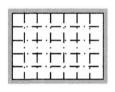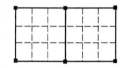

图 4-19 井字梁楼盖布置

4.1.5 无梁楼盖

无梁楼盖是指钢筋混凝土楼板直接支承在柱的上端,不设主梁和次梁。通常柱的上端与板连接处尺寸加厚,做成柱帽,作为板的支座。

无梁楼盖的四周可支承在墙上[见图 4-20(a)]或支承在边柱处的圈梁上,梁楼盖四周的板不伸出边柱外时,周边应设圈梁[见图 4-20(b)]或悬臂伸出边柱之外[见图 4-20(c)]。采用最后一种方法能使边区格的弯矩与中间区格接近,从而节约混凝土与钢筋的用量,并减少柱和柱帽个数,但房屋四周会形成一条较窄的空间。

无梁楼盖中的柱的截面形式常为正方形、圆形及正多边形;边柱也可采用矩形,柱网平面尺寸通常宜做成正方形,正方形区格最为经济。柱距通常在 6 m 以内。当柱距在 6 m 以内,活载标准值为 5 kN/m² 以上时,无梁楼盖一般比肋形楼盖更经济。

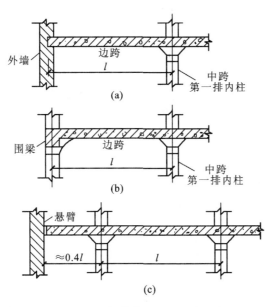

图 4-20 无梁楼盖周边支承的形式

1. 无梁楼盖的试验研究

通过无梁楼盖的试验可知,在均布荷载作用下,首先在楼盖柱帽顶面出现第一批裂缝,继续加载,在柱帽顶面边缘的板上出现沿柱列轴线的裂缝。随着荷载的继续增加,板顶裂缝不断发展,在跨中中部 1/3 跨度内板底相继出现成批的板底裂缝,这些裂缝相互正交,且平行于柱列轴线,并不断发展。即将破坏时,在柱帽顶上和柱列轴线的板面裂缝及跨中的板底裂缝中出现一些特别大的主裂缝,该裂缝处纵向受拉钢筋达到屈服强度,对应的受压区边缘混凝土的应变达到极限压应变,最终导致楼板破坏。破坏时板的裂缝分布如图 4-21 所示。

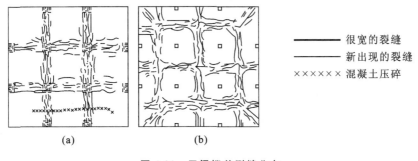

图 4-21 无梁楼盖裂缝分布
(a) 板面裂缝;(b) 板底裂缝

2. 无梁楼板设计原则

无梁楼板因为没有梁,其抗侧刚度较差,所以当层数较多或有抗震要求时,宜设置剪力墙,形成板柱-抗震墙抗侧力体系。在柱顶设置柱帽的主要作用是扩大了板在柱上的支承面积,避免板被冲切破坏,它还可以减小板的跨度从而降低板的弯矩。柱帽的固结作用使楼板与柱的联系更加牢固,提高了房屋的刚度。

无梁楼盖的板是四点支承的双向连续板,在均布荷载作用下沿纵横两个方向(设想如图 4-22(a)所示的方法)划分为两种板带,即柱上板带和跨中板带。跨中板带支承于柱上板带,柱上板带是跨中板带的弹性支座,且柱上板带支承在柱子上,支座为无竖向位移的刚性支座。这样分析可知,在纵横两个方向上无论为柱上板带还是跨中板带,其跨中弯矩均为正弯矩,其支座弯矩均为负弯矩,但柱上板带的支座和跨中弯矩均较跨中板带为大,如图 4-22(b)所示。

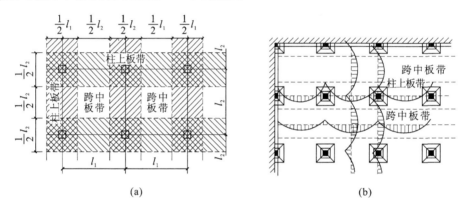

图 4-22　无梁楼盖板带的划分及弯矩

(a) 无梁楼盖板带的分区;(b) 无梁楼盖板带的弯矩

3. 无梁楼板构造要求

无梁楼板的厚度不得小于 120 mm,一般在 160～200 mm 范围内。

为了保证板的刚度,通常有柱帽时,板厚不宜小于长跨跨度的 1/35(有帽顶板时)或 1/32(无帽顶板时)。无柱帽时,柱上板带可适当加厚,加厚部分的宽度可取相应跨度的 0.3 倍。

无梁楼盖的周边应设置圈梁,圈梁除与柱上板带一起承受弯矩、剪力外,还须承受一定的扭矩。

4.1.6　装配式钢筋混凝土楼盖

装配式楼盖结构的设计应合理地选择楼盖构件的形式,合理地进行楼盖结构构件布置,采取可靠的构造措施处理好结构构件之间的连接。

装配式楼盖的形式有铺板式、无梁式及密肋式。但铺板式楼盖是实际工程中最常用的,它由密铺单跨预制钢筋混凝土板两端简支在支承梁上或砖墙上而构成。

1. 预制铺板的形式

常用的铺板有平板、空心板、槽形板、夹芯板等。预制板多是由当地预制构件厂家生产提供,各地有本地区的通用定型构件。仅当有特殊要求或施工条件限制时,才进行专门的构件设计。一般预制板的宽度主要根据当地的制造条件、吊装能力及运输设备的具体条件来确定。板的轴跨与房屋的进深、开间尺寸相配合。在全国通用标准图集中,有 1.8 m,2.1 m,2.4 m,…,4.2 m,6.0 m,级差为 300 mm。常见的预制铺板的形式如下。

(1) 平板

平板为矩形实心板,其上下板面平整,制作简单,如图 4-23(a)所示,但钢筋混凝土平板的自重很大、耗材高,更适用于跨度较小、荷载不太大的楼板,如走道板、楼梯平台板、管沟的沟盖板等。板的厚度为跨度的 1/30,一般板厚为 60~100 mm,当跨度在 2.40 m 以内时,板厚度可取小些,板厚为 40~60 mm。

(2) 空心板

空心板与实心平板相比,保留了上、下板面平整的优点;在板厚相同的情况下,耗材少、自重轻、隔音隔热效果较好;在混凝土用量相同的情况下,空心板的截面高度可取较高些,则刚度大、延性好、钢筋用量少。空心板具有工字形截面受弯构件的优点,但制作比实心平板复杂。

空心板孔洞的形状有圆形、矩形和长圆形等,如图 4-23(b)所示,其形状由制作过程中的抽芯设备确定。孔洞的个数由板宽确定,其中圆孔板的制作相对比较简单,可用无缝钢管作芯管,浇筑混凝土后即可抽芯,这种板当前在国内外应用最广泛。空心板按钢筋受力方式不同可分为预应力钢筋混凝土空心板和普通钢筋混凝土空心板,其截面高度可取跨度的 1/25~1/20(非预应力板)和 1/35~1/30(预应力板)。在现有的图集中,预应力混凝土空心板的规格一般为:当板跨为 2.10~4.20 m 时,板厚为 110 mm 或 125 mm;板跨为 4.20~6.00 m 时,板厚为 180 mm。板宽的规格多采用 600 mm、900 mm 及 1200 mm。

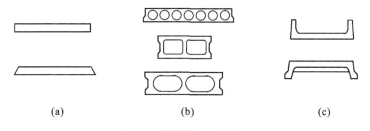

图 4-23 常见的预制板类型

(a) 实心板;(b) 空心板;(c) 槽形板

(3) 槽形板

槽形板也是一种常用于工业建筑的混凝土预制楼板。槽形板有肋向上的正槽形板和肋向下的倒槽形板。正槽形板的受力合理,可充分利用板面混凝土的抗压性能,下部去除板受拉区多余的混凝土,槽形板具有自重轻、节省材料、制作简单、造价低廉和便于开孔等优点。但不能构成平整的天棚,隔音性能很差,通常板厚为 25~

30 mm,一般用在厨房、卫生间、仓库及厂房等。

倒槽形板的受力性能及经济指标比正槽形板差,但屋顶天棚是平整的,一般用于铺木地板的楼面,在肋间填充轻质材料。反槽形板还可与正槽形板组成双层屋盖,在两层槽板间铺设保温层,用作寒冷地区的保暖屋面板。

2. 板的标志尺寸与实际尺寸

板的标志尺寸是根据建筑平面尺寸按模数关系而确定的名义尺寸。考虑到构件在实际制作及安装中的误差,板在设计图中所标明的构件尺寸比标志尺寸略小一些,如图 4-24 所示,这个尺寸叫构造尺寸,通常预制板的构造宽度比标志宽度小 5～10 mm,构造长度比标志长度小 10～20 mm。

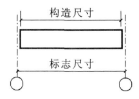

图 4-24 预制板的标志尺寸与构造尺寸

3. 铺板式楼盖的结构布置

铺板式楼盖的结构布置按房屋的承重方案分为横向承重方案、纵向承重方案和纵横向混合承重方案。在布置楼盖铺板时,如果建筑平面、运输及吊装条件允许,宜优先选用中等宽度的楼板和同种规格的板,必要时附加其他规格的板,尽量减少构件的数量和品种。

在进行预制板布置时,预制板的长边在任何情况下都不得搁置、嵌固在承重墙内,以免改变预制板的受力性能,同时也可避免板边被压坏,如图 4-25 所示。

图 4-25 预制板长边与墙的关系

一般的预制楼板上不得布置砖隔墙。同时在采用空心板时,不得在空心板上凿较多的洞或穿过较大直径的竖管。

4. 板间缝的处理

房屋平面各轴线间的尺寸一般是符合模数的,但房屋的墙体之间的净距离往往是不符合模数的,也不一定是板宽的整倍数,因此在布置楼板过程中会出现板间缝隙,对较大的板缝处应采用构造措施避免板面装饰材料开裂。

常见的构造措施如下。

① 采用不同的板宽来调节板缝。

② 预制板的标志宽度与构造宽度的差值一般为 5～10 mm。为调节板间缝隙，布板时可将板缝宽度扩大，采用细石混凝土灌板缝[见图 4-26(a)]、缝间加钢筋网片再用细石混凝土灌缝[见图 4-26(b)]或设置现浇钢筋混凝土板带[见图 4-26(c)]。

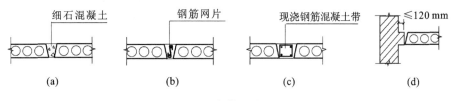

图 4-26　板缝构造处理

③ 当排板剩下的板间缝较大时，可用挑砖的办法来解决，但挑砖的长度不得大于 120 mm[见图 4-26(d)]。这种做法的坚固性和耐久性都较差，只适用于非震区的混合结构中。

在近几年，实际工程中出现了很多使用新生产工艺、新材料的新型建筑楼板。

CS 轻质预应力楼板(简称预应力 CS 楼板)也是一种新型建筑楼板，可替代传统的预应力混凝土空心楼板，具有重量轻、强度高、节能、经济等特点，适用于一般工业与民用建筑预制或半现浇楼板，最适合于轻钢结构以及建筑物加层结构楼板。预应力 CS 楼板总厚度 150 mm，由空间钢丝网骨架、聚苯乙烯芯板、细石混凝土组合而成。板截面高度为 140～180 mm，跨度可达到 5.1 m。

SP 板是指使用专有生产设备工艺流程生产的混凝土预应力空心楼面板，该板具有跨度大、承载力高、应用灵活、综合造价低等特点。板截面高度为 100～380 mm，跨度为 3.0～18.0 m，适用于框架、钢结构等多种结构形式。

GRC 板是一种新型屋面板，它是以低碱度水泥、耐碱玻璃纤维、钢筋及保温材料多次复合制成的轻质预制屋面板构件，集轻质、高强、承重、保温隔热于一体，结构新颖，受力合理。它的承受力比同等配筋预应力多孔板提高 1/3 左右，而且无毒、无污染，减少了施工工序，省工省力，施工周期可缩短一半。用 GRC 板做屋面的房屋，可有效地改善顶层的室内温度环境，做到冬暖夏凉。屋面重量也比传统屋面减轻一半，造价降低 5%～10%，其尺寸等同常用的混凝土预应力空心楼面板。

压型钢板-混凝土楼板(简称组合板)是目前建筑工程中广泛应用的一种楼盖体系。它是在压型钢板上浇筑混凝土，使混凝土与压型钢板组合在一起共同工作。由于压型钢板可兼作浇筑混凝土的模板，无需支模拆模，加快施工进度；压型钢板波纹间的凹槽内可铺设设备管线、敷设保温、隔热、隔震等功能层，改善楼面的工作性能；组合楼板的刚度较大，同样的承载力可减薄板截面高度，从而减轻自重。

压型钢板-混凝土楼板在设计时，可设计为压型钢板仅作为底模板，也可考虑压型钢板本身既可作永久性模板又可作受拉钢筋[见图 4-27(a)]，协助凹槽内设置的受拉钢筋共同承受楼板的正弯矩[见图 4-27(b)]。

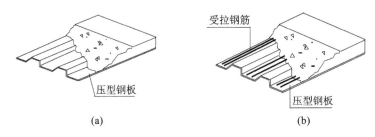

图 4-27　压型钢板-混凝土楼板

4.2　楼梯

楼梯是多层及高层建筑的竖向交通联系部分。楼梯间的平面布置、踏步尺寸、地面做法、特殊使用功能要求以及栏杆扶手的选型等由建筑师确定。按建筑形式不同将楼梯分为单跑楼梯、双跑楼梯、鱼骨式楼梯、螺旋式楼梯;按使用性能不同将楼梯分为防火楼梯、爬梯等;按施工方法不同将楼梯分为现浇整体式楼梯和装配式楼梯;按结构形式及受力特点不同将楼梯分为梁式楼梯和板式楼梯。

楼梯的结构组成包括梯段和休息平台。楼梯的结构设计步骤如下。

① 首先进行结构布置。根据结构构造的要求,确定楼梯的结构形式,保证初定的构件截面尺寸可满足建筑功能的要求。

② 根据楼梯的结构形式、传力方式,正确确定其计算简图。

③ 根据建筑功能要求确定活荷载,根据建筑的构造做法及初定的构件尺寸计算恒荷载。

④ 进行内力分析和截面计算。

⑤ 进行构造处理并绘制施工图。

4.2.1　板式楼梯

板式楼梯的梯段由踏步形成的锯齿状斜梯段板两端支承在平台梁上或板端头处的承重墙上,休息平台支承在平台梁或墙上,平台梁两端支承在承重墙或柱上(见图4-28)。

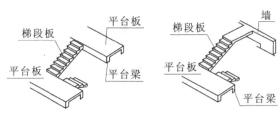

图 4-28　板式楼梯

板式楼梯设计包括如下内容。

1. 梯段板

1）梯段板的荷载计算

作用在梯段板的均布荷载包括踏步及斜板的平均自重、梯段上的装修做法等恒载和活载（荷载按水平投影面计算）。斜板计算单元取 1 m 宽板带，斜板为两端支承在平台梁上或墙上的简支板，如图 4-29 所示。

2）梯段板的内力计算

将梯段板单位长度上的竖向均布荷载 q 换算成沿斜板单位长度上分布的竖向均布荷载 q'。

设：l 为梯段板的水平净跨长度，l' 为梯段板的平行斜板方向净跨长度。

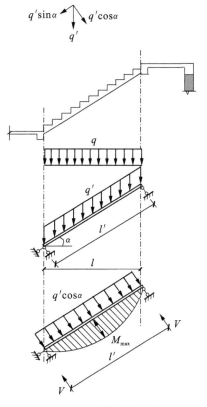

图 4-29 板式楼梯计算简图

由 $ql = q'l'$ $\qquad$ $l = l'\cos\alpha$

得 $\qquad q' = \dfrac{ql}{l'} = q\cos\alpha$

将竖向荷载 q' 分解为

① 垂直斜板方向力

$\qquad q'_x = q'\cos\alpha = q\cos\alpha\cos\alpha$

② 平行斜板方向力

$\qquad q'_y = q'\sin\alpha = q\cos\alpha\sin\alpha$

其中平行斜板方向力 q'_y 对斜板的弯矩和剪力没有影响。

斜板的跨中最大弯矩

$$M_{\max} = \frac{1}{8}q'_x (l')^2$$
$$= \frac{1}{8}q\cos^2\alpha \times \left(\frac{l}{\cos\alpha}\right)^2$$
$$= \frac{1}{8}ql^2$$

考虑梯段斜板与平台板整体连接，斜板的跨中弯矩相对于简支梁有所减少，斜板的跨中弯矩可近似取

$$M = \frac{1}{10}ql^2 \qquad\qquad (4.13)$$

斜板支座处最大剪力

$$V = \frac{1}{2}q'_x l' = \frac{1}{2}q\cos^2\alpha \times \frac{l}{\cos\alpha}$$

$$= \frac{1}{2}ql\cos\alpha \qquad\qquad (4.14)$$

3）梯段板的配筋

梯段板可按单筋矩形截面梁受弯构件正截面承载力计算配筋。考虑到支座连接处的整体性，为防止该处表面开裂，在斜板支座处上部设置构造负筋。

2. 平台板与平台梁

平台板一般设计为单向板，取 1 m 宽板带进行计算。计算简图为一端支承在梁上，另一端支承在过梁上或砖墙上的简支板。

弯矩计算可取

$$M = \frac{1}{8}ql^2$$

最后按单筋矩形截面梁受弯构件正截面承载力计算配筋。与斜板构造相同，在平台板支座处上部需设置构造负筋。

平台梁所承受的荷载包括平台板传来的均布线荷载、平台梁自重及梯段板传来的线荷载，其计算简图为两端支承在柱或墙上的简支梁，按单筋矩形截面梁受弯构件正截面承载力计算纵筋，同时按受弯构件斜截面承载力计算箍筋。

3. 构造要求

梯段板厚度为$(1/30\sim1/25)l$（l 为梯段板跨度的水平投影长度）。梯段板支座负筋的配筋率不小于跨中配筋率，且不小于 $\phi8@200$，长度为 $l/4$。平台梁的构造要求见第 3 章钢筋混凝土梁构造要求。

为使斜板主筋能插入到平台梁中，工程中平台梁截面的最小高度一般为 350 mm。板式楼梯的斜板较厚，因此板式楼梯的跨度在 4.2 m 以内较经济。

4.2.2 梁式楼梯

梁式楼梯是由梯段及休息平台组成，而梯段由踏步板及斜梁构成，如图 4-30 所示。整个梯段通过斜梁支承在平台梁或楼盖梁上。每个梯段通常设置两根梁，当梯段宽度较窄或有特殊要求时，可在中间设一根梁，称为单梁式楼梯（如鱼骨式楼梯）。

梁式楼梯的设计计算包括如下内容。

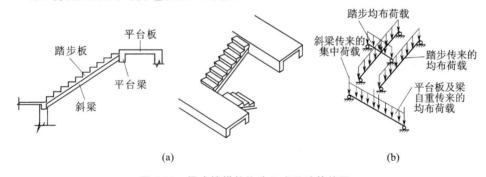

(a)　　　　　　　　　　　(b)

图 4-30 梁式楼梯的构造组成及计算简图

1. 踏步板

踏步板的计算简图为:以一个踏步为一个计算单元,双梁式楼梯踏步板是两端支承在斜梁上的简支梁,如图 4-31(a)所示;单梁式楼梯踏步板是两端外伸而中间支承在斜梁上的悬臂梁,如图 4-31(b)所示。踏步板荷载包括一个踏步的自重及踏步上的装修荷载和活荷载,对于预制楼梯的踏步板,活荷载还应考虑可能发生的较大集中荷载,《建筑结构荷载规范》(GB 50009—2012)(以下简称《荷载规范》)规定,集中荷载按1.5 kN计算。

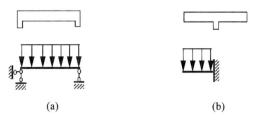

（a）　　　　　　　　　　　　（b）

图 4-31　踏步板计算简图

2. 斜梁

斜梁计算简图为两端支承在上、下平台梁或柱上的简支斜梁,承担着斜梁本身的自重及踏步传来的均布荷载。斜梁的内力计算与板式楼梯的斜板计算相同。

3. 平台板和平台梁

平台板和平台梁的设计计算同板式楼梯。

4. 构造要求

踏步斜板厚度一般为:$\delta = 30 \sim 40$ mm。

踏步板配筋除按计算确定外,还需满足每个踏步内不得少于 $2\phi8$ 受力筋,沿板斜向分布筋不得少于 $\phi8@250$。

4.2.3　装配式楼梯

装配式楼梯可根据制作、运输和吊装的条件分为大型构件装配式楼梯和小型构件装配式楼梯。由于装配式楼梯的整体性不好,震区不宜采用。

大型构件装配式楼梯梯段和楼梯平台分别做成整块的大型构件,然后在现场直接安装就位。梯段有板式[见图 4-32(a)]和梁式[见图 4-32(b)]两种类型。由于构件大、安装速度快,在条件允许时应优先采用。

小型构件装配式楼梯,由单个的踏步板、梯段梁、平台梁及平台板拼装而成,如图 4-32(c)所示。踏步板的截面可做成多种形式,如图 4-33 所示。

4.2.4　楼梯设计计算例题

【例 4-1】　某办公楼消防疏散楼梯采用现浇钢筋混凝土板式楼梯,其建筑平面、剖面及工程做法如图 4-34 所示,梁的纵向受力钢筋强度为 HPB335 级($f_y = 300$ MPa),其余钢筋强度为 HPB235 级($f_y = 210$ MPa),采用 C25 级($f_c = 11.9$ MPa)混

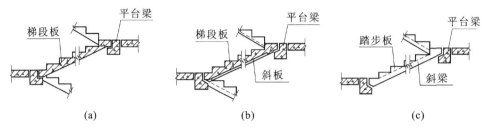

图 4-32　装配式楼梯

（a）大型装配式板式楼梯；（b）大型装配式梁式楼梯；（c）小型装配式楼梯

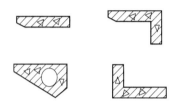

图 4-33　小型装配式楼梯踏步板

凝土，层高 3.3 m，试设计该楼梯。

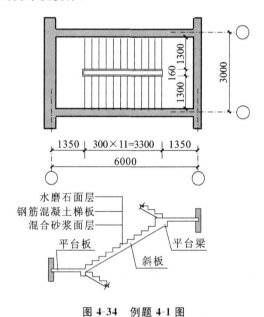

图 4-34　例题 4-1 图

【解】

（1）梯段板的设计

梯段板倾斜角

$$\tan\alpha = \frac{150}{300} = 0.5$$

$$\cos\alpha = 0.894$$

板的水平跨度为 3.30 m。板厚

$$\delta = \left(\frac{1}{30} \sim \frac{1}{25}\right)l = 110 \sim 132 \text{ mm}$$

取 $\delta = 120$ mm

① 荷载计算。

梯板恒荷载：

水磨石面层　　　　$\frac{0.3+0.15}{0.3} \times 0.65 \text{ kN/m}^2 = 0.98 \text{ kN/m}^2$

三角形踏步　　　　$\frac{1}{2} \times 0.3 \times 0.15 \times 25 \times \frac{1}{0.3} \text{ kN/m}^2 = 1.88 \text{ kN/m}^2$

斜板　　　　　　　$0.12 \times 25 \times \frac{1}{0.894} \text{ kN/m}^2 = 3.36 \text{ kN/m}^2$

板底抹灰　　　　　$0.02 \times 17 \times \frac{1}{0.894} \text{ kN/m}^2 = 0.38 \text{ kN/m}^2$

$$\sum = 6.6 \text{ kN/m}^2$$

活荷载：查《荷载规范》，消防疏散楼梯活荷载 3.5 kN/m²。

总荷载设计值：$q_g = (6.6 \times 1.2 + 3.5 \times 1.4) \text{ kN/m}^2 = 12.82 \text{ kN/m}^2$

　　　　　　　$q_p = (6.6 \times 1.35 + 3.5 \times 1.4 \times 0.7) \text{ kN/m}^2 = 12.34 \text{ kN/m}^2$

故取　　　　　　　$q = \max(q_g, q_p) = 12.82 \text{ kN/m}^2$

② 内力计算。

跨中弯矩（取 1 m 板带为计算单元）

$$M = \frac{1}{10}ql^2 = \frac{1}{10} \times 12.82 \times 3.3^2 \text{ kN} \cdot \text{m} = 13.96 \text{ kN} \cdot \text{m}$$

③ 配筋计算。

板的截面有效高度　　$h_0 = (120 - 20) \text{ mm} = 100 \text{ mm}$

$$x = h_0 \pm \sqrt{h_0^2 - \frac{2M}{f_c b}} = 12.51 \text{ mm}$$

$$A_s = \frac{f_c b x}{f_y} = 708.90 \text{ mm}^2$$

梯段板钢筋选用 $\phi 10@110$（$A_s = 714$ mm²），分布钢筋为 $\phi 8@200$。

（2）平台板设计

设平台板厚 $\delta = 80$ mm

① 荷载计算。

水磨石面层　　　　　　　0.65 kN/m²

板自重　　　　　　$0.08 \times 25 \text{ kN/m}^2 = 2 \text{ kN/m}^2$

板底抹灰　　　　　$0.02 \times 17 \text{ kN/m}^2 = 0.34 \text{ kN/m}^2$

$$\sum = 2.99 \text{ kN/m}^2$$

活荷载: 取 3.5 kN/m^2

平台板总荷载设计值: $q_g = (2.99 \times 1.2 + 3.5 \times 1.4) \text{ kN/m}^2 = 8.49 \text{ kN/m}^2$

$$q_p = (2.99 \times 1.35 + 3.5 \times 1.4 \times 0.7) \text{ kN/m}^2 = 7.47 \text{ kN/m}^2$$

故取 $q = \max(q_g, q_p) = 8.49 \text{ kN/m}^2$

② 截面设计。

取 1 m 板带

$$M = \frac{1}{8} q l^2 = \frac{1}{8} \times 8.49 \times 1.35^2 \text{ kN} \cdot \text{m} = 1.93 \text{ kN} \cdot \text{m}$$

配筋计算得 $A_s = 157 \text{ mm}^2 < \rho_{min} bh$；构造配筋 $\phi 8@200$ $A_s = 251 \text{ mm}^2$ 且 $> \rho_{min} bh$

(3) 平台梁设计

梁截面高度:

考虑斜板的钢筋伸入平台梁内的构造要求,取: $h = 350 \text{ mm}, b = 250 \text{ mm}$

梁自重　　　　　　$0.25 \times 0.35 \times 25 \text{ kN/m} = 2.19 \text{ kN/m}$

梁侧抹灰　　$0.02 \times 2 \times (0.35 - 0.08) \times 17 \text{ kN/m} = 0.18 \text{ kN/m}$

梯段板传来　　　$3.30 \times 6.6 \times 0.5 \text{ kN/m} = 10.89 \text{ kN/m}$

平台板传来　　　$2.99 \times 0.5 \times 1.35 \text{ kN/m} = 2.0 \text{ kN/m}$

$$\sum = 15.26 \text{ kN/m}$$

跨中弯矩($l = 3.00$ m)

$$M = \frac{1}{8} q l^2 = \frac{1}{8} \times 15.26 \times 3.0^2 \text{ kN} \cdot \text{m} = 17.17 \text{ kN} \cdot \text{m}$$

支座剪力($l_0 = (3.00 - 0.24) \text{ m} = 2.76 \text{ m}$)

$$V = \frac{1}{2} q l_0 = \frac{1}{2} \times 15.26 \times 2.76 \text{ kN} = 21.06 \text{ kN}$$

配筋计算略。

4.3　悬挑构件

阳台、雨篷、屋顶挑檐等是房屋建筑中常见的悬挑构件。本节首先介绍了阳台和雨篷的种类及破坏特点,然后以阳台为例说明悬挑构件的设计计算步骤。阳台一般由阳台板和阳台梁组成,阳台梁除支承阳台板外,还兼作过梁,当阳台悬挑过长时,也可在阳台板边布置挑梁、边梁等。

4.3.1　阳台的种类及破坏特点

1. 阳台的分类

阳台根据施工方法不同可分为现浇式阳台和预制式阳台,工程中材料可采用钢筋混凝土、木材及钢材料等,但结构上考虑其受力特点不同,将阳台分为板式阳台和梁式阳台,如图 4-35、图 4-36 所示。

2. 阳台的破坏特点

由于设计不妥或施工不当,阳台等悬挑构件的破坏有三种情况:①阳台悬挑部分因正截面强度不足造成根部断裂,如图 4-37(a)所示;②在阳台梁上部荷载及阳台板的荷载作用下,因阳台梁强度不足发生弯剪扭受力破坏,如图 4-37(b)所示;③当梁上部荷载较小或阳台梁在墙体中的支承长度过短时,整个阳台发生倾覆,如图 4-37(c)所示。

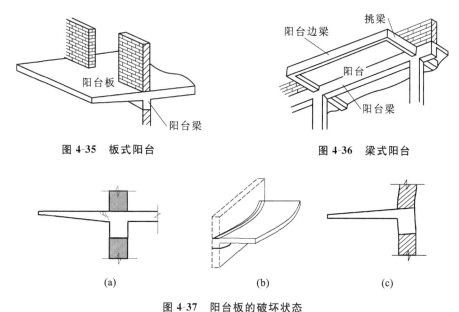

图 4-35 板式阳台   图 4-36 梁式阳台

(a)   (b)   (c)

图 4-37 阳台板的破坏状态

4.3.2 雨篷的形式

雨篷是建筑物出入口处和顶层阳台上部用以遮挡雨水、保护外门免受雨水侵蚀而设置的水平构件。雨篷的形式可以分为:小型雨篷(如悬挑式雨篷、悬挂式雨篷)、大型雨篷(墙或柱支承式雨篷,一般可分为玻璃钢结构和全钢结构)和新型组装式雨篷。其结构形式可分为以下几种。

1. 主体结构为砌体结构

如主体结构为砌体结构,一般有两种情况:在门、窗洞口顶标高处布置过梁,从过梁上外伸悬臂板,如图 4-38(a)所示,称为挑板式雨篷;当雨篷宽度不小于横墙间距且悬臂长度也较长时,可采用挑梁式雨篷,即从砌体横墙中悬挑出梁,在悬挑梁上布置板。为使底面平整,并保持净空,可将挑梁上翻,形成上翻梁,如图 4-38(b)所示。

2. 主体结构为钢筋混凝土结构

钢筋混凝土结构中,填充墙为非承重墙,因此当采用挑板式雨篷时,作为支承构件的过梁两端不能支承在砌体墙上,而应支承在柱或剪力墙上。当柱距较大时,也可

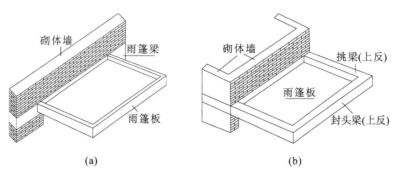

图 4-38 砌体结构中的雨篷形式

(a) 挑板式;(b) 挑梁式

设置构造柱(见图 4-39),构造柱上端与主体结构的楼面梁连接,下端支承于基础或地圈梁上。采用挑梁式雨篷时,挑梁可在柱或剪力墙上直接挑出。此外,挑板式雨篷也可根据具体工程条件由楼板或楼梯休息平台板直接挑出。

雨篷虽是小构件,但雨篷的计算对结构概念的要求很高,其整体受力复杂,它的受力特点与结构类别、支承条件、布置、构造等有关。雨篷的破坏特点与阳台类似。

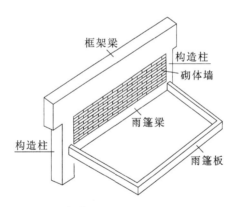

图 4-39 钢筋混凝土结构中的雨篷形式

4.3.3 阳台的设计

针对上述阳台的破坏状况,阳台等悬挑构件的设计包括挑板(或挑梁)的正截面承载力计算,阳台梁在弯矩、剪力、扭矩共同作用下的承载力计算和阳台整体抗倾覆验算。作用在阳台等悬挑构件上的荷载除自重、地面做法及顶棚抹灰等恒载外,还应考虑均布活荷载、雪荷载及施工与检修集中荷载。

1. 阳台板的设计

板式阳台的阳台板是单边支承在阳台梁上且以阳台梁边缘为固定端的悬臂板。设计时沿着其受力方向取 1 m 板带作为计算单元,按单筋矩形截面正截面受弯构件进行强度计算,如图 4-40(a)所示。因为构件为上部受拉,所以其受力钢筋应布置在板的上侧。

梁式阳台的阳台板是一块四边支承在边梁和阳台梁上的简支单向板,沿着其短向取 1 m 板带作为计算单元,其强度计算时截面按单筋矩形截面,但受力钢筋布置在板的下侧。

梁式阳台的挑梁是固定在阳台梁(或墙)边缘的悬臂梁,所承受的荷载包括自重和边梁传来的集中荷载,按单筋矩形截面正截面受弯构件进行强度计算,如图 4-40(b)所示,受力钢筋应布置在梁的上侧。

2. 阳台梁的设计

阳台梁的荷载包括自重、梁上部砌体重量、可计入的楼盖传来的荷载及阳台板传来的荷载。阳台板传来的荷载使阳台梁受扭,其他荷载使阳台梁产生弯矩和剪力,如图 4-40(c)所示。

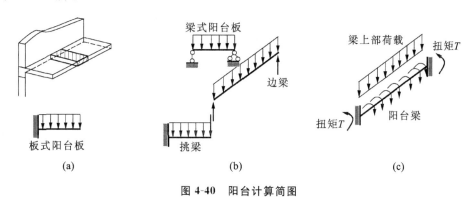

图 4-40　阳台计算简图

3. 悬挑构件的倾覆验算

阳台板上的荷载会引起整个阳台绕倾覆点 O 发生转动倾倒,而阳台梁的自重、梁上砌体重量等却有阻止阳台倾覆的稳定作用。在抗倾覆验算时(如图 4-41 所示),应满足下式

$$M_r \geqslant M_{OV} \tag{4.15}$$

$$M_r = 0.85 G_r l_2 \tag{4.16}$$

式中:M_r——抗倾覆力矩设计值;

　　G_r——抗倾覆荷载;

　　l——悬挑构件的净挑长度;

　　l_1——阳台梁上墙体的厚度;

　　l_2——G_r 作用点到墙外边缘的距离;

　　M_{OV}——按悬挑部分上最不利荷载组合计算的绕 O 点的倾覆力矩设计值。

当抗倾覆验算不满足要求时,可适当增加阳台梁的支承长度,以增加阳台梁上的抗倾覆荷载。

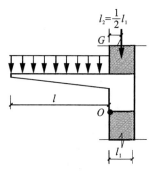

图 4-41　阳台的倾覆计算简图

4. 悬挑构件的构造特点和要求

（1）悬挑构件的构造特点

① 悬挑板可设计成变截面厚度的，其端部一般不小于 60 mm，根部厚度取挑出长度的 1/12～1/8，且不小于 80 mm，当其悬臂长度小于 500 mm 时，根部最小厚度为 60 mm。

② 悬挑板受力钢筋按计算求得，但不得少于 $\phi 6@200$（$A_s = 141$ mm²），且深入墙内的锚固长度取为受拉钢筋锚固长度，分布钢筋不少于 $\phi 6@200$。

③ 阳台梁截面宽度一般与墙厚相同，高度取跨度的 1/12～1/8，且为砖厚的倍数，梁伸入墙内的支承长度不宜小于 370 mm。

（2）挑梁的构造要求

挑梁设计除应满足《规范》的有关规定外，尚应满足下列要求：

① 悬挑梁可设计成变截面的，梁根部截面高度取挑出长度的 1/8～1/6，梁的纵向受力钢筋至少应有 1/2 的钢筋面积伸入梁尾端，且不少于 $2\phi 12$，其余钢筋伸入支座的长度不应小于 $2l/3$；

② 挑梁埋入砌体长度 l_0 与挑出长度 l 之比宜大于 1.2，当挑梁上无砌体时，l_0 与 l 之比宜大于 2。

【本章要点】

① 钢筋混凝土楼盖的结构形式及布置对其可靠性和经济性有重要的意义，因此，应熟悉实际工程中常见楼盖结构形式的传力方式和破坏形态，掌握其构造特点及要求。

② 按结构形式及受力特点不同，将楼梯分为梁式楼梯和板式楼梯。不同的结构形式，其构造要求也不同，应熟悉楼梯的传力特点及楼梯的计算原理。

③ 雨篷及阳台是工程中常见的悬挑构件，应了解其设计原则及构造要求。

【思考和练习】

4-1 钢筋混凝土楼盖的结构类型有哪几种？说明它们各自的受力特点和应用范围。

4-2 整体式肋梁楼盖的单向板和双向板是如何划分的？各自的受力特点如何？

4-3 五等跨连续梁，为使第三跨跨中出现最大弯矩，活荷载应布置在什么位置？

4-4 为什么要在主、次梁相交处的主梁中设置附加钢筋？

4-5 为什么在进行梁的截面强度计算时，梁在跨中截面取 T 形截面，在支座处截面取矩形截面？

4-6 装配式楼盖布置时，板缝是如何处理的？

4-7 楼梯的结构类型有哪些？适用范围及传力特点有哪些？

4-8 悬挑构件的设计内容有哪些？

4-9 有一个 12 m×12 m 的平面，柱沿周边按 3 m 间距布置，采用钢筋混凝土现浇楼盖，为取得最大的净空，如何进行结构布置（要求绘制结构布置简图，且中部不设柱，标出板、梁截面尺寸）？

第5章 抗震及减震概念设计

5.1 地震的基本概念

地震是一种突发性的自然灾害,通常会给人类带来巨大的生命财产损失。目前,还不能准确预测并控制地震的发生,但可以运用现代科学技术手段来减轻和防止地震灾害,例如对建筑结构进行抗震设计就是一种积极有效的减轻地震灾害的方法。

我国地处世界上两个最活跃的地震带中间——东部处于环太平洋地震带,西部和西南部处于欧亚地震带,是世界上地震多发国家之一。根据统计,全国 450 个城市中有 70% 以上处于地震区,由于城市人口和设施集中,地震灾害会带来严重损失。因此,为了抵御和减轻地震灾害,有必要进行建筑结构的抗震分析与设计。我国《建筑抗震设计规范》(GB 50011—2010)(以下简称《抗震规范》)中明确规定:抗震设防烈度为 6 度及以上地区的建筑,必须进行抗震设计。

5.1.1 地震的类型和成因

地震按其成因可划分为四种:构造地震、火山地震、陷落地震和诱发地震。由于地壳深处岩层的构造变动引起的地震叫构造地震,构造地震分布最广、危害最大;由于火山爆发,岩浆猛烈冲出地面引起的地面震动叫火山地震,火山地震在我国很少见;由于地表或地下的岩层(如石灰岩地区较大的地下溶洞或古、旧矿坑等)突然发生大规模的陷落和崩塌时引起小范围内的地面震动叫陷落地震,这种地震震级很小,很少造成损失;由于水库蓄水或深井注水等引起的地面震动叫诱发地震。由于构造地震破坏性大、影响面广,所以建筑抗震设计中主要考虑构造地震。

按断层学说,地壳是由各种岩层构成的,是连续变动的,在漫长的运动和发展过程中地壳内部积聚了大量能量,这些能量所产生巨大作用力使原始水平状态的岩层[见图 5-1(a)]发生变形,产生地应力。当作用力较小时,岩层尚未丧失其连续性和完整性,而仅发生褶皱[见图 5-1(b)]。当作用力不断加强,地壳岩层中的应力不断增加,地应力引起的应变超过某处岩层的极限应变时,则使岩层产生断裂和错动[见图 5-1(c)]。在断裂的过程中,能量以弹性波的形式传至地面,地面随之产生强烈震动,这就是地震。

按板块构造学说,地壳表面最上层由强度较大的岩石组成,叫作岩石层,厚度为 70~100 km。岩石层下面为强度较低并带有塑性的岩流层。一般认为,地球表面的岩石层由美洲板块、非洲板块、欧亚板块、印澳板块、太平洋板块和南极洲板块等若干大板块组成。这些板块由于下面岩流层的对流运动而做刚体运动,从而引起板块之间互相的挤压和顶撞作用,致使其边缘附近岩石层脆性破裂而发生地震。

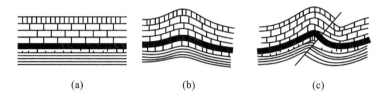

(a)   (b)   (c)

图 5-1 构造变动形成地震示意

造成地震发生的地方叫震源。构造地震的震源是指地下岩层发生断裂、错动的部位。这个部位不是一个点,而是有一定深度和范围的区域。震源正上方的位置,或者说震源在地表的投影,叫震中。震中附近地面震动最厉害,也是破坏最严重的地区,叫震中区或极震区。地面某处至震中的距离叫震中距。把地面上破坏程度相近的点连成曲线叫等震线。震源至地面的垂直距离叫震源深度(见图 5-2)。

根据震源深度(d),构造地震可分为浅源地震($d<70$ km)、中源地震(70 km$\leqslant d \leqslant300$ km)和深源地震($d>300$ km)。我国发生的绝大部分地震都属于浅源地震,一般深度为 $5\sim40$ km。我国深源地震分布十分有限,仅在个别地区发生过,其深度一般为 $400\sim600$ km。由于深源地震所释放的能量,在长距离传播中大部分发生损失,所以对地面上的建筑物影响很小。

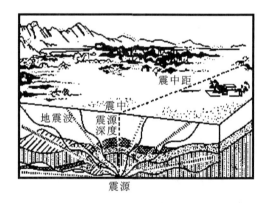

图 5-2 震源、地震波、震中、震中距的关系

5.1.2 地震波

地震引起的振动以波的形式从震源向各个方向传播,这种波称为地震波,地震波是一种弹性波。地震波按其在地壳传播的位置不同,分为体波和面波。

1. 体波

在地球内部传播的行波称为体波。体波又分为纵波和横波。纵波是由震源向外传播的疏密波,质点的振动方向与波的前进方向一致,使介质不断地压缩和疏松。纵波的周期短、振幅小、波速快,在地壳内的传播速度一般为 200～1 400 m/s。纵波引起地面垂直方向振动。

横波是由震源向外传播的剪切波,质点的振动方向与波的前进方向相垂直。横波的周期长、振幅大、波速慢,在地壳内的传播速度一般为 100～800 m/s。横波引起地面水平方向振动。

2. 面波

在地球表面传播的行波称为面波。它是体波经地层界面多次反射、折射形成的次生波。

地震现象表明,纵波使建筑物上下颠簸,横波使建筑物水平摇晃,而面波则使建筑物既产生上下颠簸又产生左右摇晃,一般是横波和面波同时到达时质点晃动最为强烈。由于面波的能量比体波要大,所以造成建筑物和地表的破坏以面波为主。

5.1.3　地震灾害

震害是指由于地震产生的灾害。全世界每年发生地震几百万次,其中破坏性地震近千次,7 级以上的大地震十几次。1976 年 7 月 28 日发生在我国河北省唐山市的大地震,震级 7.8 级,震中烈度为 11 度。该次地震死亡 24 万多人,伤残 16 万多人,倒塌房屋 320 万间,直接经济损失近百亿人民币,这是 20 世纪死亡人数最多的地震灾害。1995 年 1 月 17 日日本神户地震,死亡 5 438 人,经济损失超过 1 000 亿美元,这是 20 世纪造成经济损失最大的地震灾害。总之,地震灾害主要表现在三个方面:地表破坏、建筑物破坏及由地震引起的各种次生灾害。

1. 地表破坏

地震造成的地表破坏一般有地裂缝、地陷、地面喷水、地面冒砂及滑坡、塌方等。地震引起的地裂缝主要有两种:构造地裂缝和重力地裂缝。构造地裂缝是地壳深部断层错动延伸至地面的裂缝。构造地裂缝比较长,可达几千米到几十千米;裂缝的宽度也比较宽,可以达到几米甚至几十米。重力地裂缝是因土质软硬不匀及地貌重力影响而形成的。重力地裂缝在地震区的规模较构造地裂缝小,缝较短,一般从几米到几十米;宽度较小;深度较浅,一般为 1～2 m。地裂缝穿过的地方可引起房屋、道路、桥梁、水坝等工程设施的破坏。由地震引起的地面振动,使得土颗粒间的摩擦力降低或使链状结构破坏,土层变密实,造成松软而压缩性高的土层(如大面积回填、孔隙比大的黏性土和非黏性土)在地面下沉影响下发生震陷,使建筑物破坏。此外,地震时在岩溶洞和采空(采掘的土下坑道)地区也可能发生地陷。地面喷水、冒砂现象多发生在地下水位较高、砂层埋藏较浅的平原及沿海地区。由于地震的强烈振动,地下水压力急剧增高,饱和的砂土或粉土层液化,地下水夹带着砂土颗粒,从地裂缝或土质较松软的地方冒出来,形成喷水、冒砂现象。严重喷水、冒砂会造成房屋下沉、倾斜、开裂和倒塌。在强烈地震作用下还经常会引起河岸、边坡滑坡,山崖的山石崩裂、塌方等现象。滑坡、塌方会阻塞公路、中断交通、冲毁房屋和桥梁、堵塞河流、淹没村庄等。

2. 建筑物破坏

地震引起的建筑物破坏有两类,一类是建筑物的振动破坏。这类破坏是由于地震时地面运动引起建筑物振动,产生惯性力,对建筑物会产生以下几方面影响:①使结构构件内力增大,有时使其受力性质也发生改变,导致结构因承载力不足而破坏;②使结构构件连接不牢、节点破坏、支撑系统失效,导致结构因丧失整体性而破坏或倒塌;③使结构产生过大振动变形,有时主体结构并未达到强度破坏,但围护墙、隔墙、雨篷、各种装修等非结构构件往往由于变形过大而发生脱落或倒塌。另一类是地基失效引起的破坏。这类破坏是由于强烈地震引起地裂缝、地陷、滑坡和地基土液化等,导致地基开裂、滑动或不均匀沉降,使地基失效,丧失稳定性,降低或丧失承载力,最终造成建筑物整体倾斜、拉裂或倒塌而破坏。

3. 次生灾害

地震不仅引起建筑物的破坏而产生灾害,还会引起火灾、水灾、有毒物质的泄漏、海啸、泥石流等灾害,这些灾害通常叫作次生灾害。由次生灾害造成的损失有时比震害直接造成的损失还要大,尤其是在大城市、大工业区。例如,1906 年美国旧金山地震后的火灾,烧毁建筑物近 3 万栋,地震损失与火灾损失比例为 1∶4。1970 年秘鲁大地震,瓦斯卡兰山北峰泥石流从 3 750 m 高度泻下,流速达每小时 320 km,摧毁、淹没了村镇、建筑,使地形改观,死亡 2 万多人。2004 年 12 月 26 日印尼苏门答腊岛附近海域特大地震,地震震级达 8.9 级,而由地震引发的印度洋海啸给印度尼西亚等国造成巨大损失,其中死亡人数近 30 万。

5.1.4　地震震级和地震烈度

1. 地震震级

地震震级是表示地震本身强度或大小的一种度量指标。目前国际上比较通用的里氏震级,最早是由美国学者里克特(C. F. Richter)于 1935 年提出的,用符号 M 表示。里氏震级计算公式为

$$M_L = \lg A - \lg A_0 \tag{5.1}$$

式中:A——地震记录图上量得的最大水平位移(μm);

$\lg A_0$——依震中距而变化的起算函数。当震中距为 100 km 时,$A_0 = 1\ \mu$m,$\lg A_0 = 0$。

里氏震级有一定的适用条件,如必须使用标准地震仪(周期为 0.88,阻尼系数为 0.8,放大倍率为 2 800 倍)来记录。后来,人们在里氏震级的基础上,又提出了一些其他震级表示法,如面波震级、体波震级和短震级等。利用震级可以估计出一次地震所释放出的能量,每增加一级,地震释放的能量约增大 32 倍。震级分为人们感觉不到的微震($M_L < 2$)、人们能够感觉到的有感地震($M_L = 2 \sim 4$)、会引起不同程度破坏的破坏地震($M_L \geqslant 5$)、强烈地震($M_L \geqslant 7$),可能会造成很大破坏的特大地震($M_L \geqslant 8$)。

2. 地震烈度

地震烈度是衡量地震引起后果的一种度量,指某一地区的地面和各类建筑物遭受一次地震影响的强弱程度。目前主要是根据地震时人的感觉、器物的反应、建筑物破损程度和地貌变化特征等宏观现象综合判定划分。地震烈度把地震的强烈程度,从无感到建筑物毁灭及山河改观等划分为若干等级并列成表格,即地震烈度表。地震烈度表是评定烈度大小的尺度和标准。目前我国和世界上绝大多数国家采用的是划分为 12 度的烈度表,欧洲一些国家采用划分为 10 度的烈度表,日本则采用划分为 8 度的烈度表。对于一次地震来说,震级只有一个,但不同地区受地震影响不同,即地震烈度不同。一般来说,震中区地震影响最大,烈度最高;距震中越远,地震影响越小,烈度越低。

3. 地震区划图与设防烈度

地震区划就是地震区域的划分,地震区划图是指在地图上按地震情况的差异,划分不同的区域。根据目的和指标不同,地震区划分为地震动活动区划、震害区划和地震动区划。我国在总结按地震烈度来划分的 3 代地震区划图的基础上,提出直接以地震动参数表示的新区划,即《中国地震动参数区划图》(GB 18306—2001)(以下简称《地震区划图》),已于 2001 年 8 月 1 日起实施。该图根据地震危险性分析方法,提供了不同类场地土,50 年超越概率为 10% 的地震动参数,共给出两张图:①地震动峰值加速度分区图;②地震动反应谱特征周期分区图。

抗震设防烈度是按国家规定的权限批准作为一个地区抗震设防依据的地震烈度。《抗震规范》规定,一般情况下,抗震设防烈度可采用中国地震动参数区划图的地震基本烈度,或与上述规范中设计基本地震加速度对应的烈度值。

5.1.5　地震活动性及其分布

1. 地震活动性

地震活动性是指地震的时间、空间、强度及频度的分布特性。

对大量资料的统计研究表明,地震活动在时间上的分布是不均匀的,有一段时间发生地震较多,震级较大,称为地震活跃期(高潮);另一段时间发生地震较少,震级较小,称为地震活动平静期(低潮)。地震活动在空间分布上也是不均匀的,从世界范围看,有些地区没有或很少有地震,有些地区则地震频繁而强烈。

据统计,全世界每年大约要发生 500 万次地震,大多数是人们感觉不到的小地震,大地震相对较少。其中,6 级以上强地震每年发生 10～200 次,7 级以上大地震平均每年发生 18 次,8 级以上的特大地震平均每年发生 1～2 次。

小地震几乎处处都有,但大地震仅局限于某些地区,其震中大部分密集于板块边缘,这些地震密集带称为地震带。

世界上地震主要集中分布在下列两个地震带。

① 环太平洋地震带。环太平洋地震带从南美洲西部海岸起,经北美洲西部海

岸、阿拉斯加南岸、阿留申群岛,转向西南至日本列岛,再经我国台湾岛至菲律宾、新几内亚和新西兰。

这一地震带的地震活动性最强,在此区域发生的地震约占世界地震总数的75%左右。

② 欧亚地震带。欧亚地震带西起大西洋亚速岛,经地中海、希腊、土耳其、印度北部、我国西部和西南地区,过缅甸至印度尼西亚与环太平洋地震带相遇。

此外,在大西洋、太平洋、印度洋中也有呈条形分布的地震带。

2. 我国地震活动性的分布

我国位于世界两大地震带——环太平洋地震带与欧亚地震带之间,受太平洋板块、印度板块和菲律宾海板块的挤压,地震活动频度高、强度大、震源浅、分布广,是一个震灾严重的国家。我国的地震活动主要分布在5个地区的23条地震带上。

这5个地区分布如下。

① 台湾地区及其附近海域,位于环太平洋地震带上。该区域地震活动性最强、频度最高,近年来尤为明显。如1983年、1990年、1994年发生的台湾花莲7.0级地震,1994年发生的台湾海峡南部7.3级地震,1999年发生的台湾南投7.6级地震等。

② 西南地区,主要是西藏、四川西部和云南中西部,位于喜马拉雅-地中海地震带上。

③ 西北地区,主要在甘肃河西走廊、青海、宁夏、天山南北麓。

④ 华北地区,主要在太行山两侧、汾渭河谷、阴山、燕山一带、山东中部和渤海湾。它位于我国人口稠密,大城市集中,政治、经济、文化和交通都很发达的地区,地震灾害的威胁极为严重。据统计,该地区有据可查的8.0级地震曾发生过5次,7.0~7.9级地震曾发生过18次。1679年河北三河8.0级地震、1976年唐山7.8级地震就发生在这个地区。

⑤ 东南沿海的广东、福建等地。历史上曾发生过1604年福建泉州8.0级地震,1605年广东琼山7.5级地震。但近300多年来,无显著破坏性地震发生。

5.1.6 建筑抗震设防

1. 建筑抗震设防依据

为了减轻和防御地震对房屋建筑的破坏,《抗震规范》规定,抗震设防烈度为6度及以上地区的建筑必须进行抗震设计。

抗震设防烈度是一个地区的建筑抗震设防依据。抗震设防烈度必须按国家规定权限审批、颁发的文件(图件)确定。

2. 建筑抗震设防分类

《建筑工程抗震设防分类标准》(GB 50223—2008)根据建筑使用功能的重要性,将建筑抗震设防类别分为以下四类:

甲类——重大建筑工程和地震时可能发生严重次生灾害的建筑;

乙类——地震时使用功能不能中断或需尽快恢复的建筑；

丙类——甲、乙、丁类建筑以外的一般建筑；

丁类——抗震次要建筑。

3. 建筑抗震设防标准和目标

抗震设防是指对建筑物进行抗震设计和抗震设防构造措施，达到抗震的效果。抗震设防的依据是抗震设防烈度。抗震设防烈度是一个地区作为抗震设防依据的地震烈度，应按国家规定权限审批或颁发的文件(图件)执行。一般情况下，抗震设防烈度可采用中国地震烈度区划图的地震基本烈度。对已编制抗震设防区划图的城市，也可采用批准的抗震设防烈度。

(1) 建筑抗震设防标准

建筑抗震设防标准是衡量建筑抗震设防要求的尺度。由抗震设防烈度和建筑使用功能的重要性确定。

各抗震类别建筑的抗震设防标准，应符合下列要求。

① 甲类建筑：地震作用应高于本地区抗震设防烈度的要求，其值应按批准的地震安全性评价结果确定。当抗震设防烈度为 6～8 度时，抗震措施应符合本地区抗震设防烈度提高一度的要求；当抗震设防烈度为 9 度时，抗震措施应符合比 9 度抗震设防更高的要求。

② 乙类建筑：地震作用应符合本地区抗震设防烈度的要求。一般情况下，当抗震设防烈度为 6～8 度时，抗震措施应符合本地区抗震设防烈度提高一度的要求；当抗震设防烈度为 9 度时，抗震措施应符合比 9 度抗震设防更高的要求；地基基础的抗震措施应符合有关规定。

对规模较小的乙类建筑，当其结构改用抗震性能较好的结构类型时，应允许仍按本地区抗震设防烈度的要求采取抗震措施。

③ 丙类建筑：地震作用和抗震措施均应符合本地区抗震设防烈度的要求。

④ 丁类建筑：一般情况下，地震作用仍应符合本地区抗震设防烈度的要求；抗震设防应允许比本地区抗震设防烈度的要求适当降低，但抗震设防烈度为 6 度时不应降低。

抗震设防烈度为 6 度时，除《抗震规范》有具体规定外，对乙、丙、丁类建筑可不进行地震作用计算。

(2) 建筑抗震设防目标

由于地震的随机性，一幢建筑物在使用年限内有可能遭遇多次不同烈度的地震，一般低于所在地区基本烈度，但也有可能高于该地区基本烈度。

在 50 年期限内，一般条件下，可能遭遇的超越概率为 63% 的地震烈度(烈度概率密度曲线上峰值所对应的烈度)值，相当于 50 年一遇的地震烈度值，称为多遇地震烈度，也称众值地震烈度，与此对应的地震称为小震。

在 50 年期限内，一般条件下，可能遭遇的超越概率为 2%～3% 的地震烈度值，相当于 1 600～2 500 年一遇的地震烈度值,称为罕遇地震烈度,与此对应的地震称为大震。

多遇地震烈度低于基本烈度约 1.55 度,罕遇地震烈度高于基本烈度 1 度左右。

近 20 年来,世界不少国家的抗震设计规范都采用了如下抗震设计思想:在建筑使用寿命内,对不同频度和强度的地震,要求建筑物具有不同的抵抗能力,即对于较小的地震,由于其发生的可能性大,因此遭受到这种多遇地震时,要求结构不受损坏,这在技术上和经济上都是可以做到的;对于罕遇的强烈地震,由于其发生的可能性小,当遭受到这种地震时,要求结构不受损坏,是不经济的。比较合理的做法是,允许结构损坏,但不应倒塌。

基于这一趋势,结合我国具体情况,《抗震规范》提出了与这一抗震设计思想相一致的"三水准"设计原则。

第一水准:当遭受到多遇的低于本地区设防烈度的地震(简称"小震")影响时,建筑一般应不受损坏或不需修理仍能继续使用。

第二水准:当遭受到本地区设防烈度的地震影响时,建筑可能有一定的损坏,经一般修理或不经修理仍能继续使用。

第三水准:当遭受到高于本地区设防烈度的地震(简称"大震")影响时,建筑不致倒塌或产生危及生命的严重破坏。

在进行建筑抗震设计时,原则上应满足三水准抗震设防目标的要求,在具体做法上,为了简化计算起见,《抗震规范》采取了二阶段设计法。

第一阶段设计:按小震作用效应和其他荷载效应的基本组合验算结构构件的承载能力以及在小震作用下验算结构的弹性变形,以满足第一水准抗震设防目标的要求。

第二阶段设计:在大震作用下验算结构的弹塑性变形,以满足第三水准抗震设防目标的要求。

至于第二水准抗震设防目标的要求,《抗震规范》是以抗震构造措施来加以保证的。

概括来讲,"三水准、二阶段"抗震设防目标的通俗说法是"小震不坏、中震可修、大震不倒"。

5.2 抗震概念设计

抗震设计是指对地震区的工程结构进行的一种专业设计,一般包括抗震概念设计、结构抗震计算和抗震构造措施三方面。

目前抗震设计水平远未达到科学的严密程度,主要有以下两方面原因:①地震发生的随机性和复杂性;②结构分析中,由于未能充分考虑结构的空间作用、非弹性性质、材料时效、阻尼变化等多种因素,也存在不确定性。要使建筑物具有良好的抗震性能,首先应做好抗震概念设计,而不能完全依赖"计算设计"。概念设计立足于工程抗震基本理论及长期工程抗震经济总结的基本概念,这两点往往是构造良好结构性能的决定性因素,包括工程结构的总体布置和细部构造。抗震概念设计主要包括以下几方面内容。

5.2.1　场地选择

地震造成建筑物的破坏,情况比较复杂,有时单靠工程措施是很难达到预防目的的,或者需花费昂贵的代价。因此,选择工程场址时,应尽可能避开对建筑抗震不利的地段。任何情况下都不得建造在抗震危险地段上。

建筑抗震危险地段是指地震时可能发生崩塌、滑坡、地陷、地裂、泥石流等地段,及震中烈度为 8 度以上的发震断裂带在地震时可能发生地表错位的地段。建筑抗震有利地段一般是指开阔平坦地带的坚硬场地土或密实均匀的中硬场地土。

5.2.2　建筑的平立面布置

一幢建筑物的动力性能基本上取决于其建筑布局和结构布局。如果建筑布局存在薄弱环节,即使经过精细的地震反应分析,在构造上采取补强措施,也不一定能达到预期目的。建筑布局一般包括以下几点。

1. 平面布置

建筑物的平、立面布置宜规则对称,质量、刚度变化均匀,避免楼层错位。这样容易估计结构在地震时的反应,容易采取构造措施和细部处理。

地震区的高层建筑,平面宜采用方形、矩形、圆形,也可采用六边形、正八方形、椭圆形、扇形等,如图 5-3 所示。

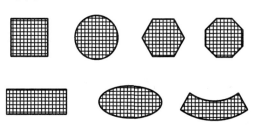

图 5-3　简单的建筑平面

2. 立面布置

地震区高层建筑的立面应采用矩形、梯形、三角形等均匀变化的几何形状,如图 5-4 所示,尽量避免带有突然变化的阶梯形立面,如图 5-5 所示。

3. 建筑物的高度

一般而言,房屋越高,所受到的地震作用和倾覆力矩越大,破坏的可能性就越大。就技术经济方面而言,各种结构体系都有适合的高度。

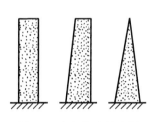

图 5-4　良好的建筑立面

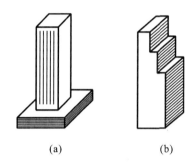

(a)　　　　　　　　(b)

图 5-5　不利的建筑立面

(a)大底盘建筑;(b)阶梯形建筑

4. 建筑物的高宽比

一般建筑物的高宽比越大,则地震作用下的侧移越大,地震引起的倾覆作用也越严重。巨大的倾覆力在柱和基础中引起的内力比较难处理。

5. 防震缝的设置

合理地设置防震缝,可将体型复杂的建筑物划分为较规则的建筑物,从而降低抗震设计的难度,提高抗震设计的可靠度。但是近年来国内高层建筑一般通过调整平面形状和尺寸,在构造上采取措施,以尽可能避免设置防震缝。

5.2.3　结构选型与结构布置

1. 结构材料的选择

抗震结构对材料和施工质量的特别要求,应在设计文件上注明。结构材料性能指标应符合以下最低要求。

(1)砌体

① 烧结普通黏土砖和烧结多孔黏土砖的强度等级不应低于 MU10,砖砌体的砂浆强度等级不应低于 M5。

② 混凝土小型空心砌块的强度等级不应低于 MU7.5,砌块及砌体的砂浆强度等级不应低于 M7.5。

(2)混凝土与钢筋

① 混凝土的强度等级:框支梁、框支柱及抗震等级为一级的框架梁、柱、节点核心区,不应低于 C30;构造柱、芯柱、圈梁及其他各类构件不应低于 C20。

② 对抗震等级为一、二级的框架结构,其纵向受力钢筋采用普通钢筋时,钢筋的抗拉强度实测值与屈服强度实测值的比值不应小于 1.25,钢筋的屈服强度实测值与屈服强度标准值的比值不应大于 1.3,且钢筋在最大拉力下的总伸长率实测值不应小于 9%。

(3)钢材

① 钢材的屈服强度实测值与抗拉强度实测值的比值应不大于 0.85。

② 钢材应有明显的屈服台阶,且伸长率应不大于 20%。

③ 钢材应有良好的可焊性和抗冲击韧性。

(4) 结构材料性能的一般要求

① 普通钢筋宜优先采用延性、韧性和焊接性较好的钢筋;普通钢筋的强度等级,纵向受力钢筋宜选用符合抗震性能指标的不低于 HRB400 级的热轧钢筋,也可采用符合抗震性能指标的 HRB335 级的热轧钢筋;箍筋宜选用符合抗震性能指标的不低于 HRB335 级的热轧钢筋,也可选用 HPB300 级热轧钢筋。

② 混凝土结构的混凝土强度等级,抗震墙不宜超过 C60;其他构件,9 度时不宜超过 C60,8 度时不宜超过 C70。

③ 钢结构的钢材宜采用 Q235 等级 B、C、D 的碳素结构钢及 Q345 等级 B、C、D、E 的低合金高强度结构钢;当有可靠依据时,可采用其他钢种和钢号。

(5) 施工中的要求

① 当需要以强度等级较高的钢筋代替原设计中的纵向受力钢筋时,应按照钢筋受拉承载力设计值相等的原则换算,并应满足正常使用极限状态和抗震构造措施的要求。

② 钢筋混凝土构造柱、芯柱和底部框架-抗震墙砖房中砖抗震墙的施工,应先砌墙后浇构造柱、芯柱和框架柱。

2. 结构体系的确定

不同的结构体系,其抗震性能、使用效果和经济指标都有所区别,关于抗震结构体系,应符合下列要求。

① 应具有明确的计算简图和合理的地震作用传递途径。

② 应避免因部分结构或构件破坏而导致整个结构丧失抗震能力或对重力荷载的承载能力。

③ 应具备必要的抗震承载力,良好的抗变形能力和消耗地震能量的能力。

④ 应具有合理的强度和刚度分布,避免因局部突变形成薄弱部位,产生过大的应力集中或塑性变形集中。对可能出现的薄弱部位,应采取措施提高抗震能力。

3. 结构布置的一般原则

(1) 平面布置力求对称

对称结构在地面平动作用下,各构件受力比较均匀。若为非对称结构,因质心与刚心不重合,远离刚心的构件,由于侧移量很大,所分担的水平地震剪力就大,容易出现超出其允许抗力和变形极限而发生严重破坏,甚至导致结构因一侧构件失效而倒塌。

(2) 竖向布置力求均匀

结构竖向布置的关键是尽可能使竖向刚度、强度均匀变化,避免出现薄弱层,并应尽可能降低房屋的重心。

5.2.4 多道抗震防线

所谓多道抗震防线是指:①一个抗震结构体系应由若干个延性较好的分体系组成,并由延性较好的结构构件连接起来共同工作。例如框架-抗震墙体系是由延性框架和抗震墙两个分系统组成,双肢或多肢抗震墙体系由若干个单肢墙分系统组成。②抗震结构体系应有最大可能数量的内部、外部赘余度,建立起一系列分布的屈服区,以使结构能够吸收和耗散大量的地震能量,一旦破坏也容易修复。

多道抗震防线对抗震结构是非常必要的。当第一道防线的抗侧力构件在强烈地震作用下遭到破坏后,第二道至第三道防线的抗侧力构件会立即接替,抵挡住后续的地震动的冲击,可保证建筑物最低限度的安全,免于倒塌。

若因条件所限,只能采取单一的框架体系,则框架是整个结构体系中唯一的抗侧力构件。设计时应满足以下要求:①保证"强柱弱梁",即使框架结构塑性铰出现在梁端的设计要求,用以提高结构的变形能力,防止在强烈地震作用下倒塌。②保证"强剪弱弯",即使钢筋混凝土构件中与正截面受弯承载力对应的剪力低于该构件斜截面受剪承载力的设计要求,用以改善构件自身的抗震性能。

5.2.5 刚度、承载力和延性的匹配

对于一栋建筑物而言,静力荷载基本上是稳定的。而地震时建筑物所受地震作用的大小,却与其动力特性密切相关。一般建筑物的抗侧移刚度越大,自振周期越短,地震作用就越大。结构必须具备足够刚度,但这并不意味着结构刚度越大越好。结构刚度大,要求结构具有与较大地震反应相对应的较高水平抗力,而且提高结构刚度往往是以提高工程造价和降低结构延性为代价的。因此,在确定结构体系时,应寻求结构刚度、承载力和延性之间的最佳匹配关系。

5.2.6 确保结构的整体性

结构的整体性是确保结构各部件在地震作用下协调工作的必要条件。对现浇钢筋混凝土结构,应保证结构构件的连续性。对半预制钢筋混凝土结构,为避免预制楼板搁进墙内后将现浇钢筋混凝土墙体分开,而在新旧混凝土接合面形成水平通缝,破坏墙体沿竖向的连续性,应将预制板端部做成槽齿形,将少数肋伸进墙内,如图 5-6所示。对于砌体结构,应按规定设置圈梁和构造柱。对于装配式框架,其节点应采用现浇混凝土,且应把预制梁柱的钢筋伸进节点区。高烈度地区不宜采用全装配式钢筋混凝土框架。

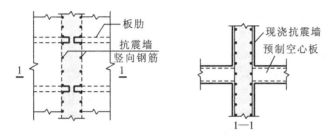

图 5-6 预制楼板与墙的连接

5.2.7 非结构构件处理

非结构构件的一般要求如下。

① 非结构构件包括建筑非结构构件和建筑附属机电设备、自身及其与结构主体的连接,应进行抗震设计。

② 非结构构件的抗震设计,应由相关人员分别负责进行。

③ 附着于楼层面结构上的非结构构件,如女儿墙、雨篷等,应与主体结构有可靠的连接或锚固,避免地震时倒塌、脱落伤人或砸坏重要设备。

④ 围护墙、隔墙应估计对结构抗震的不利影响,避免不合理设置而导致主体结构的破坏。

⑤ 幕墙、装饰贴面与主体结构应有可靠连接,避免地震时脱落伤人。

⑥ 安装在建筑上的附属机械、电气设备系统的支座和连接,应符合抗震时使用功能的要求,并且不应导致相关部件的损坏。

5.3 隔震技术简介

前面介绍的结构抗震技术,主要是通过增加结构的强度、刚度和延性来抵御地震作用,其设计分析方法较为成熟、工程实践经验较为丰富,但这种做法是消极的,对难以预见的强烈地震作用或复杂的建筑结构,要想通过抗震技术途径做到万无一失往往是很困难的,必须另辟蹊径进行有效地解决。随着新型材料的发展,在机械振动等相关领域科技成果的启发下,土木工程专家开始关注通过减震、隔震技术来消耗部分地震能量,从而减小地震作用对建筑物的影响。通过近 20 年的艰苦努力和实际地震考验,已将部分研究成果应用到了实际工程之中。实践表明,对使用功能有特殊要求以及抗震设防烈度为 8 度、9 度的建筑,隔震和消能减震技术的应用会取得明显的经济和社会效益。

建筑隔震技术的本质作用,是通过隔震器使上部结构与基础或底部结构之间实现柔性连接,大大降低输入上部结构的地震能量和加速度,提高建筑结构对强烈地震的防御能力。

5.3.1 结构隔震技术原理

1. 基底隔震技术的基本原理

在建筑物基础与上部结构之间设置隔震装置形成隔震层,将上部结构与基础隔离开来,利用隔震装置来隔离或耗散地震能量以减少地震能量向上部结构传递,从而减少建筑物的地震反应,实现地震时建筑物只发生较小的运动或变形,使建筑物在地震作用下不发生损坏或倒塌,这种抗震方法称为房屋基础隔震。隔震结构的模型如图 5-7 所示。隔震系统一般由隔振器、阻尼器等构成,它具有竖向刚度大、水平刚度小,能提供较大阻尼的特点。

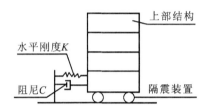

图 5-7 结构隔震体系的组成

建筑物的地震反应取决于其自振周期和阻尼特性两个因素。一般中低层钢筋混凝土或砌体结构建筑物刚度大、周期短,基本周期与地震动的卓越周期相近,因此建筑物的加速度反应比地面运动的加速度会放大若干倍,而位移反应则较小。采用隔震措施后,建筑物的基本周期大大延长,避开了地震动的卓越周期,使建筑物的加速度明显降低。如果阻尼保持不变,则位移反应增加。由于这种结构的反应以第一振型为主,而该振型不与其他振型耦联,整个上部结构像一个刚体,加速度沿结构高度几乎均匀分布,上部结构自身的相对位移很小。如果增大结构的阻尼,则加速度反应继续减少,位移反应得到明显抑制。

可见,基础隔震的原理就是通过设置隔震装置系统来形成隔震层,延长结构的周期,适当增加结构的阻尼,使结构的加速度反应大大减少,同时使结构的位移集中于隔震层,上部结构像刚体一样,相对位移很小,结构基本上处于弹性工作状态,建筑物一般也不产生破坏或倒塌。

2. 隔震结构的特点

抗震设计的原则是:多遇地震作用下,建筑物基本上不产生损坏;罕遇地震作用下,建筑物允许产生破坏但不致倒塌。按抗震设计的建筑物,地震时会产生强烈晃动。遭遇大地震时,虽可以保证人身安全,但不能保证建筑物及其内部设备及设施安全,而且通常情况下建筑物由于严重破坏而不可修复。若采用隔震结构,就可避免这类情况发生。隔震结构通过隔震层的集中大变形和所提供的阻尼将地震能量隔离或耗散,地震能量不能全部传递到上部结构,因此上部结构的地震反应大大减小,结构震动减轻,不产生破坏。与传统抗震结构相比,隔震结构具有以下优点。

① 隔震体系明显有效地减轻了建筑物的地震反应。国内外大量试验数据和工

程经验表明:采用隔震技术一般可以使结构的水平地震加速度反应降低 60% 左右,上部结构的地震反应仅相当于不隔震情况下的 1/8~1/4。采用隔震体系后建筑物上部结构的反应类似于刚体平动,结构的振动和变形均较轻微,建筑物和内部设备的安全能得到更可靠的保证。

② 地震防护措施简单明了。隔震设计把非线形、大变形集中到了隔震支座与阻尼器这样一组特殊的构件上,从考虑整个结构复杂的、不甚明确的抗震措施转变为只考虑隔震装置,这样就可以把设计、试验和制造的主要关注点集中到这些构件上。由于主体结构近似于弹性变形状态,结构分析的方法也可以简化。同时,地震后只需对隔震装置进行必要的检查更换,基本不必考虑建筑结构本身的修复问题。

③ 具有显著的经济与社会效益。采用隔震技术,为适应大变形要求而对建筑、设备和电气方面进行的处理以及特殊的设计、安装费会增加投资(约 5%),但是上部结构由于抗震要求降低,造价明显下降。从汕头、广州、西昌等地建造的隔震房屋得知,多层隔震房屋比多层传统抗震房屋节省土建造价:7 度节省 1%~3%,8 度节省 5%~15%,9 度节省 10%~20%。如果综合考虑地震灾害的潜在损失,包括结构、建筑、财产以及建筑物中断使用和内部业务停顿等,隔震建筑肯定具有更高的经济和社会效益。

④ 采用隔震结构可使建筑结构形式多样化,设计自由度增大。由于采用隔震结构,就可以放弃过去抗震结构设计时的一些习惯做法,从而设计出形式更加多样的建筑结构。

⑤ 采用隔震结构可大幅降低地震时内部非结构构件和装饰物的振动、移动和翻倒的可能性,从而减轻次生灾害。

隔震技术经过理论分析、试验研究、工程试点和经济分析,有效性得到了验证,技术也日益完善与成熟。在国际上,日、美等发达国家已于 1985 年前后提出了结构隔震设计指南和规范草本。我国现行《抗震规范》已正式纳入了隔震技术,使隔震技术由工程试点发展为广泛应用。

3. 隔震结构的适用范围

隔震结构体系可以用于下列建筑物:①医院、银行、电力、消防、通讯等重要建筑;②机关、指挥中心以及放置贵重设备、物品的建筑;③图书馆、纪念性建筑;④一般工业、民用建筑。

5.3.2 隔震系统的组成与类型

1. 隔震系统的组成

隔震系统一般由隔震器、阻尼器、地基微震动与风反应控制装置等组成。

隔震器的主要作用有两方面:①在竖向支撑建筑物的重量;②在水平方向具有弹性,能提供一定的水平刚度,延长建筑物的基本周期,从而避开地震动的卓越周期,降低建筑物的地震反应,能提供较大的变形能力和自复位能力。常用的隔震器有叠层橡胶支座、螺旋弹簧支座、摩擦滑移支座等。目前国内外应用最广泛的是叠层橡胶支座,又可分为普通橡胶支座、高阻尼橡胶支座、铅锌橡胶支座等,如图 5-8 所示。

　　阻尼器的主要作用是吸收或耗散地震能量,避免结构产生大的位移反应,同时在地震结束后帮助隔震器迅速复位。常用的阻尼器有弹性阻尼器、黏弹性阻尼器、黏制阻尼器、摩擦阻尼器等。

　　地基微震动与风反应控制装置的主要作用是加强隔震系统的初期刚度,使建筑物在风荷载或轻微地震作用下能保持稳定。

　　目前,隔震系统形式多样,各具优缺点。其中叠层橡胶支座隔震系统技术相对成熟,应用最为广泛。我国《抗震规范》和《隔层橡胶支座隔震技术规程》(ECS 126—2001)仅针对橡胶支座隔震给出了有关设计要求。因此,下面主要介绍叠层橡胶支座的类型与性能。

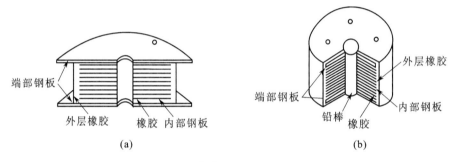

图 5-8　橡胶垫隔震装置构造
(a)普通或高阻尼叠层橡胶支座;(b)铅芯叠层橡胶支座

2. 叠层橡胶支座的构造与性能

(1) 普通叠层橡胶支座

　　这种橡胶支座一般由橡胶板与薄钢板层层交错叠合而成,通过高温硫化工艺使橡胶与钢板黏结,其中钢板边嵌于橡胶之内,以防生锈。由于钢板对橡胶层的约束,这种支座在竖直方向上具有较大刚度,而在水平方向的剪切变形却与纯橡胶的基本接近。因此,这种支座只能起到水平隔震作用,而对竖向地震作用的隔震效果较差,常需配合阻尼器一起使用。纯橡胶支座与叠层橡胶支座的力学性能的比较,如图5-9所示。

(2) 高阻尼叠层橡胶支座

　　高阻尼叠层橡胶支座由高阻尼橡胶材料制成。高阻尼橡胶可通过在天然橡胶中掺入石墨制成,也可通过高分子合成材料制成。这种支座阻尼比较大,变形时吸能较多,可有效抑制结构变形。

(3) 铅芯叠层橡胶支座

　　这种支座是在普通的橡胶支座上垂直钻孔,并填入铅芯构成的。铅芯具有两个作用:①增加支座的早期刚度,减小支座系统的变形,有利于结构在风和微震动作用

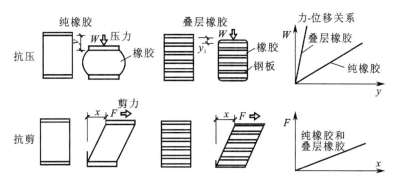

图 5-9　纯橡胶支座与叠层橡胶支座力学性能的比较

下保持稳定性。②耗散地震能量。铅芯橡胶支座集隔震器和阻尼器于一身,阻尼较高,可独立使用。铅芯橡胶支座也存在一些问题,如增加结构的高频反应、铅芯断裂等。

5.3.3　隔震结构的设计要求

1. 隔震结构方案的选择

隔震结构主要适用于高烈度地区或使用功能有特别要求的建筑物以及符合下列各项要求的建筑物。

① 不采用隔震结构时,基本周期小于 1.0 s 的多层砌体、钢筋混凝土框架房屋等。

② 体型基本规则,且抗震计算可采用底部剪力法的建筑物。

③ 建筑场地宜为 Ⅰ、Ⅱ、Ⅲ 类,并应选用稳定性较好的基础类型。

④ 风荷载和其他非地震作用的水平荷载标准值产生的总水平力不超过结构总重力的 10%。

隔震结构方案的采用,应根据建筑抗震设防类别、设防烈度、场地条件、建筑结构方案和建筑使用要求等,进行技术、经济可行性综合分析后确定。

2. 隔震层的设置

隔震层宜设置在结构第一层以下的部分。当隔震层位于第一层或第一层以上时,结构体系的特点与普通隔震结构可能存在较大差异,隔震层以下的结构设计也更复杂,需专门研究。

隔震层的布置应符合下列要求。

① 隔震层可由隔震支座、阻尼装置和抗风装置组成。阻尼装置和抗风装置可与隔震支座合为一体,也可单独设置。

② 隔震支座的平面布置宜与上部结构和下部结构的竖向受力构件的平面位置相对应。

③ 隔震层刚度中心宜与上部结构的质量中心重合。

④ 同一建筑物选用多种规格的隔震支座时,应注意充分发挥每个橡胶支座的承载力和水平变形能力。

⑤ 同一支座处选用多个隔震支座时,隔震支座之间的净距应满足安装操作所需要的空间要求。

⑥ 设置在隔震层的抗风装置宜对称、分散地布置在建筑物的周边或周边附近。

3. 上部结构的地震作用和抗震措施

目前的叠层橡胶隔震支座只具有隔离、耗散水平地震的功能,对竖向地震隔震效果不明显。为了反应隔震建筑物隔震层以上结构水平地震减小这一实际情况,引入"水平向减震系数",该系数应符合相关规定。

【本章要点】

① 地震震级、地震烈度、设防烈度的基本概念及其区别。

② 建筑抗震设防标准和目的。

③ 建筑抗震及减震构造措施。

【思考和练习】

5-1 简述地震震级和地震烈度的概念。

5-2 建筑的抗震设防由哪些条件确定? 分为几类?

5-3 我国建筑抗震设防目标是什么?

5-4 何谓概念设计? 概念设计与计算设计有何区别?

第6章 砌体结构

砌体结构是指由块材和砂浆砌筑而成的墙、柱作为建筑物主要受力构件的结构。

砌体结构有着悠久的历史,我国在殷代就已经出现用黏土砌成的墙。秦代的万里长城、北魏的嵩山寺砖塔、隋代的赵县安济桥、明代的南京灵谷寺等砌体结构,代表了我国砌体结构辉煌的历史与特色。在国外,古埃及的金字塔、古罗马的罗马角斗场、中世纪的欧洲宫廷等砌体结构也都是土木建筑史上的光辉实例。

自新中国成立以来,我国砌体结构得到迅速发展,取得了显著的成就。特别是用砌体与混凝土结构相结合建造的砖混结构房屋(又称为混合结构房屋),广泛用于各种中、小型民用与工业建筑。近年来混凝土空心砌块砌体房屋有了较大的发展,上海和哈尔滨都建成了配筋砌块高层住宅试点。在国外,砌体结构也在科技进步的推动下得到了快速发展,尤其在高新性能材料、配筋砌体建筑及预制墙板等方面成果突出。

(1)砌体结构的优点

① 与钢结构和混凝土结构相比,砌体结构材料来源广泛,取材容易,造价低廉,节约水泥和钢材。

② 砌体结构构件具有承重和围护双重功能,且有良好的耐久性和耐火性,使用年限长,维修费用低。砌体特别是砖砌体的保温隔热性能好,节能效果明显。

③ 砌体结构房屋构造简单,施工方便,工程总造价低,在正确的设计计算及合理的构造措施条件下,砌体结构具有良好的整体工作性能,局部的破坏不致引起相邻构件或房屋的倒塌,对爆炸、撞击等偶然作用具有一定的抵抗能力。

④ 砌体结构的施工多为人工砌筑,不需模板和特殊设备,可以节省木材和钢材。砌体一经砌筑即可承受一定荷载,因而可以连续施工。

⑤ 当采用砌块或大型板材做墙体时,可以减轻结构自重,加快施工进度,进行工业化生产和施工。

(2)砌体结构的缺点

① 砌体结构自重大。砌体结构强度较低,墙、柱的截面尺寸较大,材料用量多,因而自重大,不利于抗震。因此,应加强轻质高强砌体材料的研究。

② 砌筑砂浆和块材之间的黏结力较弱,因此无筋砌体的抗拉、抗弯及抗剪强度低,抗震及抗裂性能较差。因此,应研制推广高黏结性能砂浆,必要时采用配筋砌体,并加强抗震抗裂的构造措施。

③ 砌体结构的砌筑工作繁重。砌体基本采用手工方式砌筑,劳动量大,生产效率低,且施工质量不易保证。因此,有必要进一步推广砌块、抗振动砖墙板和混凝土

空心墙板等工业化施工方法,以逐步克服这一缺点。

(3) 砌体结构的应用

砌体是主要用于承受压力的构件,如房屋的基础、内外墙、柱等。无筋砌体房屋一般可建5~7层,配筋砌块剪力墙结构房屋可建8~18层。

在混凝土结构和钢结构房屋中,砌体被用作围护墙和填充墙等非承重构件。

工业企业中的烟囱、料斗、管道支架、对渗水性要求不高的水池等特殊构件,也可采用砌体结构。

农村建筑中,如仓库、跨度不大的厂房,可用砌体结构建造。

在交通运输方面,砌体结构可用于桥梁、隧道工程等,各种地下渠道、涵洞、挡土墙等也常用石材砌筑。

在水利建设方面,可用石材砌筑坝、堰和渡槽等。

6.1 砌体结构房屋承重体系

6.1.1 墙体的布置原则

墙体布置是砌体结构设计的首要和关键内容。墙体除承受各种荷载外,还承受其他间接作用,如地基不均匀沉降、温度变化等,这些因素均会引起墙体内力。由于砌体抗拉强度低,如果墙体布置不当,则可能导致墙体开裂甚至破坏。砌体结构中的质量事故大部分是因墙体布置不妥造成的,因此,正确布置墙体,合理设置圈梁,是砌体结构设计中最为关键的问题。

墙体布置时应符合以下原则。

① 明确传力体系,区分承重墙和非承重墙,使荷载以最简捷的途径经承重墙传至基础。

② 纵墙尽量拉通,避免断开和转折。

③ 横墙间距不宜过大,多层房屋的横墙厚度、长度及开洞尺寸宜满足刚性方案(刚性方案的定义见后)的要求。

④ 上、下层墙体应连续贯通,前后对齐。

⑤ 门、窗洞口位置上下对齐,其他孔洞尽量设置在非承重墙上,主要承重墙避免过大开洞。

6.1.2 砌体结构的承重体系

根据墙体布置方案和荷载传递方式不同,砌体结构的承重体系可分为四种。

(1) 横墙承重体系

如图6-1所示为横墙承重体系,竖向荷载的主要传递路线如下:

楼(屋)面荷载→横墙→基础→地基

横墙承重体系的特点是：横墙为承重墙，承受绝大部分竖向荷载以及横向风荷载、横向地震作用；横墙间距小(3~5 m)且数量较多；纵墙主要起围护、隔断、与横墙相互拉接成整体的作用；纵墙只承受自重以及纵向风荷载、纵向地震作用，一般情况下其承载力未得到充分发挥，故墙上开设门、窗洞口较灵活。

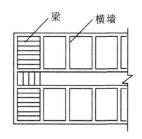

图 6-1 横墙承重体系

横墙承重体系的优点是：房屋的横向刚度大，整体性好，对抵抗风力、地震等水平荷载的作用和调节地基不均匀沉降等较为有利。

横墙承重体系的缺点是：房间布置不灵活，适用于小开间的民用房屋，如集体宿舍、住宅等。

（2）纵墙承重体系

如图 6-2(a)、(b)所示，楼(屋)面荷载主要由纵墙承受，属于纵墙承重体系，竖向荷载的主要传递路线如下：

楼(屋)面荷载→梁(或屋架)→纵墙→基础→地基

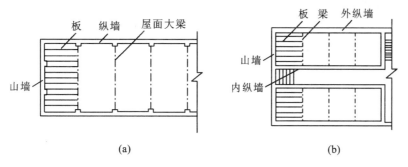

(a)　　　　　　　　　　　　　　(b)

图 6-2 纵墙承重体系

纵墙承重体系的特点是：纵墙为承重墙，承受绝大部分竖向荷载以及纵向风荷载、纵向地震作用，因此纵墙上门、窗洞口的大小及位置受到一定限制；横墙的作用主要是隔断、与纵墙相互拉接成整体、满足房屋的空间刚度；横墙承受自重以及横向风荷载、横向地震作用；横墙间距较大且数量较少。

纵墙承重体系的优点是：空间划分较灵活，适用于要求有较大使用空间的房屋，如教学楼、办公楼、食堂、礼堂、单层小型厂房等。

纵墙承重体系的缺点是：房屋横向刚度较差。

（3）纵、横墙混合承重体系

如图 6-3 所示，楼(屋)面荷载分别由纵墙和横墙共同承受，属于纵、横墙混合承重体系，竖向荷载的主要传递路线如下：

楼(屋)面荷载 ── 纵墙 / 横墙 ── 基础 ── 地基

严格地讲,上述(1)、(2)的承重体系也应属于纵、横墙混合承重体系(图6-1中的走道荷载传到内纵墙上,图6-2中的山墙是横墙承重),但因二者承重墙体的比例相差较大,故分别按横墙承重体系和纵墙承重体系对待。

纵、横墙混合承重体系兼有纵墙承重体系和横墙承重体系的特点,能适应房屋平面的多种变化,适用于实验楼、教学楼、办公楼等建筑。

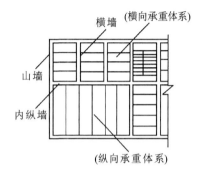

图6-3 纵、横墙混合承重体系

图6-4 内框架承重体系

（4）内框架承重体系

如图6-4所示,楼(屋)面荷载由四周的纵横墙和内部的钢筋混凝土柱共同承受,此种体系属于内框架承重体系,竖向荷载的主要传递路线如下:

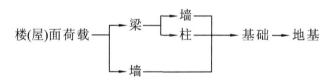

内框架承重体系具有下列特点。

① 由于内墙取消,可取得较大使用空间,但房屋的空间刚度较差。对于上层为住宅、下层为内框架的房屋结构,会造成上下刚度突变,不利于抗震。

② 外墙和内柱分别由砌体和钢筋混凝土两种压缩性能不同的材料组成,在荷载作用下将产生压缩变形差异,从而引起附加内力,不利于抵抗地基的不均匀沉降。

③ 在施工上,砌体和钢筋混凝土分属两个不同的施工过程,会给施工组织带来一定的麻烦。

内框架承重体系适用于低层或多层轻工业厂房、商店、餐厅等建筑。

上述四种墙体承重体系中,多层砌体结构宜优先采用横墙承重体系或纵横墙混合承重体系,以使房屋受力均匀,且有较大的空间刚度,有利于抵抗水平荷载与地震作用。

无论哪种承重体系,墙体都要承受由竖向荷载产生的压力和弯矩,以及由水平荷载产生的剪力和弯矩,而柱主要承受轴向压力或偏心压力。因此,要掌握砌体结构设计计算,首先要研究砌体及其基本材料的力学性能,以及砌体结构构件的受压、受拉、受弯、受剪承载力的计算方法。

6.2　砌体及其基本材料力学性能

6.2.1　块体

1. 砖

根据孔洞率大小,砖可分为实心砖、多孔砖、空心砖等三种。

根据制作工艺不同,砖可分为三大类:第一类是烧结砖,包括烧结普通砖、烧结多孔砖和烧结空心砖;第二类是蒸压砖,包括蒸压灰砂普通砖和蒸压粉煤灰普通砖;第三类是混凝土砖,包括混凝土普通砖和混凝土多孔砖。

烧结普通砖是以黏土、煤矸石、页岩或粉煤灰为主要原料,经过焙烧而成的(或孔洞率不大于 15%)且外形和尺寸符合规定的实心砖。按其主要原料种类可分为烧结黏土砖、烧结煤矸石砖、烧结页岩砖及烧结粉煤灰砖等。正常质量的烧结砖具有较好的耐久性、抗冻性,适用于各类地面及地下砌体结构。所谓正常质量是指正常烧结质量,如果砖未烧透,那么它对于外界的冻融腐蚀和可溶性盐的结晶风化作用(盐害)的抵抗能力就会大大减弱,造成自身强度的下降。烧结普通砖的规格尺寸为240 mm× 115 mm×53 mm。

烧结多孔砖是以黏土、页岩、煤矸石或粉煤灰为主要原料,经焙烧而成,孔洞率不大于 35%,孔的尺寸小而数量多,主要用于承重部位,简称多孔砖。多孔砖分为 P 型砖与 M 型砖,P 型砖的规格尺寸为 240 mm×115 mm×90 mm,M 型砖的规格尺寸为 190 mm×190 mm×90 mm(见图 6-5)。

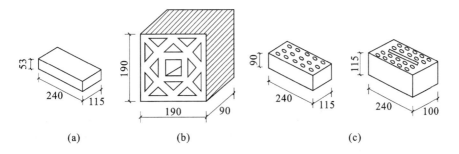

图 6-5　烧结普通砖和烧结多孔砖的外形尺寸
(a)烧结普通砖;(b)M 型烧结多孔砖;(c)P 型烧结多孔砖

烧结空心砖是以黏土、页岩、煤矸石、粉煤灰为主要原料经焙烧而成,孔的尺寸大而数量少,孔洞率大于 40%,用于建筑物的非承重部位。主要规格尺寸为 290 mm× 190 mm×90 mm 等。

蒸压灰砂普通砖是以石灰和砂为主要原料,经坯料制备、压制排气成型、高压蒸汽养护而成的实心砖,简称灰砂砖。这种砖不适于砌筑承受高温的砌体,如壁炉、烟囱等。

蒸压粉煤灰普通砖是以粉煤灰、石灰、砂、消石灰或水泥为主要原料,经坯料制备、压制排气成型、高压蒸汽养护而成的实心砖,简称粉煤灰砖。这种砖抗冻性和长期强度稳定性及防水性能较黏土砖差,不宜用于地面以下或潮湿房间的砌体中。灰砂砖和粉煤灰砖的规格尺寸与烧结普通砖相同。

混凝土普通砖和多孔砖是以水泥为胶结材料,以砂、石等为主要集料,加水搅拌、成型、养护制成的一种多孔的混凝土实心砖和半盲孔砖。实心砖的主要规格尺寸为 240 mm×115 mm×53 mm、240 mm×115 mm×90 mm 等,多孔砖的主要规格尺寸为 240 mm×115 mm×90 mm、240 mm×190 mm×90 mm 等。

抗压强度是块体力学性能的基本指标,我国规范根据以毛截面计算的块体抗压强度(同时考虑抗折强度的要求)平均值划分块体的强度等级。

烧结普通砖、烧结多孔砖的强度等级为 MU30、MU25、MU20、MU15 和 MU10。

烧结空心砖的强度等级为 MU10、MU7.5、MU5 和 MU3.5。

蒸压灰砂普通砖、蒸压粉煤灰普通砖的强度等级为 MU25、MU20 和 MU15。

混凝土普通砖、混凝土多孔砖的强度等级为 MU30、MU25、MU20 和 MU15。

MU 后的数字表示抗压强度值,单位为 MPa。

2. 砌块

采用较大尺寸的砌块代替小块砖砌筑砌体,可减轻劳动量并可加快施工进度,是墙体材料改革的一个重要方向。砌块一般指混凝土空心砌块、加气混凝土砌块及硅酸盐类砌块。此外还有用黏土、煤矸石等为原料,经焙烧而制成的烧结空心砌块。

目前使用最为普遍的是混凝土小型空心砌块,由普通混凝土或轻集料混凝土制成,主要规格尺寸为 390 mm×190 mm×190 mm,空心率一般在 25%～50% 之间。

混凝土空心砌块的强度等级是根据以毛截面计算的砌块抗压强度平均值来划分的。用于承重的混凝土砌块和轻集料混凝土砌块的强度等级为 MU20、MU15、MU10、MU7.5 和 MU5,用于非承重的轻集料混凝土砌块的强度等级为 MU10、MU7.5、MU5 和 M3.5。

3. 石材

常用石材有花岗岩、石灰岩和凝灰岩等,按加工程度不同可分为料石和毛石。石材抗压强度高,耐久性好,多用于房屋的基础及勒脚部位。在有开采和加工石材能力的地区,也用于房屋的墙体。但石材传热性较高,当用于寒冷或炎热地区房屋的墙体时,厚度需做得较大。

石材的强度等级是根据边长为 70 mm 的立方体石块抗压强度的平均值划分的,共分为 MU100、MU80、MU60、MU50、MU40、MU30 和 MU20 七个强度等级。

6.2.2 砂浆

砂浆的主要作用是:黏结块体,使单个块体形成受力整体;找平块体间的接触面,促使应力分布较为均匀;充填块体间的缝隙,减少砌体的透风性,提高砌体的隔热性能和抗冻性能。

砂浆按其组成材料的不同可分为水泥砂浆、混合砂浆、非水泥砂浆和专用砂浆。

（1）水泥砂浆

水泥砂浆是由水泥和砂加水拌和而成的，其强度高、硬化快、耐久性好，但和易性和保水性差。水泥砂浆属于水硬性材料，因此适用于水中或潮湿环境中的砌体。

（2）混合砂浆

混合砂浆是指在水泥砂浆中掺入一定塑化剂的砂浆，如水泥石灰砂浆、水泥黏土砂浆。这种砂浆虽然强度会略低于水泥砂浆，但和易性和保水性都得到很大改善，有利于砌体的砌筑质量，故适用于一般地上砌体结构。

（3）非水泥砂浆

非水泥砂浆是指不含水泥的石灰砂浆、黏土砂浆、石膏砂浆等。这类砂浆强度低、硬化慢、耐久性差、抗水性差，仅适用于干燥地区的低层建筑和临时性简易建筑。

（4）专用砂浆

由水泥、砂、水以及根据需要掺入的掺和料和外加剂等组分，按一定比例，采用机械拌和制成，包括砌块专用砂浆和蒸压硅酸盐砖专用砂浆。

采用普通砂浆砌筑块体高度较高的混凝土砌块（砖）时，很难保证竖向灰缝的砌筑质量，而蒸压硅酸盐砖表面光滑，与普通砂浆的黏结力较差，使砌体沿灰缝的抗剪强度较低，影响了蒸压硅酸盐砖在地震设防区的推广与应用。因此，为了保证砂浆砌筑时的工作性能和砌体抗剪强度不低于用普通砂浆砌筑的烧结普通砖砌体，砌筑混凝土砌块（砖）和蒸压硅酸盐砖时，应采用黏结性强度高、工作性能好的专用砂浆。

砂浆的强度等级按边长为 70.7 mm 的立方体试块的抗压强度平均值划分。

普通砂浆的强度等级为 M15、M10、M7.5、M5 和 M2.5。

砌块（单排孔砌块）专用砂浆的强度等级为 M_b20、M_b15、M_b10、$M_b7.5$ 和 M_b5。

蒸压硅酸盐砖专用砂浆的强度等级为 M_s15、M_s10、$M_s7.5$ 和 M_s5。

M（或 M_b、M_s）后的数字表示抗压强度值，单位为 MPa。

6.2.3　砌体的种类

砌体是由块材和砂浆砌筑而成的整体，它之所以能成为一个整体承受荷载，除了靠砂浆与块材间的黏结作用外，还需要块材在砌体中合理排列，具体的砌筑原则是：灰缝饱满，块体错缝搭砌，避免竖向通缝。因为竖向连通的灰缝会将砌体分割成彼此无联系或联系薄弱的几个部分，不能相互传递压力和其他内力，使砌体无法整体工作而提前破坏。

砌体分为无筋砌体和配筋砌体两大类。根据块体类型，无筋砌体又分为砖砌体、砌块砌体和石砌体。配筋砌体指在砌体中配置受力筋或钢筋网的砌体，《砌体结构设计规范》（GB 50003—2011）（以下简称《砌体规范》）将配筋砌体分为配筋砖砌体和配筋砌块砌体两大类，配筋砖砌体又分为网状配筋砖砌体和组合砖砌体。

1．无筋砌体

（1）砖砌体

砖砌体一般采用实砌，用于内外承重墙、围护墙及隔墙。

根据砌体砌筑原则，可采用一顺一丁，梅花丁（同一皮丁顺间砌）或三顺一丁的砌筑方式（见图 6-6）。

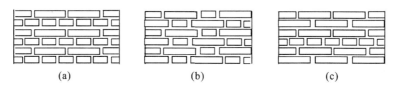

图 6-6　砖砌体的砌筑方法
(a)一顺一丁；(b)梅花丁；(c)三顺一丁

实砌砖墙的厚度应满足强度、稳定性以及保温隔热的要求，可为 120 mm（半砖，非承重）、240 mm（一砖）、370 mm（一砖半）、490 mm（二砖）、620 mm（二砖半）、740 mm（三砖）等厚度。有时为了节约材料，墙厚可按 1/4 砖进位，因此有些砖必须侧砌，构成 180 mm、300 mm 和 420 mm 等厚度。试验表明，这种砖墙的强度是完全符合要求的。

采用 P 型多孔砖砌筑砌体时，墙厚与烧结普通砖相同。M 型多孔砖由主砖及少量配砖组成，基本厚度为 190 mm。

混凝土结构及钢结构中的填充墙常采用烧结空心砖、蒸压加气混凝土砌块、轻骨料混凝土小型空心砌块等砌筑，以减轻建筑物的自重。当用轻骨料混凝土小型空心砌块或蒸压加气混凝土砌块时，考虑到其吸湿性大，又不宜受剧烈碰撞等因素，为了提高强度和耐久性，墙体底部一定范围内应以烧结普通砖、多孔砖或普通混凝土小型空心砌块砌筑，或现浇混凝土坎台等，其高度不宜小于 200 mm。

（2）砌块砌体

砌块砌体主要指混凝土小型空心砌块砌体，宜采用专用砂浆砌筑，并应对孔错缝搭砌，搭接长度不应小于 90 mm。需要灌实小砌块孔洞或浇筑芯柱混凝土时，宜选用高流态、低收缩和高强度的专用灌孔混凝土（强度等级符号为 Cb）。

（3）石砌体

石砌体常用作一般民用建筑的基础、墙、柱等，料石砌体还用于建造拱桥、大坝和涵洞等构筑物，毛石混凝土砌体常用于建筑物的基础。

2．配筋砌体

（1）配筋砖砌体

为了提高砖砌体的强度和减小构件的截面尺寸，可在砖砌体内配置适量钢筋，构成配筋砖砌体，主要有网状配筋砖砌体和组合砖砌体。

若将钢筋网配置在砌体的水平灰缝中，利用水平灰缝的黏结力，砌体受压时钢筋受拉，两者共同工作，从而提高砌体的抗压承载力。这种砖砌体称为网状配筋砌体

［见图 6-7(a)］。

在偏心受压砖砌体中,有时为了有效地提高砖砌体承受偏心力的能力,可将砖砌体的部分截面改用钢筋混凝土或钢筋砂浆面层,形成外包式组合砖砌体［见图 6-7(b)］。

砖砌体和钢筋混凝土构造柱组合墙,将构造柱嵌入砖墙中,利用构造柱与砖墙的共同工作,不但提高墙体的承载力,而且明显增强房屋的抗变形能力和抗震能力。这种砌体属于内嵌式组合砖砌体［见图 6-7(c)］。

(2) 配筋砌块砌体

在混凝土空心砌块的竖向孔洞中配置竖向钢筋,在砌块横肋凹槽内或水平灰缝内配置水平钢筋,然后浇筑灌孔混凝土,所形成的砌体称为配筋混凝土砌块砌体,这种砌体常用于中高层房屋中起剪力墙作用,因此又叫配筋砌块砌体剪力墙,是一种装配整体式钢筋混凝土剪力墙。这种砌体构件抗震性能好,造价低于现浇钢筋混凝土剪力墙,而且在节土、节能、减少环境污染方面有积极意义。

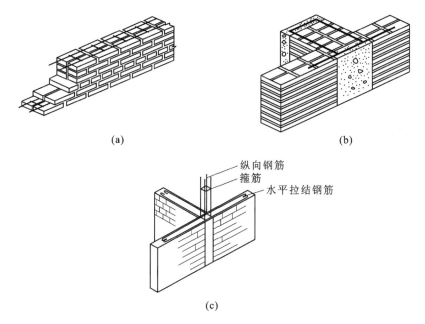

图 6-7　配筋砖砌体的类型
(a)网状配筋砌体;(b)组合砌体;(c)内嵌式组合砖砌体墙

6.2.4　砌体的抗压强度

1. 砌体的受压破坏特征

砌体在轴心压力作用下加载至破坏分为三个阶段,分别如图 6-8 所示。

第一阶段:单砖开裂

从砌体受荷开始,到轴向压力增大至 $50\% \sim 70\%$ 的破坏荷载时,砌体内某些单

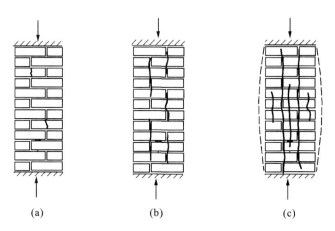

图 6-8 砖砌体标准试件受压破坏过程

(a)第Ⅰ阶段;(b)第Ⅱ阶段;(c)第Ⅲ阶段

块砖在拉、弯、剪复合作用下出现第一批裂缝。在此阶段裂缝细小,未能穿过砂浆层,如果不再增加压力,单块砖内的裂缝也不再继续发展。该阶段横向变形较小,应力-应变呈直线关系,故属弹性阶段。

第二阶段:形成连续裂缝

继续加载至80%～90%的破坏荷载时,单块砖上的个别裂缝沿竖向灰缝与相邻砖块上的裂缝贯穿,形成平行于加载方向的纵向间断裂缝。在此期间,若荷载不增加维持恒值,裂缝仍会继续发展,砌体临近破坏。

第三阶段:形成贯通裂缝,砌体完全破坏

荷载稍有增加,裂缝迅速发展,并形成上、下贯通到底的通长裂缝,将砖砌体分割成若干个独立半砖小柱,同时发生明显的横向膨胀,最终由于小柱压碎或失稳导致砌体完全破坏。

以砌体破坏时的最大轴向压力值除以砌体截面面积所得的应力即为砌体的抗压强度。试验结果表明,砌体的抗压强度远低于单块砖的抗压强度。

2. 单块砖在砌体中的受力特点

(1) 砖块处于局部受压、受弯、受剪状态

由于砖块受压面并不平整,再加之水平灰缝厚度不均匀和不密实,单块砖在砌体内并不能均匀受压,而是处于局部受压、受弯、受剪的复杂应力状态下。由于砖的抗拉强度较低,当弯、剪引起的主拉应力超过砖的抗拉强度后,砖就会开裂(见图 6-9)。

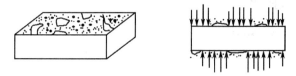

图 6-9 砌体内砖的受力状态示意

（2）由于砖和砂浆受压后的横向变形不同，砖还处于侧向受拉状态

一般情况下，砂浆的泊松比大于砖的泊松比，在压力作用下，砂浆的横向变形大于砖的横向变形。当砖和砂浆因其存在黏结力而共同变形时，砖对砂浆的横向变形起阻碍作用，砂浆对砖则形成了水平附加拉力，这种拉力也是使砖过早开裂的原因之一（见图 6-10）。

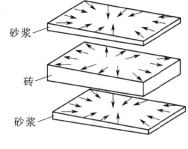

图 6-10　砂浆与砖的相互作用

（3）竖向灰缝处块材的应力集中

由于竖向灰缝不易填实，成为砌体的薄弱环节，造成砌体的不连续性和块材的应力集中，引起砌体抗压强度降低。

3. 影响砌体抗压强度的因素

（1）块体的强度、尺寸和几何形状

块体的强度是影响砌体抗压强度的最主要因素，是确定砌体抗压强度的主要参数。块体的强度越高（对抗压强度、抗折强度均有一定要求），砌体的抗压强度越高。

块体的外形越整齐、越规则，表面越平整，受力越均匀，砌体的抗压强度也越高。另外，块体厚度增加，会增加其抗折强度，同样可以提高砌体的抗压强度。

（2）砂浆的强度、和易性和保水性

砂浆强度也是影响砌体抗压强度的最主要因素，是确定砌体抗压强度的主要参数，砂浆的强度越高，砌体的抗压强度越高。

另外，砂浆的和易性及保水性越好，越容易铺砌均匀，从而减小块材的弯、剪应力，提高砌体的抗压强度。试验表明，水泥砂浆的保水性及和易性较差，由它所砌筑砌体的抗压强度降低 5%～15%。

（3）砌筑质量的影响

砌体的砌筑质量对砌体的抗压强度影响很大。如灰缝不饱满、不密实，则块材受力不均匀；水平灰缝过厚（大于 12 mm），则砂浆横向变形增大，块体受到的横向拉应力增大；水平灰缝过薄（小于 8 mm），则不易铺砌均匀，不利于改善块体的受力状态；砖的含水率过低，将过多吸收砂浆的水分，影响砂浆和砌体的抗压强度；若砖的含水率过高，将影响砖与砂浆的黏结力等。

另外，砌筑工人的技术水平、施工单位的管理水平等都会影响到砌筑质量，为此，我国《砌体工程施工及验收规范》（GB 50203—2011）中规定了砌体施工质量控制等级，它根据施工现场的质量保证体系，砂浆和混凝土强度变异程度的大小以及砌筑工人的技术等级等方面的综合水平，将施工质量控制等级分为 A、B、C 三级。

4. 砌体抗压强度

（1）砌体抗压强度设计值

砌体大多用来承受压力，但也有受拉、受弯、受剪的情况，比如圆形水池池壁上的

轴心拉力,挡土墙在土侧压力下的弯矩作用,砌体过梁在自重和楼面荷载作用下的弯、剪作用及拱支座处的剪力作用等。因此,砌体有抗压强度 f、轴心抗拉强度 f_t、弯曲抗拉强度 f_{tm} 和抗剪强度 f_v 四种强度类别,全面描述砌体的承载能力。

在砌体的四种强度中,抗压强度是最重要的。砌体抗压强度又有平均值 f_m、标准值 f_k 与设计值 f 之分。砌体抗压强度平均值 f_m 是根据各类砌体轴心受压试验结果分析得到的(公式略),砌体强度的标准值 f_k 的保证率为 95%,$f_k = f_m(1-1.645\delta_f)$,式中 δ_f 为各类砌体的抗压强度变异系数。砌体抗压强度设计值 $f = \dfrac{f_k}{\gamma_f}$,式中 γ_f 为砌体结构的材料性能分项系数,当施工控制等级为 B 级时取 $\gamma_f = 1.6$,当为 C 级时取 $\gamma_f = 1.8$。

当施工控制等级按 B 级考虑时,各类砌体抗压强度设计值见附表 18~20。

(2)砌体抗压强度设计值调整系数 γ_a

在某些特定情况下,砌体抗压强度设计值需要乘以调整系数。例如,截面面积较小的无筋砌体及网状配筋砌体,由于局部破损或缺陷对承载力影响较大,要考虑承载能力的降低;砌体进行施工阶段验算时,可考虑适当放宽安全度的限制等(见表6-1)。

表 6-1　砌体强度设计值调整系数 γ_a

使 用 情 况	γ_a
对无筋砌体,构件截面面积 $A<0.3\ \mathrm{m}^2$	$0.7+A$
对配筋砌体,构件截面面积 $A<0.2\ \mathrm{m}^2$	$0.8+A$
验算施工中房屋的构件	1.1
用小于 M5 的水泥砂浆砌筑的各类砌体	0.9(0.8)
施工质量控制等级为 A 级	1.05
施工质量控制等级为 C 级	$\dfrac{1.6}{1.8}=0.89$

6.3　受压构件承载力计算

6.3.1　砌体墙、柱受力特点

同样为受压构件,砌体墙、柱与钢筋混凝土墙、柱具有相似的受力特点与分析思路。

先以较熟悉的钢筋混凝土柱为例进行分析。

图 6-11(a)所示为截面尺寸相同、材料强度等级相同、高度不同的一组钢筋混凝土轴心受压柱,分析可知 $N_{u1}<N_{u2}$,可见钢筋混凝土轴心受压构件的受压承载力与构件的长细比有关,长细比越大,其受压承载力越小。

图 6-11(b)为截面尺寸相同、材料强度等级相同、构件长细比相同而偏心距不同

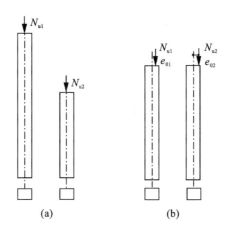

图 6-11　两组钢筋混凝土柱的受压承载力比较

的一组钢筋混凝土偏心受压柱，$e_{01} < e_{02}$，分析可知 $N_{u1} > N_{u2}$，即钢筋混凝土偏心受压构件的受压承载力与偏心距有关，随偏心距增大，其受压承载力减小。

同理，砌体墙、柱的受压承载力与高厚比 β 和偏心距 e 有关。

砌体墙、柱用高厚比 β 来反映构件的长细程度。当 $\beta \leqslant 3$ 时，称为矮墙、短柱；当 $\beta > 3$ 时，称为高墙、长柱，其计算公式为

$$\beta = \gamma_\beta \frac{H_0}{h} \tag{6.1}$$

式中：H_0——墙、柱的计算高度，按表 6-2 取值；

　　　h——矩形截面轴向力偏心方向的边长，当轴心受压时为截面较小边长；

　　　γ_β——不同砌体材料的高厚比修正系数，按表 6-3 取值。

偏心距 e 可表示为

$$e = \frac{M}{N} \tag{6.2}$$

式中：N——轴向压力设计值；

　　　M——弯矩设计值。

表 6-2　受压构件的计算高度 H_0

房 屋 类 型			柱		带壁柱墙或周边拉结的墙		
			排架方向	垂直排架方向	$s > 2H$	$2H \geqslant s > H$	$s \leqslant H$
有吊车的单层房屋	变截面柱上段	弹性方案	$2.5H_u$	$1.25H_u$	$2.5H_u$		
		刚性、刚弹性方案	$2.0H_u$	$1.25H_u$	$2.0H_u$		
	变截面柱下段		$1.0H_l$	$0.8H_l$	$1.0H_l$		

续表

房屋类型			柱		带壁柱墙或周边拉结的墙		
			排架方向	垂直排架方向	$s>2H$	$2H\geqslant s>H$	$s\leqslant H$
无吊车的单层和多层房屋	单跨	弹性方案	$1.5H$	$1.0H$	$1.5H$		
		刚弹性方案	$1.2H$	$1.0H$	$1.2H$		
	多跨	弹性方案	$1.25H$	$1.0H$	$1.25H$		
		刚弹性方案	$1.1H$	$1.0H$	$1.1H$		
	刚性方案		$1.0H$	$1.0H$	$1.0H$	$0.4s+0.2H$	$0.6s$

注:①表中 H_u 为变截面柱的上段高度;H_l 为变截面柱的下段高度。
②对于上端为自由端的构件,$H_0=2H$。
③s 为房屋横墙间距。

表 6-3　高厚比修正系数 γ_β

砌体材料类别	γ_β
烧结普通砖、烧结多孔砖	1.0
混凝土普通砖、混凝土多孔砖、混凝土及轻骨料混凝土砌块	1.1
蒸压灰砂普通砖、蒸压粉煤灰普通砖、细料石	1.2
粗料石、毛石	1.5

1. 偏心距 e 对受压承载力的影响

对于矮墙、短柱(高厚比 $\beta\leqslant 3$),偏心距 e 是影响其受压承载力的主要因素。

如图 6-12(a)所示,墙柱承受轴心压力时,截面中应力分布均匀,当构件达到极限承载力 N_u 时,截面中的应力达到砌体的抗压强度设计值 f,若截面面积为 A,则 $N_u=Af$。而当墙柱承受偏心压力时[见图 6-12(b)、(c)、(d)],截面应力呈曲线分布,偏心距 e 较小时,墙、柱全截面受压,随着偏心距 e 增大,远离纵向力一侧边缘的压应力减小,并逐步过渡到受拉,当拉应力超过砌体的通缝弯曲抗拉强度时,将出现水平裂缝,随受压裂缝的开展,受压区面积不断减小,应力分布愈加不均匀,达到极限承载力时受压区边缘的极限压应力也越来越大,即有 $\sigma_d>\sigma_c>\sigma_b>f$。经分析可知,

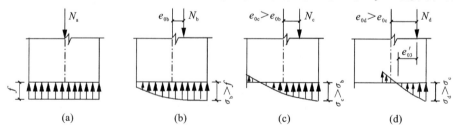

图 6-12　砌体受压时的截面应力变化

砌体受压构件的受压承载力 N_u 随偏心距 e 的增大降低,即有 $N_a > N_b > N_c > N_d$。

2. 高厚比 β 对受压承载力的影响

对于高墙、长柱(高厚比 $\beta > 3$),轴向力的作用下往往由于纵向弯曲使构件产生附加偏心距,因此长柱的受压承载力低于相同情况下短柱的受压承载力(细长柱还有可能失稳)。

因此,砌体受压构件的受压承载力 N_u 随高厚比 β 的增大而降低。

6.3.2　砌体墙、柱受压承载力的计算

根据以上对砌体墙、柱受力特点的分析,得到砌体墙、柱受压承载力的计算公式

$$N \leqslant \varphi f A \tag{6.3}$$

式中:N——轴向力设计值;

$\quad\quad \varphi$——高厚比 β 和轴向力的偏心距 e 对受压构件承载力的影响系数,当砂浆强度等级不小于 M5 时,可按表 6-4 取用,其余情况可由《砌体规范》查得;

$\quad\quad f$——部分砌体抗压强度设计值,可按附表 18、附表 19 取用;

$\quad\quad A$——截面面积,对各类砌体均应按毛截面计算。

下面是计算时需注意的两个问题。

① 对于矩形截面砌体柱,当轴向力偏心方向的截面边长大于另一方向的边长时,除按偏心受压计算外,还应对较小边长的方向,按轴心受压进行验算,此时按 $e=0$ 查表求 φ 值。

② 轴向力的偏心距 $e \leqslant 0.6y$,y 为截面重心到轴向力所在偏心方向截面边缘的距离。对矩形截面,$y=h/2$,h 为轴向力偏心方向的截面边长。

由式(6.3)可知,提高砌体受压承载力,既可以通过加大墙厚或柱的截面尺寸以增加截面面积 A 来实现,也可以通过提高块材和砂浆强度以加大砌体抗压强度设计值 f,或减小高厚比 β 和轴向力的偏心距 e 以提高影响系数 φ 等措施来实现。

表 6-4　影响系数 φ(砂浆强度等级 ≥ M5)

β	e/h						
	0	0.025	0.05	0.075	0.1	0.125	0.15
≤3	1	0.99	0.97	0.94	0.89	0.84	0.79
4	0.98	0.95	0.90	0.85	0.80	0.74	0.69
6	0.95	0.91	0.86	0.81	0.75	0.69	0.64
8	0.91	0.86	0.81	0.76	0.70	0.64	0.59
10	0.87	0.82	0.76	0.71	0.65	0.60	0.55
12	0.82	0.77	0.71	0.66	0.60	0.55	0.51
14	0.77	0.72	0.66	0.61	0.56	0.51	0.47
16	0.72	0.67	0.61	0.56	0.52	0.47	0.44
18	0.67	0.62	0.57	0.52	0.48	0.44	0.40

续表

β	e/h						
	0	0.025	0.05	0.075	0.1	0.125	0.15
20	0.62	0.57	0.53	0.48	0.44	0.40	0.37
22	0.58	0.53	0.49	0.45	0.41	0.38	0.35
24	0.54	0.49	0.45	0.41	0.38	0.35	0.32
26	0.50	0.46	0.42	0.38	0.35	0.33	0.30
28	0.46	0.42	0.39	0.36	0.33	0.30	0.28
30	0.42	0.39	0.36	0.33	0.31	0.28	0.26

β	e/h					
	0.175	0.2	0.225	0.25	0.275	0.3
≤3	0.73	0.68	0.62	0.57	0.52	0.48
4	0.64	0.58	0.53	0.49	0.45	0.41
6	0.59	0.54	0.49	0.45	0.42	0.38
8	0.54	0.50	0.46	0.42	0.39	0.36
10	0.50	0.46	0.42	0.39	0.36	0.33
12	0.47	0.43	0.39	0.36	0.33	0.31
14	0.43	0.40	0.36	0.34	0.31	0.29
16	0.40	0.37	0.34	0.31	0.29	0.27
18	0.37	0.34	0.31	0.29	0.27	0.25
20	0.34	0.32	0.29	0.27	0.25	0.23
22	0.32	0.30	0.27	0.25	0.24	0.22
24	0.30	0.28	0.26	0.24	0.22	0.21
26	0.28	0.26	0.24	0.22	0.21	0.19
28	0.26	0.24	0.22	0.21	0.19	0.18
30	0.24	0.22	0.21	0.20	0.18	0.17

【例 6-1】 截面 $b \times h = 490$ mm $\times 620$ mm 砖柱,采用 MU10 烧结普通砖及 M5 混合砂浆砌筑,施工质量控制等级为 B 级,柱的计算长度 $H_0 = 7$ m;柱顶截面承受轴向压力设计值 $N = 270$ kN,沿截面长边方向的弯矩设计值 $M = 8.4$ kN·m。试验算该砖柱的承载力是否满足要求。

【解】

从附表 18 查得 $f = 1.50$ MPa

$A = 0.49 \times 0.62$ mm $= 0.3038$ m^2 > 0.3 m^2,取 $\gamma_a = 1.0$

① 沿截面长边方向按偏心受压验算。

$$e=\frac{M}{N}=\frac{8.4}{270}\,\text{m}=0.031\,\text{m}=31\,\text{mm}<0.6y=0.6\times\frac{620}{2}\,\text{mm}=186\,\text{mm},\frac{e}{h}=\frac{31}{620}=0.05$$

$$\beta=\gamma_\beta\frac{H_0}{h}=1.0\times\frac{7\,000}{620}=11.29,查表\ 6\text{-}4\ 得\ \varphi=0.728$$

则 $\varphi fA=0.728\times1.50\times0.303\,8\times10^6\,\text{N}=331.7\times10^3\,\text{N}=331.7\,\text{kN}>N=270\,\text{kN}$,满足要求。

② 沿截面短边方向按轴心受压验算。

$$\beta=\gamma_\beta\frac{H_0}{h}=1.0\times\frac{7\,000}{490}=14.29,查表\ 6\text{-}4\ 得\ \varphi=0.763$$

则 $\varphi fA=0.763\times1.50\times0.303\,8\times10^6\,\text{N}=347.7\times10^3\,\text{N}=347.7\,\text{kN}>N=270\,\text{kN}$,满足要求。

【例 6-2】 一截面尺寸为 1 000 mm×190 mm 的窗间墙,计算高度 $H_0=3.6$ m,采用 MU10 单排孔混凝土小型空心砌块对孔砌筑,Mb5 混合砂浆,承受轴向力设计值 $N=125$ kN,偏心距 $e=30$ mm,施工质量控制等级为 B 级,试验算该窗间墙的承载力。若施工质量控制等级降为 C 级,该窗间墙的承载力是否还能满足要求?

【解】

从附表 20 查得,$f=2.22$ MPa

① 施工质量控制等级为 B 级。

$A=1.0\times0.19\,\text{m}^2=0.19\,\text{m}^2<0.2\,\text{m}^2,\gamma_a=0.7+0.19=0.89$,

$$f=0.89\times2.22\,\text{MPa}=1.98\,\text{MPa}$$

$$\beta=\gamma_\beta\frac{H_0}{h}=1.1\times\frac{3\,600}{190}=20.84,\frac{e}{h}=\frac{30}{190}=0.158$$

且 $e=30$ mm$<0.6y=0.6\times\frac{190}{2}$ mm$=57$ mm,查表 6-4 得 $\varphi=0.352$

则 $\varphi fA=0.352\times1.98\times0.19\times10^6\,\text{N}=132.4\times10^3\,\text{N}=132.4\,\text{kN}>N=125\,\text{kN}$,满足要求。

② 施工质量控制等级为 C 级。

当施工质量控制等级为 C 级时,砌体抗压强度设计值应予以降低,此时

$$f=1.98\times\frac{1.6}{1.8}=1.98\times0.89\,\text{MPa}=1.76\,\text{MPa}$$

则 $\varphi fA=0.352\times1.76\times0.19\times10^6\,\text{N}=117.7\times10^3\,\text{N}=117.7\,\text{kN}<N=125\,\text{kN}$,不满足要求。

6.4 局部受压构件承载力计算

6.4.1 砌体局部受压的特点

当轴向压力仅作用在砌体的部分截面上时,称为局部受压。例如,钢筋混凝土柱

支承在砖墙或砖基础上,强度较高的上层墙体压在下层墙体上,钢筋混凝土梁或屋架支承在砖墙或砖柱上等。局部受压是砌体结构中常见的受力状态。

当砌体局部受压时,压力总要沿着一定扩散线分布到砌体构件较大截面或者全截面上,这时按较大截面或全截面进行受压承载力验算也许能满足要求,但实际上,局部承压面下的几皮砌体处有可能出现纵向裂缝,并最终导致砌体破坏,这就是砌体局部抗压强度不足造成的。因此,设计砌体受压构件时,除按全截面进行普通受压承载力计算外,还要进行局部受压承载力验算。

1. 局部受压类型

(1)局部均匀受压

砌体在局部受压面积上的压应力均匀分布时,称为局部均匀受压。支承墙或柱的基础顶面的受压、洞口过梁及墙梁下砌体的受压,以及设置了专门支座的大梁或屋架端部支承处的砌体受压均可近似视为局部均匀受压。

(2)局部非均匀受压

当砌体局部受压面积上的压应力分布不均匀时,称为局部非均匀受压。梁端或屋架端部支承处的砌体受压情况属于局部非均匀受压。

2. 局部受压的破坏形态

(1)因纵向裂缝发展而引起的破坏

破坏始自荷载作用下纵向裂缝的出现和发展,最后导致砌体被压碎,破坏时有一条主裂缝贯穿整个试件,这是最常见的破坏形态[见图 6-13(a)]。

(2)劈裂破坏

当局部受压面积很小时,开裂与破坏几乎同时发生,破坏时犹如刀劈,这就是劈裂破坏[见图 6-13(b)]。

(3)局压面积上的砌体压坏

前述两种破坏都发生在构件内而不是局部受压接触面处,当砌体强度过低时,接触面处的砌体也有可能被压碎而导致破坏[见图 6-13(c)]。

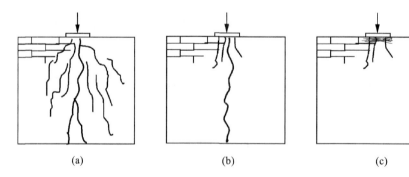

图 6-13　砌体局部受压破坏形态

3. 局部受压时的砌体强度

试验表明:局部受压时的砌体强度高于砌体全截面受压时的强度。

(1) 强度提高的原因

局部受压时的砌体强度提高的原因有两个:一是"套箍强化",二是"力的扩散"。

"套箍强化"作用,即未直接承受压力的外围砌体对直接受压的砌体横向变形具有约束作用,使直接受压部分的砌体处于三向受压(或两向受压)状态。

"力的扩散"作用,即由于砌体是错缝搭砌的,力向未直接受压的砌体内扩散,因而使单位面积上作用的压应力迅速减小。

(2) 局部抗压强度的提高系数 γ

若砌体全截面的抗压强度为 f,则局部受压时的砌体抗压强度记为 γf,其中 γ 为砌体局部抗压强度提高系数,按下式计算:

$$\gamma = 1 + 0.35\sqrt{\frac{A_0}{A_1} - 1} \tag{6.4}$$

式中: γ——局部抗压强度提高系数;

A_1——局部受压面积;

A_0——影响局部抗压强度的计算面积。

为避免 A_0/A_1 过大可能会出现危险的劈裂破坏,《砌体规范》对 γ 值给予限制,如表 6-5 所示。

6.4.2　砌体局部均匀受压承载力计算

砌体局部均匀受压承载力计算公式为

$$N_1 \leqslant \gamma f A_1 \tag{6.5}$$

式中: N_1——局部受压面积上轴向力设计值。

表 6-5　A_0 与 γ 最大值

示　意　图	A_0	γ 最大值	
		普通砖砌体	灌孔砌块砌体
	$h(a+c+h)$	≤2.5	≤1.5
	$h(b+2h)$	≤2.0	≤1.5

续表

示 意 图	A_0	γ最大值	
		普通砖砌体	灌孔砌块砌体
	$(a+h)h+(b+h_1-h)h_1$	≤1.5	≤1.5
	$h(a+h)$	≤1.25	≤1.25

注:① a、b 为矩形局部受压面积 A_1 的边长;

② h、h_1 为墙厚或柱的较小边长、墙厚;

③ c 为矩形局部受压面积的外边缘至构件边缘的较小距离,当大于 h 时,应取为 h。

6.4.3 砌体局部非均匀受压承载力计算

(1) 梁端支承处砌体局部受压

梁端支承在砌体上时,由于梁的挠曲变形和支承处砌体压缩变形的影响,梁端支承长度将由实际支承长度 a 变为有效支承长度 a_0(见图 6-14),因而砌体局部受压面积应为 $A_1=a_0b$(b 为梁的宽度)。因此,首先要确定梁端有效支承长度 a_0。

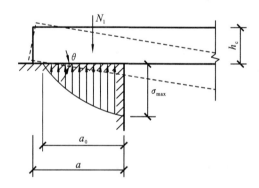

图 6-14 梁端有效支承长度

《砌体规范》规定

$$a_0 = 10\sqrt{\frac{h_c}{f}} \tag{6.6}$$

式中:h_c——梁的截面高度;

f——砌体抗压强度设计值。

另外,局部受压面积内除了承受梁端支承压力 N_1 之外,还可能承受上部墙体传下荷载 N_0 的作用。根据应力叠加原理,梁端支承处砌体局部受压的承载力可按下式计算

$$\psi N_0 + N_1 \leqslant \eta \gamma f A_1 \tag{6.7}$$

式中:ψ——上部荷载的折减系数,$\psi = 1.5 - 0.5 A_0 / A_1$,当 $A_0 / A_1 \geqslant 3$ 时,取 $\psi = 0$;

$\quad\quad N_0$——局部受压面积内上部轴向力设计值,$N_0 = \sigma_0 A_1$;

$\quad\quad \sigma_0$——上部平均压应力设计值;

$\quad\quad N_1$——梁端支承压力设计值;

$\quad\quad \eta$——梁端底面压应力图形完整系数,一般取 0.7;

$\quad\quad A_1$——局部受压面积,$A_1 = a_0 b$,其中,a_0 为梁端有效支承长度,当 $a_0 > a$ 时取 $a_0 = a$(a 为梁伸入墙内的长度),b 为梁宽度;

$\quad\quad \gamma$——物理意义同前。

下面解释一下上部荷载折减系数 ψ 的由来。试验结果表明,由上部砌体传下来的压力并不总是对梁端局部受压面积的承载能力起不利作用。当梁开始受荷后,梁支座的压力将迫使支座下面的砌体产生压缩,而使梁端顶面与上部砌体脱开,这时由上部砌体传给梁端支承面的压力 N_0 将传给梁端周围的砌体,形成"内拱卸荷作用"(见图 6-15)。因此,这部分压力不仅不会加重梁端支承面的局部压力,还会通过梁端周围的砌体增加对梁端下局部受压砌体的侧向约束作用,从而使其局部抗压强度略有提高,故将 N_0 乘以上部荷载的折减系数 ψ 来考虑这种影响。这种"内拱卸荷作用"将随 A_0 / A_1 的逐渐减小而减弱,当 $A_0 / A_1 = 1$ 时,$\psi = 1$。此时,上部砌体传来的压力将全部作用在梁端局部受压面积上。

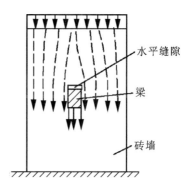

图 6-15 内拱卸荷示意图

【例 6-3】 已知一简支梁跨度 $l = 5.8$ m,截面尺寸 $b \times h = 200$ mm $\times 400$ mm,一端支承在房屋外纵墙的窗间墙上,支承长度 $a = 240$ mm,由荷载设计值产生的梁端支承压力 $N_1 = 60$ kN;由上层墙体传来的荷载设计值 $N_u = 240$ kN,窗间墙截面为 1200 mm $\times 370$ mm,窗间墙用 MU10 烧结普通砖和 M2.5 混合砂浆砌筑。试验算梁端支承处砌体局部受压承载力是否满足要求(施工质量控制等级为 B 级)。

【解】

由 MU10、M2.5 查表得:$f = 1.30$ MPa。

梁端有效支承长度

$$a_0 = 10\sqrt{\frac{h_c}{f}} = 10 \times \sqrt{\frac{400}{1.3}} \text{ mm} = 175.41 \text{ mm}$$

局部受压面积 $A_1 = a_0 b = 175.41 \times 200 \text{ mm}^2 = 35\,082 \text{ mm}^2$

影响砌体局部抗压强度的计算面积

$$A_0 = 370 \times (2 \times 370 + 200) \text{ mm}^2 = 347\ 800 \text{ mm}^2$$

$\dfrac{A_0}{A_1} = \dfrac{347\ 800}{35\ 082} = 9.91 > 3.0$,故取上部荷载折减系数 $\psi = 0$。

局部抗压强度提高系数

$$\gamma = 1 + 0.35 \sqrt{\dfrac{A_0}{A_1} - 1} = 1 + 0.35 \times \sqrt{9.91 - 1} = 2.04 > 2$$

故取 $\gamma = 2.0$

$$\eta \gamma A_1 f = 0.7 \times 2 \times 35\ 082 \times 1.3 \times 10^{-3} \text{ kN} = 63.85 \text{ kN} > N_1 = 60 \text{ kN}$$

所以梁端支承处砌体局部受压承载力满足要求。

(2) 梁端下设有刚性垫块

梁端支承处砌体局部受压承载力不足时,通常采用设置刚性垫块或柔性垫梁的方法,来增大砌体的局部受压面积,提高砌体的局部受压承载力。这里仅介绍梁端设置刚性垫块时砌体局部受压的情况。

设置刚性垫块后,局部受压面积增大为 $A_b = a_b \cdot b_b$,垫块上作用的局部压力为支承压力设计值 N_1 和上部荷载设计值传来的轴向力 N_0($N_0 = \sigma_0 \cdot A_b$),如图 6-16 所示。受力状态相当于 $\beta \leqslant 3$ 的偏心受压短柱,可按偏心受压构件进行承载力计算,其计算公式为

$$N_0 + N_1 \leqslant \varphi \gamma_1 f A_b \tag{6.8}$$

式中:N_0——垫块面积 A_b 内上部轴向力设计值,$N_0 = \sigma_0 A_b$;

φ——垫块上 N_0 及 N_1 合力的影响系数,可查表 6-4,均取 $\beta \leqslant 3$;

A_b——垫块面积,$A_b = a_b b_b$;a_b 为垫块伸入墙内的长度,b_b 为垫块的宽度;

γ_1——垫块底面积以外的砌体对局部受压强度的影响系数,取 $\gamma_1 = 0.8\gamma$,但不小于 1,γ 为砌体局部抗压强度提高系数,按式(6.4)以 A_b 代替 A_1 计算得出。

当求垫块上 N_0 及 N_1 合力的影响系数 φ 时,需要知道 N_1 的作用位置。垫块上 N_1 的合力到墙边缘的距离为 $0.4a_0$(见图 6-16)。这里 a_0 为刚性垫块上梁的有效支承长度,按下式计算

$$a_0 = \delta_1 \sqrt{\dfrac{h_c}{f}} \tag{6.9}$$

式中:h_c、f——与式(6.6)同;

δ_1——刚性垫块影响系数,依据上部平均压应力设计值 σ_0 与砌体抗压强度设计值 f 的比值按表 6-6 取用。

表 6-6 系数 δ_1 值

σ_0/f	0	0.2	0.4	0.6	0.8
δ_1	5.4	5.7	6.0	6.9	7.8

此外,考虑到垫块面积较大,"内拱卸荷"作用较小,因而上部荷载不予折减,即

$\psi=1$。

为了能均匀地分布梁端支承反力,就要保证垫块有足够的刚度。为此,垫块应符合下列要求(见图 6-16)。

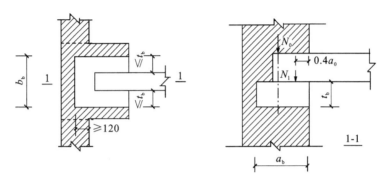

图 6-16　刚性垫块构造及受力示意图

① 垫块的高度 $t_b \geqslant 180$ mm,并应尽量符合砖的模数;

② 垫块自梁边缘起挑出的长度不大于垫块的高度 t_b;

③ 在带壁柱墙的壁柱内设刚性垫块时,垫块伸入翼缘的长度不小于 120 mm。

6.5　砌体结构房屋设计

砌体结构房屋中的主要承重构件,如纵墙、横墙、屋盖、楼盖和基础等,组成了空间受力体系,各承重构件协同工作,共同承受作用在房屋上的各种竖向荷载和水平荷载。其中,竖向构件,如房屋的墙、柱、基础等,采用砌体结构材料;而水平构件,如楼盖及屋盖等,采用钢筋混凝土或其他材料(如木结构、轻钢结构)。因此,砌体墙、柱的设计计算为本章的重点内容。

房屋的设计,首先应根据房屋的使用要求,以及地质、材料供应和施工等条件,按照安全可靠、技术先进、经济合理的原则,选择较合理的结构方案。然后再根据建筑布置、结构受力等方面的要求进行主要承重构件的布置。在砌体结构的结构布置中,承重墙体的布置不仅影响到房屋平面的划分和房间的形状及大小,而且与房屋的荷载传递路线、墙体的稳定以及整体刚度等受力性能有着直接和密切的联系,特别对需要进行抗震设防的地区,以及地质条件不理想的地点,合理的结构布置是极为重要的。

砌体结构中的墙体具有承重和围护的双重作用,应对墙体进行分析计算,以保证其具有足够的承载力。

墙体计算主要包括内力计算和截面承载力计算,这就需要确定房屋结构的计算简图,即确定房屋的静力计算方案,计算简图既要尽量符合结构实际受力情况,又要使计算尽可能简单。

综上所述,砌体结构房屋的墙、柱设计的主要计算内容为:

① 确定结构方案及进行结构布置;

② 确定静力计算方案;

③ 墙、柱高厚比验算;

④ 受压承载力计算;

⑤ 局部受压承载力计算。

第①、④、⑤项前面已讨论过,本节重点讨论②、③项。

6.5.1 房屋的静力计算方案

房屋结构是由竖向承重构件(墙、柱、基础等)和水平承重构件(屋盖、楼盖等)组成的空间受力体系,也就是说,不仅直接承受荷载的构件抵抗外荷载,而且与其相连接的未直接承受荷载的其他构件也都在不同程度上参与工作,共同分担荷载,这就是房屋的空间受力性能。不同的墙体布置方案,房屋的空间受力性能不同,从而使得房屋的静力计算方案不同。

不论对何种承重体系,作用在房屋上的竖向荷载大都沿着"板(梁)→墙(柱)→基础→地基"的路线传递。而对水平风荷载或水平地震作用,承重体系不同,则荷载传递路线不同,房屋表现出来的空间受力性能也不同,所以首先从这个角度以单层房屋为例分析房屋的受力特点。

1. 水平荷载的传力路线和房屋的空间受力性能

1) 两端无山墙的单层房屋

图 6-17(a)所示为某纵墙承重体系单层房屋,承受水平荷载作用,两端没有设置山墙。

假定作用于房屋的水平荷载均匀分布,外纵墙刚度相等,因此在水平荷载作用下整个房屋墙顶的水平位移相同(设为 u_p)。如果从其中任意取出一个单元,这个单元的受力状态可以代表整个房屋的受力状态,这个单元称为计算单元。

该房屋的水平荷载的传递路线为"水平荷载→纵墙→纵墙基础→地基"。因此,荷载作用下的墙顶位移(u_p)的大小主要取决于纵墙的刚度,而屋盖结构的刚度只是保证传递水平荷载时两边纵墙位移相同。如果把计算单元的纵墙比拟为排架柱,屋盖结构比拟为横梁,把基础看作柱的固定端支座,屋盖结构和墙的连接点看作铰结点,则计算单元的受力状态就如同一个单跨平面排架,属于平面受力体系,其静力分析可采用结构力学解平面排架的方法进行。

2) 两端有山墙的单层房屋

如图 6-17(b)所示两端有山墙的单层房屋,由于山墙的约束,水平荷载的传力路线发生了变化,整个房屋墙顶的水平位移也不再相同。距山墙远的墙顶水平位移大,距山墙近的墙顶水平位移小。其原因就是水平风荷载不仅仅是在纵墙和屋盖组成的平面排架内传递,而且还通过屋盖平面和山墙平面进行传递,即组成了空间受力体

系,其风荷载传递路线为

$$风荷载 \longrightarrow 纵墙 \begin{array}{l} \longrightarrow 纵墙基础 \\ \longrightarrow 屋盖结构 \longrightarrow 山墙 \longrightarrow 山墙基础 \end{array} \longrightarrow 地基$$

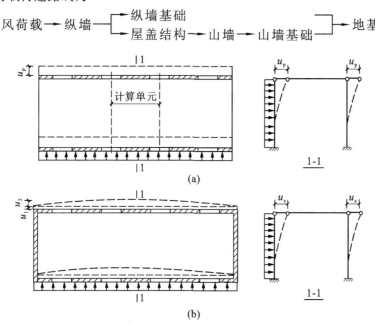

图 6-17 单层纵墙承重体系

  水平荷载首先作用于外纵墙,外纵墙上端支承于屋盖,下端支承于基础,于是将水平荷载传给屋盖和基础。屋盖可视作支承在两端山墙上的水平梁,其跨度为山墙间距 s,屋盖水平梁受力后在自身平面内发生弯曲,跨中水平方向的挠度为 u_2,于是屋盖水平梁又把荷载传给山墙。山墙可视为嵌固于基础的竖向悬臂梁,荷载作用下山墙在其自身平面内变形,墙顶位移为 u_1,于是把荷载传给山墙基础。

  这时,纵墙顶部的最大水平位移 u_s 不仅与纵墙本身刚度有关,而且与屋盖结构水平刚度和山墙的刚度有很大关系,墙顶水平侧移 u_s 可表示为

$$u_s = u_1 + u_2 \leqslant u_p \tag{6.10}$$

式中:u_1——山墙顶面水平位移,取决于山墙的刚度,山墙刚度越大,其值越小;

   u_2——屋盖平面内跨中水平方向最大挠度,取决于屋盖刚度及横(山)墙间距,

    屋盖刚度愈大,横(山)墙间距愈小,u_2 愈小。

  以上分析表明,由于山墙或横墙的存在,改变了水平荷载的传递路线,使得房屋有了空间作用。而且,两端山墙的距离越近,或横墙增加越多,屋盖的水平刚度越大,房屋的空间作用越大,即空间受力性能越好,则水平侧移 u_s 越小。

  房屋空间作用的大小可以用空间性能影响系数 η 表示。

$$\eta = \frac{u_s}{u_p} \leqslant 1 \tag{6.11}$$

式中:u_s——考虑空间作用时,外荷载作用下房屋墙顶水平位移;

   u_p——不考虑空间作用时,外荷载作用下房屋墙顶水平位移。

η 值愈大，表示房屋水平侧移与平面排架的侧移愈接近，即房屋空间作用愈小；η 值愈小，房屋的空间作用愈大。影响房屋空间工作性能的因素主要有两个：屋（楼）盖的水平刚度与横墙的间距和刚度。不同房屋各层的空间性能影响系数 η 见表 6-7。

表 6-7　房屋各层的空间性能影响系数 η_i

屋盖或楼盖类别	横墙间距 s/m														
	16	20	24	28	32	36	40	44	48	52	56	60	64	68	72
1	—	—	—	—	0.33	0.39	0.45	0.50	0.55	0.60	0.64	0.68	0.71	0.74	0.77
2	—	0.35	0.45	0.54	0.61	0.68	0.73	0.78	0.82						
3	0.37	0.49	0.60	0.68	0.75	0.81	—	—							

注：①i 取 $1 \sim n$，n 为房屋的层数。

②表中屋盖或楼盖类别见表 6-8。

2. 房屋静力计算方案的分类

《砌体规范》根据房屋空间受力性能的强弱（由 η 反映），即空间刚度的大小，房屋的静力计算方案分为刚性方案、弹性方案和刚弹性方案三种。

1）刚性方案

当横墙间距较小，且横墙刚度足够大时，水平荷载作用下，$u_s \approx 0$，这类房屋的空间刚度很好，计算时应采用刚性方案。单层单跨房屋刚性方案计算简图如图 6-18(a) 所示。

2）弹性方案

当山墙间距较大时，水平荷载作用下，$u_s \approx u_p$，这类房屋的空间刚度较差，计算时应采用弹性方案。单层单跨房屋弹性方案计算简图如图 6-18(b) 所示。

设计多层混合结构房屋时，不宜采用弹性方案。因为弹性方案房屋水平位移较大，当房屋高度增加时，会因位移过大导致房屋倒塌，否则需要过度增加纵墙截面面积。

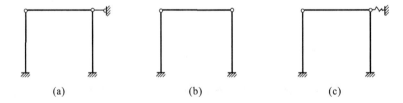

(a)　　　　　　　(b)　　　　　　　(c)

图 6-18　单层单跨房屋墙体的计算简图

(a)刚性方案；(b)弹性方案；(c)刚弹性方案

3）刚弹性方案

刚弹性方案房屋的空间受力性能介于上述两种方案之间，水平荷载作用下，墙顶水平位移比弹性方案小，但又不可忽略不计。单层单跨房屋刚弹性方案计算简图如图 6-18(c) 所示。房屋静力计算方案选择见表 6-8，可结合表 6-7 确定对应的空间性

能影响系数 η 值。

为保证房屋的刚度,规范规定,刚性和刚弹性方案房屋的横墙应符合下列要求:

① 横墙中开有洞口时,洞口的水平截面面积不应超过横墙截面面积的 50%;

② 横墙厚度不宜小于 180 mm;

③ 单层房屋的横墙长度不宜小于其高度,多层房屋的横墙长度不宜小于 $H/2$(H 为横墙总高度)。

此外,横墙应与纵墙同时砌筑,如不能同时砌筑时,应采取其他措施以保证房屋的整体刚度。

表 6-8　房屋的静力计算方案

屋盖或楼盖类别	刚性方案	刚弹性方案	弹性方案
整体式、装配整体和装配式无檩体系钢筋混凝土屋盖或钢筋混凝土楼盖	$s<32$	$32\leqslant s\leqslant 72$	$s>32$
装配式有檩体系钢筋混凝土屋盖、轻钢屋盖和有密铺盖板的木屋盖或木楼盖	$s<20$	$20\leqslant s\leqslant 48$	$s>48$
瓦材屋面的木屋盖和轻钢屋盖	$s<16$	$16\leqslant s\leqslant 36$	$s>36$

注:① 表中 s 为房屋横墙间距,其长度单位为"m";

② 当多层房屋屋盖、楼盖类别不同或横墙间距不同时,可按本表的规定分别确定各层(底层或顶部各层)房屋的静力计算方案;

③ 对无山墙或伸缩缝处无横墙的房屋,应按弹性方案考虑。

6.5.2　墙、柱高厚比验算

多层砌体结构中的墙体是受压构件,除满足强度要求外,还必须满足稳定性要求,高厚比验算即是使墙体稳定性得以保证的重要计算内容。此外,高厚比验算还可以保证房屋具有一定的空间刚度,以避免墙、柱在施工和使用阶段因偶然的撞击或振动等因素出现歪斜、膨胀以至倒塌等失稳现象。

高厚比验算包括两方面内容:一是允许高厚比限值,二是墙、柱实际高厚比的确定。

1. 允许高厚比限值 $[\beta]$ 及其影响因素

墙、柱的高厚比大,则构件越细长,其稳定性就越差。允许高厚比限值 $[\beta]$ 是在综合考虑了以往的实践经验和现阶段的材料质量及施工水平的基础上确定的。《砌体规范》给出了无筋砌体的允许高厚比限值 $[\beta]$,如表 6-9 所示。

表 6-9 墙、柱的允许高厚比限值[β]

砂浆强度等级	墙	柱
M2.5	22	15
M5.0 或 Mb5.0、Ms5.0	24	16
≥M7.5 或 Mb7.5、Ms7.5	26	17

注:① 毛石墙、柱高厚比应按表中数值降低20%;
  ② 组合砖砌体构件的允许高厚比,可按表中数值提高20%,但不得大于28;
  ③ 验算施工阶段砂浆尚未硬化的新砌砌体高厚比时,允许高厚比对墙取14,对柱取11。

影响墙、柱允许高厚比的主要因素有以下几种。

(1)砂浆强度等级

砂浆强度越高,则弹性模量越大,砌体构件的刚度越大,允许高厚比亦相应增大。

(2)砌体类型

柱子因无拉结墙联系,故对其刚度要求较高,允许高厚比比墙的小;毛石墙比一般砌体墙刚度差,允许高厚比要降低;而对组合砖砌体,允许高厚比可提高。

(3)砌体房屋的静力计算方案

刚性方案房屋的墙柱在屋盖和楼盖支承处假定为不动铰支座,刚性好,其允许高厚比可提高;而弹性和刚弹性方案房屋的墙柱在屋(楼)盖处侧移较大,稳定性差,其允许高厚比降低。

(4)构件的重要性

非承重墙在房屋结构中的重要性稍低,其允许高厚比可适当提高,对表 6-19 中的[β]值应乘以大于 1 的提高系数 μ_1。

当 $h=240$ mm 时,$\mu_1=1.2$;

当 $h=90$ mm 时,$\mu_1=1.5$;

当 90 mm$<h<240$ mm 时,μ_1 可按插入法取值。

当非承重墙上端为自由端时,[β]值除按上述规定提高外,尚可再提高 30%。

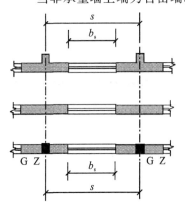

图 6-19 门窗洞口宽度示意图

(5)墙体开洞情况

对于开有门窗洞口的墙,其刚度因开洞而降低,允许高厚比应乘以降低系数 μ_2。

$$\mu_2 = 1 - 0.4\frac{b_s}{s} \qquad (6.12)$$

式中:b_s——在宽度 s 范围内门窗洞口的总宽度(见图 6-19);

s——相邻窗间墙、壁柱之间或构造柱(GZ)之间的距离。

当按式(6.12)算得的 μ_2 值小于 0.7 时,应采用 0.7;当洞口高度等于或小于墙高的 1/5 时,可取 $\mu_2=$

1.0。

(6) 构造柱间距及截面

构造柱间距愈小,截面愈大,对墙体的约束愈大,墙体稳定性愈好,允许高厚比可提高,亦可通过修正系数 μ_c 来考虑。

$$\mu_c = 1 + \gamma \frac{b_c}{l} \tag{6.13}$$

式中:γ——系数,对烧结普通砖和多孔砖砌体,$\gamma = 1.5$;

b_c——构造柱沿墙长方向的宽度;

l——构造柱间距。

当 $\frac{b_c}{l} > 0.25$ 时,取 $\frac{b_c}{l} = 0.25$;当 $\frac{b_c}{l} < 0.25$ 时,取 $\frac{b_c}{l} = 0$。

2. 高厚比验算

(1) 矩形截面墙、柱的高厚比验算

墙、柱的高厚比应按下式验算

$$\beta = \frac{H_0}{h} \leqslant \mu_1 \mu_2 [\beta] \tag{6.14}$$

式中:$[\beta]$——墙、柱的允许高厚比,应按表 6-12 采用;

H_0——墙、柱的计算高度,应按表 6-5 采用;

h——墙厚或矩形截面柱与 H_0 相对应的边长;

μ_1——自承重墙允许高厚比的修正系数;

μ_2——有门窗洞口墙允许高厚比的修正系数。

(2) 带壁柱或构造柱墙的高厚比验算

对于带壁柱或构造柱墙,既要保证墙和柱作为一个整体的稳定性,又要保证壁柱或构造柱之间墙体的稳定性。因此,需分两步验算高厚比。

① 整片墙的高厚比验算。

带壁柱整片墙的高厚比应按下式进行

$$\beta = \frac{H_0}{h_T} \leqslant \mu_1 \mu_2 [\beta] \tag{6.15}$$

$$h_T = 3.5i \tag{6.16}$$

式中:h_T——带壁柱墙的折算厚度;

i——带壁柱墙截面的回转半径,$i = \sqrt{\dfrac{I}{A}}$;

I、A——分别为带壁柱墙截面的惯性矩和面积。

计算带壁柱墙截面回转半径时,墙截面的翼缘宽度 b_f 按《砌体规范》相应规定采用。

确定带壁柱墙计算高度 H_0 时,s 应取相邻横墙间距 s_w,如图 6-20 所示。

带构造柱墙,当构造柱截面宽度不小于墙厚时,可按下式验算其高厚比

$$\beta = \frac{H_0}{h} \leqslant \mu_1 \mu_2 \mu_c [\beta] \tag{6.17}$$

式中：μ_c——考虑构造柱影响时墙的允许高厚比的提高系数。

由于在施工过程中先砌墙后浇筑构造柱，因此应采取措施保证带构造柱墙在施工阶段的稳定性。

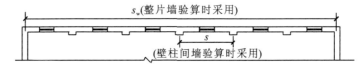

图 6-20　带壁柱墙验算图

② 壁柱或构造柱间墙的高厚比验算。

壁柱或构造柱间墙的高厚比可按式（6.14）进行验算，此时式中 s 应取相邻壁柱或构造柱之间的距离。不论带壁柱或构造柱间墙的静力计算采用何种方案，壁柱或构造柱间墙的计算高度 H_0 的计算，可一律按刚性方案考虑。

3. 最不利墙段选择原则

砌体结构房屋中墙体数量很多，没必要对每个墙段均进行高厚比验算，只需选取有代表性的最不利墙段。选取原则如下：

① 同等情况下，层高高的一层墙体；

② 同等情况下的承重墙；

③ 同等情况下，门窗洞口多的墙体；

④ 同等情况下，拉结墙间距大的墙体；

⑤ 同等情况下，墙厚小的墙体；

⑥ 同等情况下，材料强度有变化处的墙体。

【例 6-4】 某三层办公楼平面布置如图 6-21 所示，采用装配式钢筋混凝土楼盖，纵横向承重墙均为 190 mm，采用 MU7.5 混凝土小型空心砌块，双面粉刷，②～③层用 Mb5 砂浆，层高均为 3.6 m，窗宽均为 1 800 mm，门宽均为 1 000 mm。试验算二层各墙的高厚比。

【解】

（1）确定静力计算方案

最大横墙间距 $s = 3.6 \times 3$ m $= 10.8$ m < 32 m，查表 6-8 属刚性方案。

查表 6-9，$[\beta] = 24$

（2）纵墙高厚比验算

① 外纵墙高厚比验算。

选取 D 轴（②～⑤轴间）墙段验算

$s = 10.8$ m $> 2H = 7.2$ m，查表 6-2，$H_0 = 1.0H = 3.6$ m

$$\mu_1 = 1.0$$

$$\mu_2=1-0.4\frac{b_s}{s}=1-0.4\times\frac{1.8}{3.6}=0.8>0.7$$

$$\beta=\frac{H_0}{h}=\frac{3.6}{0.19}=18.9<\mu_1\mu_2[\beta]=1.0\times0.8\times24=19.2,满足要求。$$

② 内纵墙高厚比验算。

选取 C 轴(②～⑤轴间)墙段验算

$H_0=1.0H=3.6$ m,同外纵墙。

$$\mu_1=1.0$$

$$\mu_2=1-0.4\frac{b_s}{s}=1-0.4\times\frac{1.0}{10.8}=0.96>0.7$$

$\beta=18.9<\mu_1\mu_2[\beta]=1.0\times0.96\times24=23.04,满足要求。$

(3) 承重横墙高厚比验算

$$s=6.3\text{ m},\quad H<s<2H$$

$$H_0=0.4s+0.2H=(0.4\times6.3+0.2\times3.6)\text{ m}=3.24\text{ m}$$

$$\mu_1=1.0,\quad\mu_2=1.0$$

$$\beta=\frac{H_0}{h}=\frac{3.24}{0.19}=17.05<\mu_1\mu_2[\beta]=1.0\times1.0\times24=24,满足要求。$$

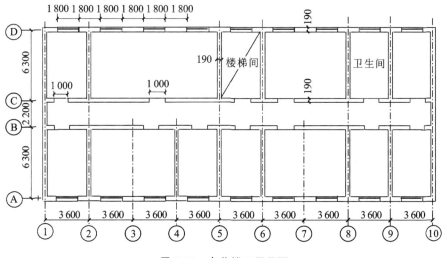

图 6-21　办公楼二层平面

6.6　砌体结构房屋的构造要求

多层砌体结构房屋在地震下破坏率都比较高,6 度区内已有震害,伴随烈度的增加,破坏也愈严重。原因之一是砖墙本身的抗剪强度不足,在地震作用下,墙面易出现斜裂缝、交叉裂缝和水平裂缝,严重者则倾斜或平面外错位,使墙体竖向承载力大大降低,最终导致房屋局部或全部倒塌;原因之二是建筑布置、结构体系及构造上存在缺陷,如平面布置不规则、刚度与质量分布不均匀、内外墙之间缺少可靠的连接等,使房屋在地震作用下发生扭转,产生局部应力集中现象,或丧失整体性,引起墙体外闪、倒塌。

震害调查表明,只要经过合理抗震设计并采取必要的抗震构造措施,精心施工,就能提高多层砌体房屋的抗破坏能力,并使其具有较高的抗倒塌能力。

6.6.1 房屋的总高度和层数

房屋的层数愈多、高度愈大,地震作用愈大,震害愈严重,因此应限制房屋的层数和总高度,如表 6-10 所示。

表 6-10 多层砌体结构房屋总高度和层数限值

砌体类别	最小墙厚/mm	烈 度							
		6		7		8		9	
		高度/m	层数	高度/m	层数	高度/m	层数	高度/m	层数
普通砖	240	24	8	21	7	18(15)	6(5)	12	4
多孔砖	240	21	7	21(18)	7(6)	18(15)	6(5)	9	3
多孔砖	190	21	7	18(15)	6(5)	15(12)	5(4)	—	—
混凝土砌块	190	21	7	21(18)	7(6)	18(15)	6(5)	9	3

注:①房屋的总高度指室外地面到主要屋面板板顶或檐口的高度;
②室内外高差大于 0.6 m 时,房屋的总高度允许比表中数据适当增加,但不应多于 1 m;
③括号内数值分别用于设计基本地震加速度为 0.15 g 和 0.30 g 的地区。

为保证墙体平面外的稳定性,多层砌体结构房屋的层高不应超过 3.6 m。

6.6.2 房屋高宽比限值

房屋的高宽比过大,会影响房屋的刚度和整体抗弯承载力,因此应限制房屋高宽比,如表 6-11 所示。

表 6-11 房屋最大高宽比

烈 度	6	7	8	9
最大高宽比	2.5	2.5	2.0	1.5

注:单面走廊房屋的总宽度不包括走廊宽度。

6.6.3 抗震横墙的间距限值

多层砌体结构房屋的横向地震作用主要由横墙承担,抗震横墙数量多,间距小,房屋的空间刚度就大,抗震性能就好。另外,抗震横墙间距小,也能保证楼盖传递水平地震作用所需的刚度。抗震横墙最大间距的限值如表 6-12 所示。

表 6-12 多层砌体结构房屋抗震横墙的最大间距

楼、屋盖类别	烈 度			
	6	7	8	9
现浇或装配整体式钢筋混凝土楼、屋盖	18	18	15	11
装配式钢筋混凝土楼、屋盖	15	15	11	7
木楼、屋盖	11	11	7	4

6.6.4 房屋的局部尺寸限值

地震时,房屋的破坏首先从窗间墙、外墙尽端、女儿墙等薄弱环节开始,这些墙段的尺寸不应太小,如表 6-13 所示。如果采用增设构造柱等措施,则局部尺寸可适当放宽。

表 6-13 房屋的局部尺寸限值 （单位:m）

部 位	烈 度			
	6	7	8	9
承重窗间墙最小宽度	1.0	1.0	1.2	1.5
承重外墙尽端至门窗洞边的最小距离	1.0	1.0	1.2	1.5
非承重外墙尽端至门窗洞边的最小距离	1.0	1.0	1.0	1.0
内墙阳角至门窗洞边的最小距离	1.0	1.0	1.5	2.0
无锚固女儿墙（非出入口处）的最大高度	0.5	0.5	0.5	0.0

6.6.5 现浇钢筋混凝土构造柱的设置

1. 构造柱的设置部位

纵横墙连接处和楼梯间墙角等部位设置现浇钢筋混凝土构造柱,并与各层圈梁拉结,可以提高砌体结构房屋的承载力,改善砌体结构房屋的抗震性能,构造柱设置要求见表 6-14。

表 6-14 多层砖砌体房屋构造柱设置要求

房屋层数				设 置 部 位	
6度	7度	8度	9度		
四、五	三、四	二、三		楼、电梯间四角,楼梯斜梯段上下端对应的墙体处;	隔12 m或单元横墙与外纵墙交接处;楼梯间对应的另一侧内横墙与外纵墙交接处;
六	五	四	二	外墙四角和对应转角;错层部位横墙与外纵墙交接处;	隔开间横墙（轴线）与外墙交接处;山墙与内纵墙交接处;
七	≥六	≥五	≥三	大房间内外墙交接处;较大洞口两侧	内墙（轴线）与外墙交接处;内墙的局部较小墙垛处;内纵墙与横墙（轴线）交接处

注:较大洞口,内墙指不站于 2.1 m 的洞口;外墙在内外墙交接处已设置构造柱时应允许适当放宽,但洞侧墙体应加强。

2. 构造柱的做法

① 构造柱的作用主要是约束墙体,本身截面不需很大,最小截面可采用 240 mm×180 mm(墙厚 190 mm 时为 190 mm×180 mm)。纵向钢筋宜采用 4φ12,箍筋间距不宜大于 250 mm,且在柱的上下端宜适当加密;6、7 度时超过六层、8 度时超过五层和 9 度时,构造柱纵向钢筋宜采用 4φ14,箍筋间距不应大于 200 mm;房屋四角的构造柱应适当加大截面及配筋。

② 构造柱与墙连接处应砌成马牙槎,沿墙高每隔 500 mm 设 2φ6 水平钢筋和 φ4 分布短筋平面内点焊组成的拉结网片或 φ4 点焊钢筋网片,每边伸入墙内不宜小于 1 m。6、7 度时底部 1/3 楼层,8 度时底部 1/2 楼层,9 度时全部楼层,上述拉结钢筋网片应沿墙体水平通长设置。

③ 构造柱与圈梁连接处,构造柱的纵筋应在圈梁纵筋内侧穿过,保证构造柱纵筋上下贯通。

④ 构造柱可不单独设置基础,但应伸入室外地面下 500 mm 或与埋深小于 500 mm 的基础圈梁相连。

6.6.6 钢筋混凝土圈梁的设置

在砌体结构房屋中,墙体内沿水平方向设置的封闭的钢筋混凝土梁称为圈梁。位于房屋檐口处的圈梁又称为檐口圈梁,位于 ±0.000 以下基础处设置的圈梁,又称为地圈梁。

在砌体结构房屋中设置圈梁可以增强房屋的整体性和空间刚度,防止由于地基不均匀沉降或较大振动荷载等对房屋引起的不利影响。

1. 圈梁的设置

多层砖砌体房屋现浇钢筋混凝土圈梁设置要求如表 6-15 所示。

表 6-15 多层砖砌体房屋现浇钢筋混凝土圈梁设置要求

墙　　类	烈　　度		
	6、7	8	9
外墙和内纵墙	屋盖处及每层楼盖处	屋盖处及每层楼盖处	屋盖处及每层楼盖处
内横墙	同上; 屋盖处间距不应大于 4.5 m; 楼盖处间距不应大于 7.2 m; 构造柱对应部位	同上; 　各层所有横墙,且间距不应大于 4.5 m; 构造柱对应部位	同上; 　各层所有横墙

2. 圈梁的构造要求

① 圈梁应闭合,被门窗洞口截断时,应在洞口上部增设相同截面的附加圈梁。附加圈梁与圈梁的搭接长度不应小于其中心线到圈梁中心线垂直间距 H 的两倍,且不得小于 1 m,如图 6-22 所示。

② 纵横墙交接处的圈梁应有可靠的连接。

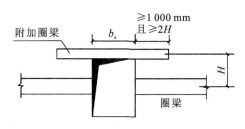

图 6-22　附加圈梁

③ 钢筋混凝土圈梁的截面宽度宜与墙厚相同,当墙厚 $h \geqslant 240$ mm 时,其宽度不宜小于 $2h/3$,圈梁截面高度不应小于 120 mm。

④ 圈梁兼作过梁时,过梁部分的钢筋应按计算用量另行增配。

圈梁配筋应符合表 6-16 的要求。

表 6-16　多层砖砌体房屋圈梁配筋要求

配　筋	烈　　度		
	6、7	8	9
最小纵筋	$4\Phi10$	$4\Phi12$	$4\Phi14$
最大箍筋间距/mm	250	200	150

6.6.7　纵横墙的连接

纵横墙交接处应同时砌筑,而且必须错缝搭砌,以保证墙体的整体性。对不能同时砌筑的临时间断处,应砌成斜槎,斜槎长度不应小于其高度的 2/3,如果留斜槎有困难,可做成直槎,但应加设拉结筋。

设防烈度为 6、7 度时长度大于 7.2 m 的大房间,以及 8、9 度时外墙转角及内外墙交接处,应沿墙高每隔 500 mm 配置 $2\phi6$ 通长钢筋和 $\phi4$ 分布短筋平面内点焊组成的拉结网片或 $\phi4$ 点焊钢筋网片。

后砌的非承重隔墙应沿墙高每隔 $500 \sim 600$ mm 配置 $2\phi6$ 拉接钢筋与承重墙或柱拉结,每边伸入墙内不应少于 500 mm;8 度和 9 度时,长度大于 5 m 的后砌隔墙,墙顶尚应与楼板或梁拉结,独立墙肢端部及大门洞边宜设钢筋混凝土构造柱,如图 6-23 所示。

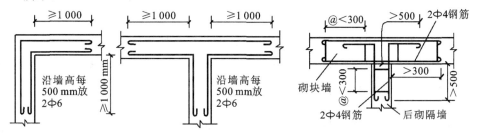

图 6-23　纵横墙连接构造

6.6.8 楼、屋盖与墙体间的连接

多层砖房的楼、屋盖应符合下列要求：

① 现浇钢筋混凝土楼板或屋面板伸进纵、横墙内的长度，均不应小于 120 mm；

② 对装配式钢筋混凝土楼板或屋面板，当圈梁未设在板的同一标高时，板端伸进外墙的长度不应小于 120 mm，伸进内墙的长度不应小于 100 mm，在梁上不应小于 80 mm；

③ 当板的跨度大于 4.8 m 并与外墙平行时，靠外墙的预制板侧边应与墙或圈梁配筋拉结，如图 6-24 所示；

④ 房屋端部大房间的楼盖，8 度时房屋的屋盖和 7～9 度时房屋的楼、屋盖，当圈梁设在板底时，钢筋混凝土预制板应相互拉结并应与梁、墙或圈梁拉结；

⑤ 楼、屋盖的钢筋混凝土梁或屋架应与墙、柱（包括构造柱）或圈梁可靠连接，不得采用独立砖柱。

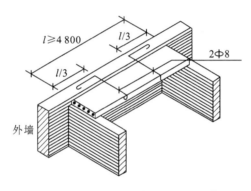

图 6-24 楼、屋盖与墙体的连接构造

6.6.9 防止或减轻墙体开裂的构造措施

1. 砌体结构裂缝类型及产生的原因

墙体开裂是砌体结构房屋常见的问题，裂缝种类主要有两大类：受力裂缝和非受力裂缝。受力裂缝指各种荷载直接作用下墙体产生的裂缝，非受力裂缝指因砌体干缩、温湿度变化、地基沉降不均匀等引起的裂缝，又称变形裂缝。其中，变形裂缝占全部裂缝的 80%。

采用钢筋混凝土屋盖或楼盖的砌体结构房屋的顶层墙体常出现温度裂缝，主要原因是屋盖材料和墙体材料的线膨胀系数相差较大。当温度发生变化时，两者变形的不协调导致温度裂缝产生。

从块材类型来看，小型砌块房屋的温度裂缝比砖砌体房屋更多、更普遍。主要原因有两点：其一，在块体和砂浆强度等级相同的情况下，虽然小型砌块砌体的抗压强度比砖砌体的抗压强度高很多，但抗拉、抗剪强度却低很多；其二，小型砌块砌体的线

膨胀系数为 10×10^{-6}，比砖砌体大一倍，因此，其对温度的敏感性比砖砌体高。

烧结普通砖的干缩性极小，所以砖砌体房屋的收缩裂缝问题一般可不予考虑。但对混凝土砌块，在正常使用条件下，干缩率为 $0.018\% \sim 0.07\%$，有可能导致产生干缩裂缝。

地基不均匀沉降，也是造成墙体开裂的一种原因。当地基为均匀分布的软土，而房屋长高比较大时，或地基土层分布不均匀、土质差别很大时，或房屋体型复杂或高差较大时，都有可能产生过大的不均匀沉降，从而造成墙体开裂。

简言之，变形裂缝的主要形态如下。

（1）因外界温度变化产生的裂缝

① 平屋顶下边外墙的水平裂缝和包角裂缝，如图 6-25 所示。

② 顶层内外纵墙、横墙的八字形裂缝，如图 6-26 所示。

③ 房屋错层处墙体的局部垂直裂缝，如图 6-27 所示。

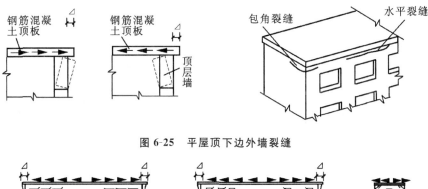

图 6-25　平屋顶下边外墙裂缝

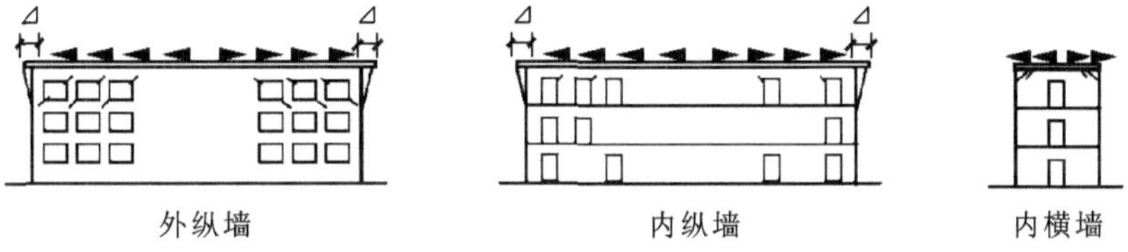

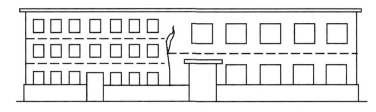

图 6-26　内外纵、横墙的八字形裂缝

图 6-27　房屋错层处墙体的局部垂直裂缝

（2）因砌体干缩变形产生的裂缝

干缩裂缝的几种状态：墙体中部出现的阶梯形裂缝；环块材周边灰缝的裂缝；窗下墙竖向均匀裂缝；山墙、楼梯墙的中部较易出现竖向裂缝，此裂缝越向顶层越小（因为基础部分的砌块受到土壤的保护，其收缩变形很小）。

（3）地基不均匀沉降引起的裂缝

地基不均匀沉降引起的裂缝,如图 6-28 所示。

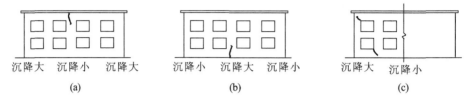

沉降大　沉降小　沉降大　　　　沉降小　沉降大　沉降小　　　　沉降大　沉降小

(a)　　　　　　　　　　(b)　　　　　　　　　　(c)

图 6-28　地基不均匀沉降引起的裂缝

(a)由沉降不均匀产生的弯曲破坏;(b)由沉降不均匀产生的反弯曲破坏;(c)由沉降不均匀产生的剪切破坏

2. 防止或减轻墙体开裂的构造措施

房屋长度过大时,温差和砌体干缩会使墙体产生竖向整体裂缝。为此,《砌体规范》规定了伸缩缝的最大间距(见表 6-17)。但按《砌体规范》设置的墙体伸缩缝,一般不能同时防止由于钢筋混凝土屋盖的温度变形和砌体干缩变形引起的墙体局部裂缝,还应采取另外一些措施。

表 6-17　砌体房屋伸缩缝的最大间距　　　　　　　　　　　（单位:m）

屋盖或楼盖类别		间距
整体式或装配整体式钢筋混凝土结构	有保温层或隔热层的屋盖、楼盖	50
	无保温层或隔热层的屋盖	40
装配式无檩体系钢筋混凝土结构	有保温层或隔热层的屋盖、楼盖	60
	无保温层或隔热层的屋盖	50
装配式有檩体系钢筋混凝土结构	有保温层或隔热层的屋盖	75
	无保温层或隔热层的屋盖	60
瓦材屋盖、木屋盖或楼盖、轻钢屋盖		100

（1）防止或减轻房屋顶层墙体裂缝的措施

① 屋面应设置有效的保温、隔热层。该措施能减小屋盖与顶层墙体的温差,是"防"裂的最直接措施。

② 屋面保温(隔热)层或屋面刚性面层及砂浆找平层应设置分隔缝,分隔缝间距不宜大于 6 m,并应与女儿墙隔开,其缝宽不小于 30 mm。这是针对屋盖面层"放"的措施,至少能根绝屋面面层的温度变形顶推女儿墙。

③ 采用装配式有檩体系钢筋混凝土屋盖和瓦材屋盖。此措施是为减小屋盖刚度和变形应力。

④ 顶层屋面板下设置现浇钢筋混凝土圈梁,并沿内外墙拉通,房屋两端圈梁下的墙体内宜适当设置水平钢筋。

⑤ 顶层墙体有门窗等洞口时,在过梁上的水平灰缝内设置 2~3 道焊接钢筋网片或 2Φ6 钢筋,并伸入过梁两端墙内不小于 600 mm。试验表明:这个部位温度应

力较大,容易开裂。

⑥ 顶层及女儿墙砂浆强度等级不低于 M7.5(M_b7.5,M_s7.5)。

⑦ 女儿墙应设置构造柱,构造柱间距不宜大于 4 m,构造柱应伸至女儿墙顶并与现浇钢筋混凝土压顶整浇在一起。

⑧ 对顶层墙体施加竖向预应力。

(2) 防止或减轻房屋底层墙体开裂的措施

① 增大基础圈梁的刚度。

② 在底层的窗台下墙体灰缝内设置 3 道焊接钢筋网片或 2φ6 钢筋,并伸入两边窗间墙内不小于 600 mm。

其他措施及规定,读者可自行查阅《砌体规范》等相关资料。

【本章要点】

① 砌体由块材和砂浆砌筑而成。砌体分为无筋砌体和配筋砌体两大类,无筋砌体又分为砖砌体、砌块砌体和石砌体三大类。

② 砌体结构具有取材容易,造价低廉,耐久性、耐火性及保温隔热性能良好,构造简单,施工方便,整体工作性能较好,可以连续施工等优点。当然也具有自重大、抗震及抗裂性能较差、砌筑工作繁重且施工质量不易保证等一系列缺点。

③ 砌体主要用于承受压力的构件,如在建筑结构中,砌体结构可用于房屋的基础、内外墙、柱等。在交通运输方面,砌体结构可用于桥梁、隧道工程等。

④ 砌体结构的承重体系可分为横墙承重体系,纵墙承重体系,纵、横墙混合承重体系和内框架承重体系等四种,其中横墙承重体系和纵、横墙混合承重体系的空间受力性能好。

⑤ 砌体最基本的力学性能是其受压性能。块体在砌体中处于局部受压、受弯、受剪状态,并且由于砖和砂浆受压后的横向变形不同,砖还处于侧向受拉状态,以及由于砌体的竖向灰缝未能很好地填满,造成了竖向灰缝的应力集中,这些都会导致砌体抗压强度的降低,即砌体的抗压强度低于单块砖的抗压强度。

⑥ 砌体受压构件受压承载力计算公式为 $N \leqslant \varphi f A$,其中 φ 为高厚比 β 和轴向力的偏心距 e 对受压构件承载力的影响系数。

⑦ 砌体的局部受压可分为局部均匀受压和局部非均匀受压两种。由于"套箍强化"和"力的扩散"作用,砌体的局部受压强度高于全截面受压强度,其提高系数为 γ,则砌体局部受压强度为 γf。最常见的局部受压是梁端下砌体的局部非均匀受压,当砌体的局部受压承载力不满足要求时,可在梁端下设置预制或现浇混凝土刚性垫块,也可设置钢筋混凝土垫梁来提高砌体的局部受压性能。

⑧ 根据楼(屋)盖的类别及横墙间距的大小,砌体结构房屋共有刚性方案、弹性方案、刚弹性方案等三种静力计算方案,其中刚性方案的空间刚度最好,也是多层砌体结构房屋中最常见的方案。

⑨ 高厚比验算是砌体结构房屋设计的一个重要内容,验算目的是为了保证砌体

结构墙、柱的稳定性。

⑩ 墙体的相关构造要求是保证砌体结构具有良好工作性能的必要条件,应给予足够的重视。

综上所述,砌体结构房屋中墙、柱的设计计算内容和步骤是:a. 确定结构方案及进行结构布置;b. 确定静力计算方案;c. 墙、柱高厚比验算;d. 受压承载力计算;e. 局部受压承载力计算。

【思考和练习】

6-1 什么是砌体结构?

6-2 砌体结构有哪些优点和缺点? 有哪些应用范围?

6-3 砌体的种类有哪些?

6-4 砖砌体轴心受压时分哪几个受力阶段? 它们的特征如何?

6-5 砌体在轴心压力作用下处于怎样的应力状态? 这种应力状态对砌体的抗压强度有何影响?

6-6 为什么砌体的抗压强度远小于单个块体的抗压强度?

6-7 影响砌体抗压强度的因素有哪些?

6-8 砌体强度的标准值和设计值是如何确定的?

6-9 什么是施工质量控制等级? 在设计时如何体现?

6-10 写出砌体受压构件的承载力计算公式,并分析影响其承载力的各因素。

6-11 偏心距如何计算? 在受压承载力计算中偏心距的大小有何限制?

6-12 砌体在局部压力作用下承载力为什么会提高?

6-13 上部荷载折减系数 ψ 有何含义?

6-14 砌体结构房屋有哪几种承重体系? 各有何优缺点?

6-15 砌体结构房屋的静力计算方案有哪几种? 如何确定房屋的静力计算方案?

6-16 为什么要验算墙、柱高厚比? 怎样验算?

6-17 单层单跨砌体房屋三种静力计算方案的计算简图是怎样的?

6-18 砌体结构房屋墙、柱设计内容有哪些?

6-19 在砌体结构房屋设计时,按照规范要求设置伸缩缝后,就不会再产生温度变形和砌体干缩变形引起的墙体局部裂缝了吗?

6-20 为防止或减轻房屋顶层墙体的裂缝,可采取什么措施?

6-21 引起墙体开裂的主要因素是什么?

6-22 一矩形截面偏心受压柱,截面尺寸 490 mm×620 mm,柱的计算高度为 5 m,承受轴向力设计值 $N=160$ kN,弯矩设计值 $M=13.55$ kN·m(弯矩沿长边方向)。该柱用 MU10 烧结普通砖和 M5 混合砂浆砌筑,施工质量控制等级为 C 级。试验算柱的稳定性和承载力。

6-23 已知一简支梁跨度 $l=5.7$ m,截面尺寸 $b×h=200$ mm×550 mm,一端支

承在房屋外纵墙的窗间墙上,支承长度 $a = 240$ mm,由荷载设计值产生的梁端支承压力 $N_1 = 74$ kN;由上层墙体传来的荷载设计值为 $N_0 = 85$ kN,窗间墙截面为 1 200 mm×370 mm,窗间墙用 MU10 烧结普通砖和 M2.5 混合砂浆砌筑。试验算梁端支承处砌体局部受压承载力是否满足要求。

第7章 钢 结 构

7.1 概述

7.1.1 钢结构的应用范围

钢结构是指以钢构件为承重骨架的建筑。1996年我国钢产量超过1亿吨,跃居世界第一位。钢和钢型材的品种、规格也日益增多。《国家建筑钢结构产业"十五"计划和2015年发展规划纲要》明确提出:我国每年建筑结构用钢量到2015年争取达到全国钢材总产量的6%。钢结构以其高强度、高性能、绿色环保等优异特征被广泛应用于以下各种建筑形式中。

(1) 工业厂房的承重骨架和吊车梁

大型炼钢、轧钢、火力发电厂及重型机械制造厂等设备车间,其跨度大、高度高并设有重级工作制的大吨位吊车和有较大振动的生产设备,有些车间承重骨架还要承受较高的热辐射,钢材的特质较其他建筑材料有无可替代的优势。

(2) 轻钢结构

轻钢结构建筑采用轻质屋面、轻质墙体和高效型材(如热轧H型钢、冷弯薄壁型钢、钢管、低合金高强度钢材等),单位面积用钢量较低的新型单层和多层轻型房屋钢结构体系,因适应建筑市场标准化、模数化、系列化及构件工厂化、生产化的要求,在我国迅速发展。例如,轻钢结构的门式刚架广泛应用于小吨位吊车的轻型厂房、车间、超市、办公楼等,如图7-1(a)所示。

(3) 大跨度建筑的屋盖结构

随着我国经济的快速发展,需要建造体育馆、文化馆、火车站、航空港、飞机库等大空间或超大空间建筑物,以满足人们对建筑功能和建筑造型多样化的要求。钢材以其轻质高强、易加工、塑性良好等特性在大跨度空间结构中得到广泛的应用。平板网架结构、网壳结构、悬索结构、张拉式膜结构等新颖的结构形式被建筑师和结构工程师用来建造出功能各异、新颖别致的建筑,如图7-1(b)、(c)、(d)、(e)所示。

(4) 塔桅结构

输电线路塔架、电视塔、钻井塔架、卫星和火箭发射塔、无线电广播发射桅杆等高耸结构常采用钢结构,如图7-1(f)所示。

(5) 容器、管道等壳体结构

壳体结构用于储油罐、煤气罐、输油管道及炉体结构等要求密闭承压的各种容

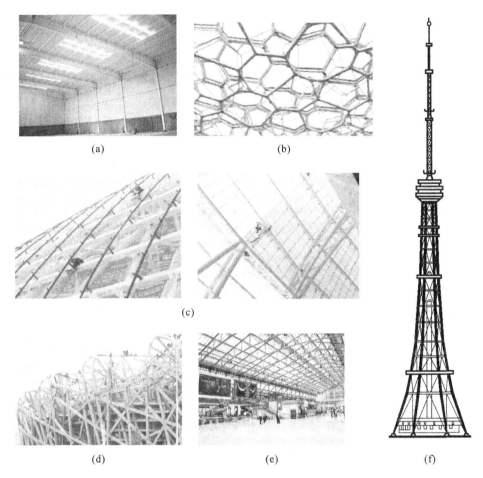

图 7-1　钢结构的应用示例

(a)门式刚架轻型结构;(b)水立方空间结构;(c)施工中的天津奥体中心;
(d)鸟巢钢结构骨架;(e)火车站钢屋盖;(f)电视塔

器。

（6）高层、超高层建筑

考虑减轻结构自重、降低基础工程造价、减少建筑中结构支撑骨架所占的面积等因素,而且钢结构的抗震性能优于钢筋混凝土结构,施工周期短,高层(特别是 200 m 以上的超高层)建筑一般采用钢结构、钢-混凝土结构。

7.1.2　钢结构的特点

与钢筋混凝土结构、砖石等砌体结构和木结构相比较,钢结构具有以下特点。

① 钢材材质均匀,可靠性高。钢材冶炼、型材制造为工厂化生产,产品质量有保证。另外,材质均匀使其与工程计算中的假定条件接近,可靠性高。同时,钢材具有良好的塑性和韧性,在构件破坏前均有明显的变形,可及时采取措施。在较大地震发

生时,结构能吸收较多能量而不发生脆断,呈现良好的抗震性能。

② 轻质高强。轻质高强一般是指材料的密度与其强度的比值小。钢材的此比值小于钢筋混凝土和木材、石材的,也就是说,在同等荷载作用下,钢构件可以做得小而薄。而另一方面,因构件截面小、壁薄,钢构件的稳定承载力问题是结构计算及构造处理中应予以充分注意的。

③ 钢结构节点连接方便,施工工期短,可拆卸和重复利用,是绿色环保建筑材料。

④ 钢材耐热性好、耐火性差。钢材在表面温度 150 ℃ 以下时,其强度无太大变化,因此,钢结构适用于有较高热辐射的工业厂房。但当温度达 600 ℃ 时,其强度几乎降至零,裸露的钢结构在火灾温度下,15 分钟后完全丧失承载力。所以,钢结构建筑要依防火等级要求采取相应的措施,如涂刷防火漆、喷涂薄型或厚型的防火涂料、外包混凝土或其他防火板材等。

⑤ 钢材易锈蚀。特别是在潮湿、有腐蚀性气体的环境中,钢的腐蚀速度会迅速升高,会减少结构的寿命。目前在钢结构表面涂刷防护涂层是防腐的主要措施,另外,耐大气腐蚀钢也越来越多地应用于工程中。

7.2 钢结构材料

7.2.1 建筑钢材的技术性能

钢材的技术性能一般指钢材的力学性能、工艺性能和为满足某些结构的需要而具有的特殊性能。

钢材的力学性能指标是指钢材在标准条件下均匀拉伸中显示的屈服点、抗拉强度、伸长率指标,这些内容在前面的章节中已学习过。钢材的技术性能还包括钢材的机械性能指标(冲击韧性)、钢材的工艺性能指标(冷弯性能、焊接性能)。有时也称屈服点、抗拉强度、伸长率、冲击韧性、冷弯性能为钢材的五项机械性能指标。

1. 钢材的冲击韧性

冲击韧性是指钢材抵抗冲击荷载而不破坏的能力。钢材的冲击韧性是在冲击试验机的一次摆锤冲击下,刻有标准槽口的试件受冲击荷载断裂后测定的,如图 7-2 所

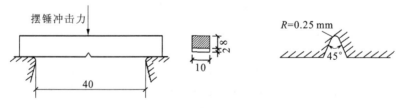

图 7-2 钢材的冲击韧性试验

示。常用标准试件的槽口有 V 型和 U 型两种，我国规定用 V 型（Charpy 夏比 V 型缺口试件）。冲击韧性的指标是破坏后缺口处单位面积上所消耗的功 A_{kv}，单位为焦耳（J）。A_{kv} 值越大，冲击韧性越好。影响钢材冲击韧性的因素很多，如化学成分、冶炼质量、加载速度、环境温度，特别是负温的影响很大。

2. 钢材的冷弯性能

冷弯性能是指钢材在常温下承受弯曲变形加工的能力。冷弯试验（见图 7-3）有助于暴露钢材的内在缺陷，通过检查弯曲部位的裂缝和分层情况来判定钢材的冷弯性能。钢材的冷弯性能取决于钢材的质量、试件弯曲的角度（α）和弯心直径对试件厚度（或直径）的比值（d/a）。

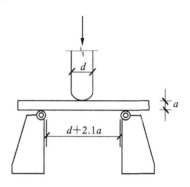

图 7-3　钢材的冷弯试验

3. 钢材的焊接性能

钢材的焊接是土木工程中广泛应用的连接形式。焊接的质量取决于焊接工艺、焊接材料及钢材的焊接性能。钢材的可焊性是指钢材是否适应通常的焊接方法与工艺的性能，即焊后钢材焊口处不易形成裂纹、气孔等缺陷。含碳量高将增加焊接接头的硬脆性，含碳量小于 0.25% 的碳素钢具有良好的可焊性。除碳以外，钢中还有其他金属元素，其含量也会不同程度地影响钢材的可焊性，国际焊接协会推荐用碳当量法来评价各元素对钢材可焊性的综合影响，即将其他元素及其含量对焊接性能的影响，都折算为相当的碳含量，按下式计算：

$$C_{eq} = C + \frac{Mn}{6} + \frac{Cr + V + Mo}{15} + \frac{Cu + Ni}{5} \tag{7.1}$$

式中：C_{eq}——碳的相当含量；

　　 C——碳的含量（%）；

　　 Mn——锰的含量（%）；

　　 Cr——铬的含量（%）；

　　 V——钒的含量（%）；

　　 Mo——钼的含量（%）；

　　 Cu——铜的含量（%）；

　　 Ni——镍的含量（%）。

7.2.2　钢材的 Z 向性能（层状撕裂）

钢材的性能还与轧制过程有关。钢板在顺轧制方向的性能比与其垂直方向（横向）的性能要好，而厚度方向更差一些。厚钢板较薄钢板辊轧的次数少，问题更突出。图 7-4 (a)、(b)中的连接节点容易引起钢板的层状撕裂。因此，现行国家设计规范作了相关规定，当采用大于 40 mm 厚的钢板时，应符合国家标准《厚度方向性能钢板》

(GB/T 5313—2010)的相应等级要求。钢板的 Z 向性能用厚度方向拉力试验的断面
收缩率来评定：

$$\Psi_z = \frac{A_0 - A_1}{A_0} \times 100\% \tag{7.2}$$

式中：Ψ_z——断面收缩率；

A_1——试件拉断时断口处的横截面积；

A_0——试件的原横截面积。

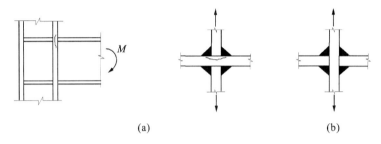

图 7-4　钢材的层状撕裂

(a)容易引起层状撕裂的节点连接；(b)改善后的节点连接

7.2.3　钢材的疲劳

当钢构件承受连续反复的变化荷载时，截面内部的微小裂纹的变化与构件受静
荷载的情况有所不同。随着时间的增长，微小裂纹不断扩展，截面不断减少，直至达
临界尺寸发生突然断裂，如图 7-5(a)所示。这种现象称为钢材的疲劳。疲劳破坏发
生时，构件截面上的应力低于材料的抗拉强度，有时甚至低于屈服强度。疲劳破坏属
脆性破坏，危险性大。构件截面计算部位的最大应力、最小应力的比值为某一定值
时，最大应力(疲劳强度 σ_{max})与循环次数 n 的关系曲线，如图 7-5(b)所示。

构件发生疲劳破坏的影响因素主要有荷载变化情况、钢材质量、构造、焊接等。

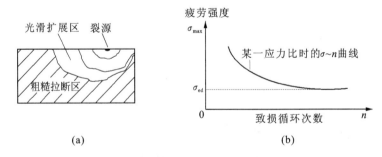

图 7-5　钢材的疲劳破坏

(a)构件疲劳破坏的断面；(b)不同循环次数时的最大应力曲线

《钢结构设计规范》(GB 50017—2003)(以下简称规范)规定：直接承受动力荷载重复
作用的钢结构构件及其连接，当应力变化的循环次数 $n \geq 5 \times 10^4$ 时，应进行疲劳计算。

7.2.4 影响钢材性能的主要因素

1. 化学成分的影响

钢是铁 Fe 和碳 C 的合金,主要成分是铁,还有少量的碳和其他元素。碳素钢中铁元素含量约占 99%,其他元素,如碳、硅、锰、硫、磷、氧、氮、氢等,总和约占 1%。在低合金钢中,合金元素总量不超过 5%。铁以外的元素虽然含量很少,但对钢材的机械性能却影响很大。

碳(C):碳是影响钢材性能的最主要因素。钢中随着碳含量的增加,强度和硬度提高而塑性和韧性急剧下降。除此之外,碳含量的增加还会恶化钢材的焊接性能,降低其疲劳极限。

硅(Si):在钢液中,硅和氧的结合力较强,所以常作为有效的脱氧剂。硅含量不超过 0.2% 时,可提高钢的强度,对塑性、冲击韧性、冷弯性能及可焊性均无显著的不良影响。过量的硅将降低钢材的塑性和冲击韧性。

锰(Mn):锰也是常用的一种脱氧剂。但锰含量高达 1.0% 以上时,会使钢材变脆、变硬,降低可焊性及抗锈性能。

硫(S):硫是钢材中的有害元素,硫与铁化合成硫化铁,硫化铁的熔点很低,在 $800\sim1\,000$ ℃ 高温下焊、铆及热加工时,使钢材呈"热脆"状态,可能产生热裂纹。此外,硫还会降低钢材的塑性、冲击韧性、疲劳强度和抗锈性能。因此,应严格限制其含量。

磷(P):磷也是钢材中的有害元素。磷虽可提高钢材强度和抗锈性能,但严重地降低塑性、冲击韧性、冷弯性能和可焊性,尤其是低温时使钢材变脆,称为"冷脆"现象。这对于承受动力荷载或处在零下温度环境的结构是十分有害的。因此,应严格限制钢的含磷量。

氧(O):氧在钢中大部分以氧化物的形式存在,氧化物也是低熔点的化合物,它的存在使钢在高温加工时容易脆裂,其恶化作用比硫更严重,同时还会降低钢材的强度、塑性、冲击韧性。氧是钢中的有害元素,需严格控制其含量。

氮(N)、氢(H):氮的作用类似磷,能显著降低钢材的塑性、冲击韧性及增大冷脆性;氢在低温时易使钢材呈脆性破坏。因此,对重要的钢结构,尤其是低温下承受动力荷载时,应该严格控制氮和氢的含量。

2. 冶炼、加工的影响

钢材生产过程中因炉种、脱氧程度以及加工条件的不同,成品钢材的性能会受到影响。我国目前的钢结构用钢主要由平炉和氧气转炉冶炼而成,用这两种方法冶炼的钢材质量基本相同。钢材依脱氧程度的不同可分为沸腾钢、镇静钢、半镇静钢和特殊镇静钢。

沸腾钢是在钢液中仅用弱脱氧剂锰铁进行脱氧。钢液中留有相当多的氧化铁,它与钢液中的碳化合生成一氧化碳气体逸出,使钢液剧烈沸腾。铸锭后冷却快,气体不能全部逸出,气泡及杂质不匀。因其价格低于镇静钢,钢材质量也能符合一般建筑结构的要求,因此是大批量生产的钢种之一。但其机械性能不够稳定,抗冲击荷载性能、抗疲劳和在低温条件下的工作性能较差。

镇静钢是在钢液中添加一定数量的硅、锰、铝等脱氧剂进行较彻底的脱氧而成。铸锭时不发生沸腾现象,钢液表面平静。相对于沸腾钢,镇静钢的优点是化学成分较均匀,有害杂质少,冲击韧性、可焊性及塑性性能好,低温冷脆的敏感性小,是性能较好的钢种。

半镇静钢脱氧程度介于沸腾钢和镇静钢之间,析出的气体比沸腾钢少,比镇静钢多,质量也介于两者之间。

特殊镇静钢脱氧更充分,其冲击韧性特别是低温冲击韧性最好,但成本也最高。

钢锭在热塑状态(1 150～1 300 ℃)经过轧钢机轧制成钢坯,再经轧钢机轧制成所需的型材。由厚钢板经过反复辊轧成薄的板材,这一加工过程可使钢锭内一些微小的气泡、裂纹压合,使钢材的质量得以提高。所以薄钢板的屈服强度和塑性变形能力优于厚钢板。

3. 温度的影响

随着温度的升高,钢材的强度降低,塑性增大。在150℃以内钢材的机械性能各项指标无太大变化,但钢结构表面长期受150℃以上的辐射热时,应采取隔热措施。应注意的是:在250℃左右时,钢材的伸长率较低,冲击韧性变差,在此范围内的破坏呈脆性破坏特征,称为"蓝脆"现象,所以不宜在此温度区段对构件进行加工。当温度达600℃时,钢结构的承载能力几乎为零。

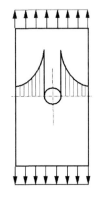

图 7-6 孔洞边的应力集中现象

4. 应力集中的影响

实际的钢构件因为连接、组装等原因需要开设孔洞或改变截面,这样当构件受到拉力、压力时,截面上的应力分布不再均匀,在孔洞和截面突然改变处将产生高峰应力,这种现象称为应力集中,如图 7-6 所示。孔洞边缘越不圆滑,截面改变越突然,应力集中现象越严重。此时尖角处的应力状态会导致构件发生危险的脆性破坏。因此,构件应避开尖锐孔洞或刻槽,截面改变应平缓过渡。

5. 冷加工的影响和钢材的时效硬化

在建筑结构中,常见的冷加工方法有冷拉、冷拔、冷轧、冷扭等,冷加工后的钢材屈服强度、抗拉强度提高,塑性和冲击韧性降低。钢材的这种性质称为冷加工硬化(或冷作硬化)。热轧钢筋或钢板在常温下进行冷加工时,其内部的晶粒组织沿某一界面产生滑移,发生塑性变形,该界面上的晶粒破碎成小晶粒,晶格畸变,滑移面凹凸不平,从而阻碍钢材进一步的塑性变形,这就是经过冷加工以后钢材的抗拉强度提高的原因。

将热轧加工后的钢材在常温下放置,随着时间的增长,其屈服强度、抗拉强度会提高,伸长率、冲击韧性会降低。这种现象称为钢材的时效硬化。一般情况下,这种变化会延续几十年,冷加工过程会加速这一过程。

7.2.5 钢的种类、规格和选用

1. 钢的种类

我国建筑结构用钢主要有碳素结构钢和低合金钢两类。

碳素钢按其化学成分中碳的含量又分为低碳钢($C \leqslant 0.25\%$)、中碳钢($0.25\% < C \leqslant 0.6\%$)、高碳钢($C > 0.6\%$)。碳的含量越高,强度就越高,但其塑性、韧性和可焊性却显著降低。用于建筑结构的碳素结构钢为低碳钢,碳含量 $C \leqslant 0.22\%$。碳素结构钢按其屈服强度分为五个牌号,在建筑结构中广泛应用的碳素结构钢的牌号为 Q235,其意义为:"Q"代表钢材屈服强度,"235"为钢材屈服强度数值,单位是 MPa。依据质量等级及杂质含量,Q235 又分为 A、B、C、D 四个等级,质量等级 A 最低,D 最高,它们在性能指标(屈服点、抗拉强度、伸长率、冲击韧性、冷弯性能)、化学成分(碳、硅、锰、硫、磷)的保证项目上有不同的要求。碳素结构钢钢号中还用 F、b、Z、TZ 分别表示沸腾钢、半镇静钢、镇静钢和特殊镇静钢。按国家标准规定,Z 和 TZ 可以省略不标。例如:

Q235A·F——屈服强度为 235 MPa,A 级,沸腾钢;

Q235B·b——屈服强度为 235 MPa,B 级,半镇静钢;

Q235C——屈服强度为 235 MPa,C 级,镇静钢(C 级只有镇静钢);

Q235D——屈服强度为 235 MPa,D 级,特殊镇静钢(D 级只有特殊镇静钢)。

低合金高强度结构钢是在钢中加入适量的合金元素,如锰、钒、硅等,使其晶粒变细、均匀,从而提高了钢的强度而又不降低其塑性及冲击韧性。低合金高强度结构钢的钢号表示方法与碳素结构钢相同。Q345、Q390、Q420 是钢结构设计规范推荐采用的钢种,它们分五个等级,A、B 级属于镇静钢,C、D、E 级属于特殊镇静钢。

2. 钢的规格

钢结构构件所用型材主要有热轧型钢和冷弯薄壁型钢两大类。

(1) 热轧型钢

常用的热轧型钢有工字钢、H 型钢、T 型钢、槽钢、角钢和热轧成型的钢板、圆钢、热轧无缝钢管等,如图 7-7(a)所示。

工字钢分普通、轻型和宽翼缘三种类型,其区别在于型钢截面的高宽比以及翼缘、腹板厚度的不同。宽翼缘工字钢一般称为 H 型钢。其表示方法如下。

I50a——普通工字钢,截面高度为 500 mm,腹板厚度为 a 类(较 b、c 类薄)。

HL100×50——热轧轻型 H 型钢,高为 100 mm,宽为 50 mm。

HW350×350——热轧宽翼缘 H 型钢,高为 350 mm,宽为 350 mm。

HM350×250——热轧中等宽度翼缘 H 型钢,高为 350 mm,宽为 250 mm。

(a)   (b)

图 7-7 钢型材

(a)热轧型钢;(b)冷弯薄壁型钢

HN350×175——热轧窄翼缘 H 型钢,高为 350 mm,宽为 175 mm。

T 型钢也分宽翼缘、中等宽度翼缘、窄翼缘三种类型,其表示方法如下。

TW200×400——宽翼缘 T 型钢,高 200 mm,宽 400 mm。

TM200×300——中等宽度翼缘 T 型钢,高 200 mm,宽 300 mm。

TN200×200——窄翼缘 T 型钢,高 200 mm,宽 200 mm。

槽钢与普通工字钢的分类相近,同一钢号中分 a、b、c 三种类型,其翼缘宽、腹板厚有所不同。其表示方法如下。

[36a——热轧普通槽钢,高 360 mm,宽 96 mm,腹板厚度 9 mm。

[36b——热轧普通槽钢,高 360 mm,宽 98 mm,腹板厚度 11 mm。

[36c——热轧普通槽钢,高 360 mm,宽 100 mm,腹板厚度 13 mm。

角钢分等边、不等边两种。其表示方法如下。

∟100×10——等边角钢,肢宽 100 mm,厚 10 mm。

∟100×80×10——不等边角钢,长肢宽 100 mm,短肢宽 80 mm,厚 10 mm。

钢板表示方法如下。

—12×800×2100——钢板厚度 2 mm,宽度 800 mm,长度 2 100 mm。

钢管有热轧无缝钢管和钢板焊接而成的电焊钢管两种。其表示方法如下。

ϕ95×5——钢管外径 95 mm,厚 5 mm。

(2) 冷弯薄壁型钢

建筑结构中常用的冷弯薄壁型钢是由薄钢板(厚 1.5～6 mm)经冷弯或模压而成的。截面形式有:角钢、槽钢、Z 形钢、帽形钢、钢管等,如图 7-7(b)所示。还有广泛用于墙面和屋面材料的彩色压型钢板(厚 0.4～2 mm)。冷弯薄壁型钢厚度小,制成的构件截面开展大、惯性矩大,是高效能型材,在轻型房屋建筑中可以用作梁构件、柱构件、墙架、檩条等。

3. 钢的选用

规范规定:为了保证承重结构的承载能力和防止在一定条件下出现脆性破坏,应根据结构的重要性、荷载特征、结构形式、应力状态、连接方法、钢材厚度、工作环境等因素综合考虑,选用合适的钢材牌号和材料。

钢材的选用应综合考虑安全承载和经济适用。钢材的质量等级越高,成本越高,价格越高。应依据国家规范和结构特点选择适宜的钢材品种。

焊接承重结构采用的钢材应具有抗拉强度、伸长率、屈服强度和硫、磷含量的合格保证,对焊接结构尚应具有碳含量的合格保证。焊接承重结构以及重要的非承重结构采用的钢材还应具有冷弯试验的合格保证。

对于需要验算疲劳的结构,所用钢材应依据结构所处环境条件,分别具有常温、0℃、−20℃、−40℃下冲击韧性的合格保证。下列情况的承重结构和构件不应采用Q235 沸腾钢。

(1) 焊接结构

① 直接承受动力荷载或振动荷载且需要验算疲劳的结构。

② 工作温度低于−20℃时的直接承受动力荷载或振动荷载但可不验算疲劳的结构,以及承受静力荷载的受弯及受拉的重要承重结构。

③ 工作温度等于或低于−30℃的所有承重结构。

(2) 非焊接结构

工作温度等于或低于−20℃的直接承受动力荷载且需要验算疲劳的结构。

对于抗震设防的钢结构用材,《抗震规范》规定:钢材的强屈比不应小于 1.2,伸长率应大于 20%,钢材应有良好的可焊性和合格的冲击韧性。

7.3　钢结构的计算方法

遵照《建筑结构可靠度设计统一标准》(GB 50068—2001),钢结构的计算与其他结构形式一样,采用的是以概率理论为基础的极限状态设计方法,但钢结构的疲劳计算,因各影响因素有待进一步研究、统计和分析,目前仍采用传统的容许应力设计法。

钢承重结构或构件应进行承载能力极限状态和正常使用极限状态的计算。

(1) 承载能力极限状态

以应力形式表达的分项系数设计表达式如下:

$$\gamma_0 \left(\gamma_G \sigma_{G_k} + \gamma_{Q_1} \sigma_{Q_{1K}} \sum_{i=2}^{n} \gamma_{Q_i} \psi_{C_i} \sigma_{Q_{iK}} \right) \leqslant f \tag{7.3}$$

$$f = \frac{f_y}{\gamma_R} \tag{7.4}$$

式中:f_y——钢材料的强度标准值;

　f——钢结构构件和连接的强度设计值;

　γ_R——抗力分项系数,Q235 取 1.087,Q345、Q390、Q420 取 1.111 。

其他符号与前述结构的相应计算式相同。

(2) 正常使用极限状态

钢结构的正常使用极限状态一般只考虑荷载的标准组合,荷载取用标准值计算,其表达式如下:

$$\nu \leqslant [\nu] \tag{7.5}$$

式中:ν——荷载的标准值在结构或构件中产生的变形值;

[ν]——规范规定的结构或构件的容许变形值。

7.4 基本构件计算

7.4.1 轴心受力构件

1. 轴心受力构件的应用及截面形式

在钢建筑中,屋架、塔架、网架、双层网壳及支撑系统中的杆件,两端铰接的工作平台柱,通常均为轴心受力的压杆或拉杆。轴心受力构件依构件的用途、荷载、长度等不同,应采用不同的截面形式。其截面可分为实腹式和格构式,如图 7-8 所示。格构式柱的柱肢由缀材连接,缀材一般为角钢。

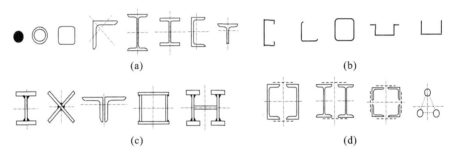

图 7-8　轴心受压构件的截面形式
(a)热轧型钢截面;(b)冷弯薄壁型钢截面;(c)实腹式组合截面;(d)格构式组合截面

轴心受力构件的承载力由强度承载力、稳定承载力、刚度控制,所以轴心受力构件的截面形式一般应考虑下列因素。

① 截面面积应满足所受荷载的强度要求。

② 截面宜开展,壁厚应满足构件的稳定承载力及刚度要求。

③ 截面形式应方便与其他构件连接。

④ 制作成本低。

2. 轴心受力构件的破坏形式

轴心受拉构件的破坏是指钢材屈服后产生很大变形直至被拉断,属于强度破坏。轴心受压构件的整体破坏形式要复杂一些,如图 7-9 所示。可能发生的情况有如下几种。

① 强度破坏。构件长细比较小(短粗)或某截面有较多孔洞削弱时发生。

② 整体失稳破坏。构件长细比较大时,在荷载作用下构件由直变弯(或截面发生扭转);随荷载的增大,变形加大,最后发生整体失稳破坏。

③ 局部失稳破坏。当组成构件的板件较薄时,板件在均布压力作用下首先发生屈曲,从而导致构件提前丧失整体稳定承载力。

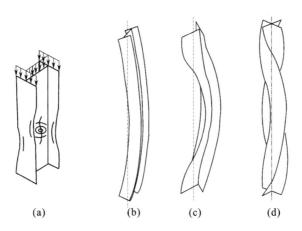

图 7-9　轴心受压构件的稳定

(a)局部失稳;(b)弯曲失稳;(c)弯扭失稳;(d)扭转失稳

3. 轴心受拉构件的计算

(1) 强度计算

轴心受拉构件的强度计算是以构件净截面的平均应力不超过钢材的强度设计值为承载力的极限状态。其计算公式为

$$\sigma = \frac{N}{A_n} \leqslant f \tag{7.6}$$

式中:N——轴心拉力的设计值;

　　A_n——构件的净截面面积;

　　f——钢材的抗拉强度设计值。

(2) 刚度计算

按正常使用状态的要求,轴心受拉、受压构件均应具有一定的刚度,以保证构件在使用、运输、安装过程中不会发生过大的挠度、颤动和变形。对轴心受拉构件的刚度,规范规定限制其长细比以满足使用要求,即

$$\lambda \leqslant [\lambda] \tag{7.7}$$

式中:λ——构件两主轴方向的长细比较大值,$\lambda = \dfrac{l_0}{i}$;

　　$[\lambda]$——规范规定的轴心受拉构件的容许长细比。

4. 实腹式轴心受压构件的计算

(1) 强度计算

轴心受压构件的强度计算准则、计算公式与轴心受拉构件相同。

(2) 整体稳定计算

规范规定的轴心受压构件的整体稳定承载力计算公式为

$$\frac{N}{\varphi A} \leqslant f \tag{7.8}$$

式中：N——轴心拉力的设计值；

     φ——轴心受压构件的稳定系数；

     A——构件的毛截面面积；

     f——钢材的受压强度设计值。

轴心受压构件的稳定系数 φ 依据构件的长细比、钢材的屈服强度和截面的分类（与截面形式、构造及加工方法有关）查规范附表。

（3）局部稳定计算

构件的板件稳定计算一般称为局部稳定计算。以工字形截面为例，如图 7-10 所示，为保证板件在荷载作用下不首先屈曲，影响构件的整体稳定承载力，规范规定其板件的宽厚比应满足以下要求。

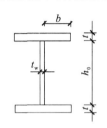

图 7-10　板件的尺寸

翼缘板：

$$\frac{b}{t} \leqslant (10 + 0.1\lambda)\sqrt{\frac{235}{f_y}} \qquad (7.9)$$

腹板：

$$\frac{h_0}{t_w} \leqslant (25 + 0.5\lambda)\sqrt{\frac{235}{f_y}} \qquad (7.10)$$

式中：f_y——钢材的受压强度标准值。

（4）刚度计算

轴心受压构件的计算公式同轴心受拉构件，但规范规定的轴心受压构件的容许长细比值要小得多。

【例 7-1】　如图 7-11 所示，某轴心受压柱的截面为焊接工字形。承受轴心压力设计值为 $N = 1\,350\ \text{kN}$（静荷载），钢材为 Q235B，截面无孔洞削弱。试验算该柱是否满足要求。

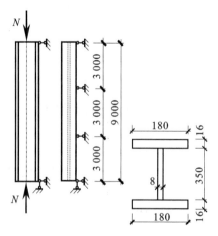

图 7-11　例 7-1 图

【解】 （1）计算构件的截面几何特征值

$$A = (350 \times 8 + 2 \times 180 \times 16) \text{ mm}^2 = 8\,560 \text{ mm}^2 = 85.6 \text{ cm}^2$$

$$I_x = \frac{18 \times 38.2^3}{12} - \frac{17.2 \times 35^3}{12} \text{ cm}^4 = 22\,160 \text{ cm}^4$$

$$I_y = \frac{2 \times 1.6 \times 18^3}{12} \text{ cm}^4 = 1\,555 \text{ cm}^4$$

$$i_x = \sqrt{\frac{I_x}{A}} = \sqrt{\frac{22\,160}{85.6}} \text{ cm} = 16.1 \text{ cm}$$

$$i_y = \sqrt{\frac{1\,555}{85.6}} \text{ cm} = 4.26 \text{ cm}$$

（2）构件刚度验算

$$\lambda_x = \frac{l_{0x}}{i_x} = \frac{900}{16.1} = 55.9 < [\lambda] = 150$$

$$\lambda_y = \frac{l_{0y}}{i_y} = \frac{300}{4.26} = 70.4 < [\lambda] = 150$$

由于该柱截面无孔洞削弱，不需进行强度验算。

（3）构件整体稳定承载力验算

该截面对 x、y 轴均属 b 类截面，由于 $\lambda_x < \lambda_y$，该柱整体稳定承载力由 y 方向承载力决定。查规范得 $\varphi_{\min} = \varphi_y = 0.748$。

$$\frac{N}{\varphi_{\min} A} = \frac{1\,350 \times 10^3}{0.748 \times 85.6 \times 10^2} \text{ MPa} = 211 \text{ MPa} < f = 215 \text{ MPa}$$

（4）构件局部稳定验算

$$\frac{h_0}{t_w} = \frac{350}{8} = 43.8 < (25 + 0.5 \times 70.4)\sqrt{\frac{235}{235}} = 60.2$$

$$\frac{b}{t} = \frac{180 - 8}{2 \times 16} = 5.4 < (10 + 0.1 \times 70.4)\sqrt{\frac{235}{235}} = 17.0$$

该构件满足要求。

7.4.2 受弯构件（梁）

1. 受弯构件的应用及截面形式

受弯构件通常称为梁。梁主要承受垂直于梁纵轴的横向荷载。梁的应用很广泛，如吊车梁、楼盖梁、墙梁、工作平台梁、屋面檩条等；还有桁架梁，如屋架，属格构式梁。在这里只讨论实腹式梁。

梁截面形式与轴心受压柱构件截面形式相似，如图 7-12 所示，可以是型钢或焊接组合截面。梁截面与轴心受压柱截面区别在于：梁截面一般高而窄，以便具有较大的截面抗弯刚度 EI_x（E：钢材弹性模量，I_x：截面对 x 轴的惯性矩）；而柱构件一般截面高、宽相近，使截面对 x 轴和对 y 轴的抗弯刚度尽量相等，即 $EI_x \approx EI_y$，使柱构件在两个方向的整体稳定承载力相当。

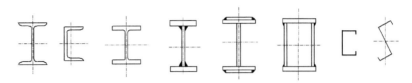

图 7-12　梁的类型

2. 受弯构件的破坏形式

两端铰支受均布荷载的工字形截面梁，其弯矩和剪力的分布情况，如图 7-13 所示。随着荷载的增大，梁承载能力极限状态下的破坏形式一般有以下三种。

① 强度破坏。在弯矩最大的跨中截面出现塑性铰，即截面上的应力值达到 f_y，不能继续承载，构件破坏。

② 整体失稳破坏。如梁跨度很大，上翼缘又无侧向支撑，随荷载的不断增大，梁的上翼缘在压应力的作用下将偏离原平面位置，产生弯扭变形，最后导致梁整体失稳破坏，如图 7-14 所示。此时梁截面的弯曲应力和剪应力的分布如图 7-15 所示。

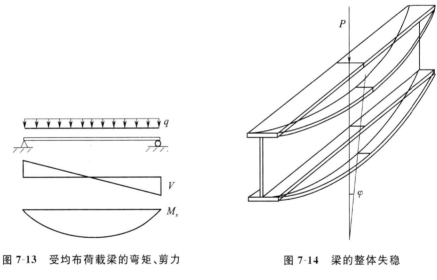

图 7-13　受均布荷载梁的弯矩、剪力

图 7-14　梁的整体失稳

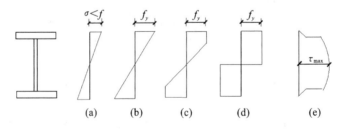

图 7-15　梁截面的弯曲应力、剪应力

③ 局部失稳破坏。因梁的翼缘或腹板的板件过薄,在压应力的作用下发生了局部屈曲,削弱了梁的刚度、强度及整体稳定承载力,导致构件破坏。

3. 梁的强度和刚度

(1) 梁的强度

梁的强度包括抗弯强度、抗剪强度、局部承压强度、折算应力。如果梁的局部承压强度不满足要求,则一般在固定集中荷载处,采用支承加劲肋来解决,此处不作介绍。

① 抗弯强度。

梁抗弯强度的计算公式与材料力学基本相同,两者不同之处在于应适当考虑截面塑性发展以节省钢材。在弯矩 M_x 作用下,其强度按下式计算:

$$\frac{M_x}{\gamma_x W_{nx}} \leqslant f \tag{7.11}$$

式中:γ_x——截面 x 轴塑性发展系数,按规范取值。

梁的抗弯强度不满足时,增大梁的高度最有效。

② 抗剪强度。

梁同时承受弯矩和剪力共同作用,截面上的最大剪应力发生在腹板中性轴处。在主平面受弯的实腹构件,其抗剪强度应按下式计算:

$$\tau_{\max} = \frac{VS}{It_w} \leqslant f_v \tag{7.12}$$

梁的抗剪强度不足时,有效的办法是增大腹板的面积,但腹板高度 h_0 按一般梁的刚度条件和构造要求确定。因此,设计时常通过加大腹板厚度来提高其抗剪承载能力。

③ 折算应力。

腹板计算高度边缘处,同时受有较大的正应力、剪应力时,应按下式验算该处的折算应力:

$$\sqrt{\sigma_1^2 + 3\tau_1^2} \leqslant 1.1f \tag{7.13}$$

式中:σ_1——腹板计算高度边缘的弯曲正应力;

　　τ_1——该处剪应力。

(2) 梁的刚度

梁的刚度验算即为梁的挠度验算。梁的刚度不足,构件将会产生较大变形,影响正常使用。如楼盖梁的挠度超过正常使用的某一限值时,给人们一种不舒服和不安全的感觉,同时可能使其上部的楼面及下部的抹灰开裂,影响结构的功能。吊车梁挠度过大,会加剧吊车运行时的冲击和振动,甚至使吊车运行困难。

梁的刚度按下式验算:

$$\upsilon \leqslant [\upsilon] \tag{7.14}$$

式中:υ——荷载标准值(不考虑荷载分项系数和动力系数)产生的最大挠度;

　　$[\upsilon]$——梁的容许挠度,根据规范确定。

【例 7-2】 如图 7-16 所示某悬臂梁,承受均布静力荷载作用,均布荷载设计值 $q=55$ N/mm。钢材采用 Q235B,截面塑性发展系数 $\gamma_x=1.05$,截面无削弱,计算时忽略自重。试验算此梁的强度是否满足要求。

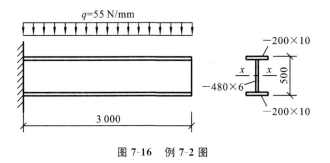

图 7-16 例 7-2 图

【解】 (1)求梁最大弯矩和剪力

该悬臂梁最大弯矩和剪力均出现在支座处。需验算翼缘和腹板相交处的折算应力。

$$M_{\max} = \frac{1}{2}ql^2 = \frac{1}{2} \times 55 \times 3^2 \text{ kN} \cdot \text{m} = 247.5 \text{ kN} \cdot \text{m}$$

$$V_{\max} = ql = 55 \times 3 \text{ kN} = 165 \text{ kN}$$

(2)计算截面几何特性值

$$I_x = 2.95 \times 10^8 \text{ mm}^4$$
$$W_x = 1.18 \times 10^6 \text{ mm}^3$$
$$W_{1x} = 1.23 \times 10^6 \text{ mm}^3$$
$$S_x = 6.63 \times 10^5 \text{ mm}^3$$
$$S_{1x} = 4.9 \times 10^5 \text{ mm}^3$$

(3)最大正应力验算

$$\sigma_{\max} = \frac{M_{\max}}{\gamma_x \cdot W_x} = \frac{247.5 \times 10^6}{1.05 \times 1.18 \times 10^6} \text{ MPa} = 199.76 \text{ MPa} < f = 215 \text{ MPa}$$

(4)最大剪应力验算

$$\tau_{\max} = \frac{V_{\max} \cdot s}{I_x \cdot t_w} = \frac{165 \times 10^3 \times 6.63 \times 10^5}{2.95 \times 10^8 \times 6} \text{ MPa} = 61.81 \text{ MPa} < f_v = 125 \text{ MPa}$$

(5)折算应力验算

$$\sigma_1 = \frac{M_{\max}}{W_{1x}} = \frac{247.5 \times 10^6}{1.23 \times 10^6} \text{ MPa} = 201.22 \text{ MPa}$$

$$\tau_1 = \frac{V_{\max} \cdot s_1}{I_x \cdot t_w} = \frac{165 \times 10^3 \times 4.9 \times 10^5}{2.95 \times 10^8 \times 6} \text{ MPa} = 45.68 \text{ MPa}$$

$$\sqrt{\sigma_1^2 + 3\tau_1^2} = \sqrt{201.22^2 + 3 \times 45.68^2} \text{ MPa} = 216.22 \text{ MPa} < 1.1 \times 215 = 236.6 \text{ MPa}$$

因此,该梁强度满足要求。

4. 梁整体稳定的保证

梁的整体稳定承载力与许多因素有关,如跨度、荷载形式及作用位置等。梁的工作状态大多能保证其整体稳定,如梁上有刚性铺板(各种钢筋混凝土板和钢板)与其牢固连接,能够阻止梁上翼缘的侧向位移。另外,当梁上翼缘有侧向支撑(如有次梁与其相连)且侧向支撑的间距与梁上翼缘的宽度之比满足规范的要求时,也可保证梁的整体稳定。否则应按下式验算梁的整体稳定承载力:

$$\frac{M_x}{\varphi_b W_x} \leqslant f \tag{7.15}$$

式中:M_x——梁绕强轴作用的最大弯矩;

　　　φ_b——梁的整体稳定系数(按规范规定计算,其值$\leqslant 1$);

　　　W_x——按受压纤维确定的毛截面模量。

5. 梁局部稳定的保证

普通钢结构中的型钢梁板件的宽厚比能满足局部稳定要求,不需验算。对于一般的焊接组合梁为了保证板件的屈曲不先于梁整体破坏发生,可采取如下措施。

① 对翼缘板可通过限制其板件的宽厚比,即梁的受压翼缘自由外伸宽度 b 与其厚度 t 之比应满足

$$\frac{b}{t} \leqslant 15\sqrt{\frac{235}{f_y}} \tag{7.16}$$

② 对腹板如采用增加其厚度的方法将会大大增加用钢量,也会使梁的自重增加,因此通常采用配置加劲肋的方法,如图 7-17 所示。

纵向加劲肋设置在梁腹板的受压区,位置在梁腹板高度的 $1/5\sim1/4$ 处,横向加劲肋的设置应依腹板的高厚比、梁截面内力分布情况等计算确定。

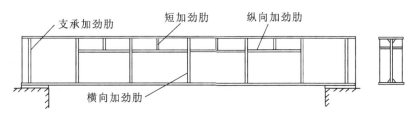

图 7-17　梁的腹板加劲肋

7.5　钢结构的连接

钢结构的连接方法目前主要有焊缝连接和螺栓连接,螺栓连接又分为普通螺栓连接和高强度螺栓连接。

7.5.1　焊缝连接

1. 焊接方法及焊接材料

在工厂里钢结构(构件)制作多为自动(或半自动)埋弧焊,构件的工地拼装多为

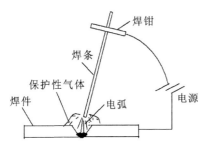

图 7-18　手工电弧焊原理

手工电弧焊、气体保护焊。手工电弧焊原理如图 7-18 所示。图中电焊机的两极一端连于焊件,一端连于焊钳,焊接时用焊条点触焊件,瞬间短路打火,引发高温电弧,使焊条中的焊丝、焊件局部熔化、融合。焊条外包的药皮熔化后形成的气体和熔渣覆盖熔池,起着保护的作用,使熔融状态的金属与空气隔绝,以免氧、氮等有害气体进入,形成恶化焊缝金属性能的化合物。药皮还可以起到给焊缝金属补充有益合金成分,保证焊缝质量的作用。

气体保护焊的原理与上述相同,只是改焊条为焊丝,药皮改为从焊枪中喷出二氧化碳保护熔池。

工厂中的自动埋弧焊是通电后焊丝和焊剂自动送料,焊缝的走向也由机械自动控制,因电弧埋在焊剂之下,所以称为埋弧焊。半自动埋弧焊与自动埋弧焊的区别为:焊机的移动为人工控制。

三种方法的焊接质量依次为自动埋弧焊、半自动埋弧焊和手工焊。

焊缝金属应与被焊接主体金属相适应,规范规定焊接 Q235 钢的焊条型号为 E43×× 型,焊接 Q345 钢的焊条型号为 E50×× 型,E 代表焊条,43、50 分别代表焊条钢丝的抗拉强度最小值为 43 kgf/mm²(420 MPa)、50 kgf/mm²(540 MPa)。当两种不同强度的钢材相焊接时,采用与较低强度钢材相适应的焊接材料。

2. 焊缝的质量等级、类型、构造及计算原理

（1）焊缝的质量等级

当焊缝存在焊接缺陷,焊脚尺寸不规范及焊缝中有气孔、夹杂等,会使焊缝的受力面积减少,而且缺陷处还易于首先开裂。所以应严格控制焊缝质量。《钢结构工程施工质量验收规范》(GB 50205—2001)将焊缝的质量检验标准分为三级:一级焊缝应进行 100% 的超声波和 X 射线探伤检查,二级焊缝应进行 20% 的超声波和 X 射线探伤检查,三级焊缝只做外观检查。规范对一、二、三级焊缝的外观检查规定了不同的等级要求。

（2）焊缝的类型、构造

工程中常用的两种主要焊缝类型为对接焊缝和角焊缝。对接焊缝又称为坡口焊缝,焊接时为使焊件能够焊透,通常依焊件的厚度不同,将焊件边缘开不同形式的坡口,如图 7-19 所示。焊透的一、二级坡口焊缝的抗拉强度与母材相等,三级焊缝强度只有母材的 85%。施焊时,焊缝的起点与终点质量不容易得到保证,可以采用引弧板,如图 7-20 所示,焊好后再将其割掉。

（3）计算原理

角焊缝的连接示意如图 7-21 所示。工程中常用的是等边的直角角焊缝,以图中

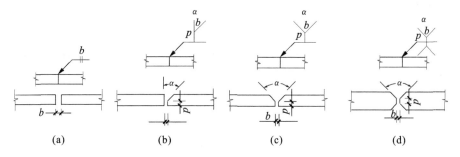

图 7-19　对接坡口焊缝

(a)I形；(b)单边 V 形；(c)V 形；(d)X 形

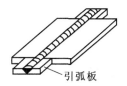

图 7-20　焊接用引弧板

连接为例说明其计算原理。试验时在轴心拉力的作用下，两侧焊缝受力与焊缝轴线方向平行，两侧面角焊缝受剪，剪应力沿焊缝长度非均匀分布，最后均沿 45°斜面受剪破坏。正面角焊缝受力与焊缝轴线方向垂直，应力状态较为复杂。

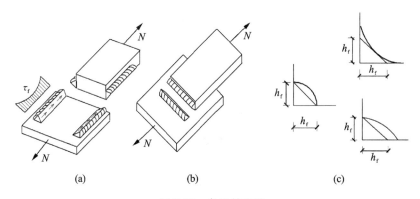

图 7-21　角焊缝连接

(a)侧面角焊缝连接破坏；(b)正面角焊缝连接破坏；(c)角焊缝的焊脚尺寸

　　规范依据众多试验统计值确定了正面角焊缝、侧面角焊缝的抗剪强度设计值，另外，当焊接不用引弧板时，为保证焊缝的实际有效长度，规定每条焊缝的实际长度等于计算值加上 2 倍的焊脚尺寸 h_f，则受轴心拉力 N 的角焊缝的计算公式如下。

　　正面角焊缝(作用力垂直于焊缝长度方向)

$$\sigma_f = \frac{N}{h_e l_w} \leqslant \beta_f f_f^w \tag{7.17}$$

侧面角焊缝(作用力平行于焊缝长度方向)

$$\tau_f = \frac{N}{h_e l_w} \leqslant f_f^w \qquad (7.18)$$

当焊缝同时受有垂直于焊缝长度方向和平行于焊缝长度方向的力时,则焊缝中应力最大一点的强度条件为

$$\sqrt{\left(\frac{\sigma_f}{\beta_f}\right)^2 + \tau_f^2} \leqslant f_f^w \qquad (7.19)$$

式中:σ_f—— 按焊缝有效截面($h_e l_w$)计算,垂直于焊缝长度方向的应力;

τ_f—— 按焊缝有效截面计算,沿焊缝长度方向的剪应力;

h_e—— 角焊缝的计算厚度,$h_e = 0.7h_f$;

l_w—— 角焊缝的计算长度,对每条焊缝取其实际长度减去 $2h_f$;

f_f^w—— 角焊缝的强度设计值;

β_f—— 正面角焊缝的强度设计值增大系数,对承受静力荷载和间接承受动力荷载的结构,$\beta_f = 1.22$,对直接承受动力荷载的结构,$\beta_f = 1.0$。

【例 7-3】 如图 7-22 所示,该连接承受静力荷载 $F=180$ kN。钢材采用 Q235B,手工焊,焊条为 E43 系列,焊缝的计算长度 $l_w = 240$ mm。试验算该连接中双面角焊缝的承载力是否能满足要求。

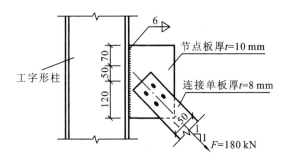

图 7-22 例 7-3 图

【解】 (1)将力 F 向焊缝形心简化得两条角焊缝受力

剪力 $\qquad V = F \cdot \sin 45° = 180 \times \dfrac{\sqrt{2}}{2}$ kN $= 127.28$ kN

轴力 $\qquad N = F \cdot \cos 45° = 180 \times \dfrac{\sqrt{2}}{2}$ kN $= 127.28$ kN

弯矩 $\qquad M = N \cdot e = 127.28 \times 50 \times 10^{-3}$ kN·m $= 6.364$ kN·m

(2)确定危险点

焊缝上端点为危险点。

(3)计算危险点应力

$$\tau_f^v = \frac{V}{h_e l_w} = \frac{127.28 \times 10^3}{2 \times 0.7 \times 6 \times 240} \text{ MPa} = 63.13 \text{ MPa}$$

$$\sigma_f^M = \frac{M}{W_f^w} = \frac{6M}{2 \times 0.7 \times 6 \times 240^2} = \frac{6 \times 6.364 \times 10^6}{2 \times 0.7 \times 6 \times 240^2} \text{ MPa} = 78.92 \text{ MPa}$$

$$\sigma_f^N = \frac{N}{h_e l_w} = \frac{127.28 \times 10^3}{2 \times 0.7 \times 6 \times 240} \text{ MPa} = 63.13 \text{ MPa}$$

（4）验算危险点强度

$$\sqrt{\left(\frac{\sigma_f^M + \sigma_f^N}{\beta_F}\right)^2 + (\tau_f^V)^2} = \sqrt{\left(\frac{78.92 + 63.13}{1.22}\right)^2 + 63.13^2} \text{ MPa} = 132.45 \text{ MPa} < f_f^w$$

所以，该焊缝承载力满足要求。

7.5.2　普通螺栓连接

A、B 级属于精制螺栓（栓、孔公差为 0.18～0.25 mm，A 级与 B 级的区别仅在于栓径、长度不同），材料为 45 号钢和 35 号钢（优质碳素结构钢），加工精确，节点连接传递剪力性能好，变形小，但加工成本高、价格贵，目前在钢结构工程中已被高强度螺栓所替代。普通螺栓分为 A、B、C 三级，C 级属于粗制螺栓（栓、孔公差为 1.0～1.5 mm），通常用 Q235 钢制成，加工成本低，安装操作方便，用于抗剪连接时，依靠栓杆截面抗剪、孔壁承压来承受荷载，空隙较大，受力后板件间发生一定大小的相对滑移，因此只能用于一些不直接承受动力荷载的次要构件，如支撑、檩条、墙梁、小桁架等的连接，以及受拉连接和临时固定。

1. 普通螺栓受剪连接的破坏形式及构造要求

对于承受剪力的连接节点，普通螺栓可能发生以下五种破坏形式（见图 7-23）。①栓杆被剪断，如图 7-23(a)所示；②钢板孔壁挤压破坏，如图 7-23(b)所示；③净截面过小被拉断，如图 7-23(c)所示；④端距过小被冲切剪断，如图 7-23(d)所示；⑤栓杆直径过小，发生过大弯曲变形，如图 7-23(e)所示。

为避免④、⑤种破坏的发生，可以通过构造措施得到保证。通过限制端距（见图 7-24）$\geqslant 2d_0$ 来避免第④种破坏，通过限制连接板叠加厚度 $\sum t \leqslant 5d$ 来避免第⑤种破坏。第①、②、③种情况则应进行计算。

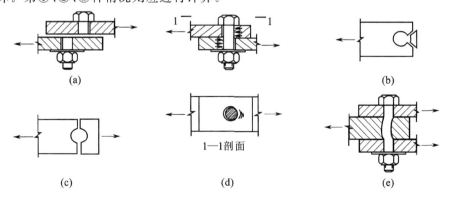

图 7-23　普通螺栓受剪连接的五种破坏形式

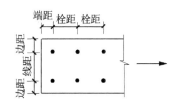

图 7-24　螺栓的排列

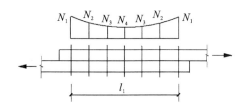

图 7-25　螺栓群的不均匀受剪

当节点的受剪螺栓沿受力方向的连接长度 l_1 过大时,端部螺栓与中间螺栓的受力大小会有较大差别,如图 7-25 所示。实际的螺栓受力状况与计算时假定"承受轴心剪力的螺栓群,螺栓平均承担剪力"相差较远。因此,规范规定,当 $l_1 > 15d_0$ 时,应将螺栓的抗剪承载力乘以折减系数 β, $\beta = 1.1 - l_1/150d_0$。

2. 普通螺栓连接的计算

一个螺栓的抗剪承载力设计值为

$$N_V^b = n_V \frac{\pi d^2}{4} f_V^b \tag{7.20}$$

一个螺栓的承压承载力设计值为

$$N_c^b = d \sum t f_c^b \tag{7.21}$$

一个螺栓的抗拉承载力设计值为

$$N_t^b = \frac{\pi d_e^2}{4} f_t^b \tag{7.22}$$

当一个螺栓螺栓同时承受剪力和拉力时,应满足下式要求

$$\sqrt{\left(\frac{N_V}{N_V^b}\right)^2 + \left(\frac{N_t}{N_t^b}\right)^2} \leqslant 1 \tag{7.23}$$

式中:n_V——一个螺栓的受剪面数[图 7-23(e)中 $n_V = 2$,图 7-23(a)、(b)中 $n_V = 1$];

　　　f_V^b、f_c^b、f_t^b——螺栓的抗剪、承压、抗拉强度设计值,MPa;

　　　d_e——螺栓的有效直径,mm;

　　　N_V、N_t——一个螺栓所受的剪力和拉力。

【例 7-4】 如图 7-26 所示高强螺栓承压型连接,被连接板件厚度均为 12 mm,螺栓为 8.8 级,直径 $d = 24$ mm,有效直径 $d_e = 21.2$ mm,螺栓孔洞直径 $d_0 = 26$ mm。钢材采用 Q235B,静力荷载 $N = 270$ kN。验算该连接强度是否满足要求。

提示:①被连接板件净截面强度满足要求,此题不需验算。②弯矩作用下,螺栓群拉力计算公式:$N_i = \dfrac{My_i}{\sum y_i^2}$,其中 $\sum y_i^2$ 表示螺栓群中所有螺栓到中和轴距离的平方和。③拉剪螺栓的强度条件:$\sqrt{\left(\dfrac{N_V}{N_V^b}\right)^2 + \left(\dfrac{N_t}{N_t^b}\right)^2} \leqslant 1$ 且 $N_V \leqslant \dfrac{N_c^b}{1.2}$。

【解】 (1)螺栓群在偏心力 N 作用下,承受剪力为 $V = N = 270$ kN,弯矩为 $M =$

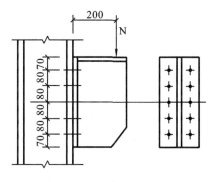

图 7-26 例 7-4 图

$N \cdot e = 270 \times 0.2 \text{ kN} \cdot \text{m} = 54 \text{ kN} \cdot \text{m}$

(2) 危险螺栓判断:最上排螺栓为危险螺栓

(3) 求危险螺栓受力

$$N_{\text{v}} = \frac{V}{n} = \frac{270}{10} \text{ kN} = 27 \text{ kN}$$

$$N_{\text{t}} = \frac{54 \times 10^3 \times 160}{2 \times 2 \times (0^2 + 80^2 + 160^2)} \text{ kN} = 67.5 \text{ kN}$$

(4) 单个螺栓承载力设计值计算

$$N_{\text{v}}^{\text{b}} = n_{\text{v}} \cdot \frac{\pi \cdot d^2}{4} \cdot f_{\text{v}}^{\text{b}} = 1 \times \frac{\pi \times 24^2}{4} \times 250 \text{ N} = 113\,097 \text{ N} = 113.1 \text{ kN}$$

$$N_{\text{c}}^{\text{b}} = d \cdot \sum t \cdot f_{\text{c}}^{\text{b}} = 24 \times 12 \times 400 \text{ N} = 115\,200 \text{ N} = 115.2 \text{ kN}$$

$$N_{\text{t}}^{\text{b}} = \frac{\pi \cdot d_{\text{e}}^2}{4} \cdot f_{\text{t}}^{\text{b}} = \frac{\pi \times 21.2^2}{4} \times 400 \text{ N} = 141\,196 \text{ N} = 141.2 \text{ kN}$$

(5) 危险螺栓强度验算

$$\sqrt{\left(\frac{N_{\text{v}}}{N_{\text{v}}^{\text{b}}}\right)^2 + \left(\frac{N_{\text{t}}}{N_{\text{t}}^{\text{b}}}\right)^2} = \sqrt{\left(\frac{27}{113.1}\right)^2 + \left(\frac{67.5}{115.2}\right)^2} = 0.633 < 1$$

$$N_{\text{v}} = 27 \text{ kN} < \frac{N_{\text{c}}^{\text{b}}}{1.2} = \frac{115.2}{1.2} \text{ kN} = 96 \text{ kN}$$

所以,该螺栓群强度满足要求。

7.5.3 高强度螺栓连接

高强度螺栓连接依计算方法不同分为两类:高强度螺栓摩擦型连接和高强度螺栓承压型连接。目前生产供应的高强度螺栓不区分摩擦型及承压型。

高强度螺栓的材料为优质合金结构钢和优质碳素结构钢。按其材料热处理后的强度等级分为 8.8S 和 10.9S。8.8S 的材料为 40B(优质合金结构钢)、45 号或 35 号钢,其符号意义为小数点前面的数值表示其材料热处理后的最低抗拉强度为 800 MPa,小数点后面的数值表示其材料屈强比为 0.8。10.9S 的材料为 20MnTiB、40B 和

35VB(优质合金结构钢)。其符号意义为材料最低抗拉强度为 1 000 MPa,材料屈强比为 0.9。

1. 高强度螺栓摩擦型连接

高强度螺栓摩擦型连接依靠板件间的摩擦力来承受荷载,如图 7-27 所示。施工时,用特制扳手拧紧螺帽,栓杆中产生很高的预拉力 P,同时在板件接触面间产生较大的正压力,连接节点受荷以后,板件间会有较大的摩擦力与之抗衡。摩擦力与外荷载产生的剪力相等时为连接的承载力极限状态。钢构件连接表面,即摩擦面的处理方法有:喷砂(丸)、喷砂(丸)后涂无机富锌漆、喷砂(丸)后生赤锈、钢丝刷清除浮锈等。摩擦面应保持干燥、整洁,不应有飞边、毛刺、焊疤、污垢等。高强度螺栓摩擦型的孔径较栓杆直径大 1.5~2 mm。高强度螺栓栓杆应能自由穿入螺栓孔。高强度螺栓摩擦型连接的优点为连接紧密、方便安装、技能要求不高。

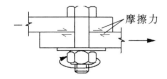

图 7-27 高强螺栓摩擦型连接

高强度螺栓预拉力 P 关系到连接的紧密程度及摩擦型连接的承载力,是一个重要的参数,其计算值为

$$P = \frac{0.9 \times 0.9 \times 0.9}{1.2} f_u A_e \tag{7.24}$$

式中:f_u——螺栓经热处理后的最低抗拉强度;

$\quad\ A_e$——螺纹处的有效面积。

式(7.24)的折减系数分别考虑了材料的不均匀性、补偿松弛而做的工地超张拉、附加安全系数以及栓杆截面内非单纯轴向受拉等不利因素。

一个高强度螺栓摩擦型的受剪承载力设计值 N_v^b 为

$$N_v^b = 0.9 n_f \mu P \tag{7.25}$$

式中:n_f——传力摩擦面的数目(同普通螺栓的受剪面数);

$\quad\ \mu$——摩擦面的抗滑移系数;

$\quad\ P$——一个高强度螺栓的预拉力。

一个高强度螺栓摩擦型的受拉承载力设计值 N_t^b 为

$$N_t^b = 0.8P \tag{7.26}$$

当高强度螺栓摩擦型连接同时承受剪力和拉力时,应满足下式要求

$$\frac{N_v}{N_v^b} + \frac{N_t}{N_t^b} \leqslant 1 \tag{7.27}$$

式中:N_v、N_t——高强度螺栓所受的剪力和拉力。

2. 高强度螺栓承压型连接

高强度螺栓承压型连接是当剪力大于摩擦阻力后,以栓杆被剪断或连接板被挤

坏作为承载力极限状态的。在抗剪连接中，每个高强度螺栓承压型连接的承载力设计值的计算方法与普通螺栓相同。其受拉承载力设计值 N_t^b 与摩擦型的受拉承载力设计值相同。承压型连接的承载力计算值大于高强度螺栓摩擦型连接。因其破坏时变形较大，规范规定：高强度螺栓承压型不应用于直接承受动力荷载的结构。

7.6　钢结构体系

建筑结构体系的分类主要有两种：一种是按主要构件所用的材料分类，如全钢结构、钢-混凝土结构、钢-混凝土组合结构、砌体结构、木结构；另一种是按建筑结构的力学模型分类。以下按第二种分类方法介绍目前广泛应用的几种钢结构体系。

7.6.1　大跨度屋盖结构

按承受荷载后的传力途径的不同，屋盖承重结构体系分为平面结构和空间结构。

梁、拱、平面桁架都属于平面结构，平面结构受荷载作用后产生的内力和变形在一个平面内。

空间结构由平面结构演变而来，所受荷载、由此而产生的内力、变形等均是三维的。主要结构形式有网架、网壳、悬索结构、索网结构、张拉式膜结构的支撑骨架等。下面介绍几种常见的屋盖结构形式。

1. 钢屋架

当梁跨度较大时，采用实腹式构件不经济，可考虑采用桁架形式。桁架是格构式梁构件，应用范围很广泛，如屋盖结构、吊车梁、桥梁、塔架、臂杆等。桁架根据受荷载后的传力途径不同分为平面桁架和空间桁架。屋盖结构中的钢屋架属平面桁架，广泛应用于工业与民用建筑的大跨度屋盖结构，适用跨度为 6~60 m。下面详细介绍屋架的选型、构造等。

（1）屋架的外形及主要尺寸

屋架的外形通常有三角形屋架、梯形屋架、平行弦屋架和拱形屋架，如图 7-28 所示。一般采用三角形屋架和梯形屋架。屋架外形的选用应考虑以下因素。

① 屋面坡度与屋面防水材料相适应。波形石棉瓦防水屋面要求屋面坡度为 $i=1/3~1/2.5$。瓦楞铁屋面要求屋面坡度为 $i≈1/5$，如果坡度太小，容易造成漏水，因此常采用三角形屋架，其跨度一般在 18~24 m。油毡卷材防水屋面要求屋面坡度为 $i≤1/8$，一般采用 $i=1/12~1/10$ 的梯形屋架。压型钢板屋面的坡度可用 $i=1/16~1/8$。梯形钢屋架的常用跨度为 18~36 m，其端部高度一般为跨度的 $1/18~1/10$。

② 屋架外形与受荷载作用后弯矩图相接近。两端铰支的桁架在满跨均布荷载作用下，弯矩图形为抛物线。三角形屋架的外形与抛物线的差别较大，因此屋架端部节间弦杆内力最大，因为屋架弦杆的截面通常不改变，需按最大节间内力选取，会造成浪费。此时选用三角形屋架是不经济的。而梯形屋架外形与抛物线较为接近，弦

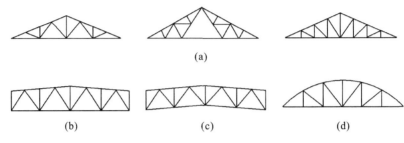

图 7-28　钢屋架的形式

(a)三角形屋架;(b)梯形屋架;(c)平行弦屋架;(d)拱形屋架

杆各节间内力较均匀。

平行弦屋架弦杆的内力不及梯形屋架的均匀,其优点是杆件类型少,腹杆长度统一,节点构造一致,方便施工及构件制作。

此外,屋架的选型还要综合考虑建筑的体形与美观、制作与吊装、运输条件等。

（2）屋架的杆件

普通钢屋架中钢板厚度不应小于 5 mm,杆件截面不应小于 L50×5 或 L56×36×4。当屋架杆件采用钢管时,钢管厚度应大于 3 mm。

① 屋架杆件的内力。

当屋架上弦节点只承受节点荷载时,屋架按铰接桁架计算,即屋架全部杆件是轴心受压或轴心受拉的二力杆,不承受弯矩。其内力可采用图解法、数解法或有限元法计算。

② 屋架腹杆的布置与选择原则。

腹杆的总长度要尽量短,截面类型要少。考虑压杆稳定问题,腹杆的布置应尽量使较长的腹杆受拉,较短的腹杆受压。上弦节间的选取应尽量使荷载作用于屋架的节点上,还要考虑杆件轴线的交角不能小于30°。

③ 屋架杆件的截面形式。

普通钢屋架的杆件通常由角钢拼接而成。屋架上、下弦杆一般采用不等肢角钢的短肢相拼,如图 7-29(a)所示。端部竖杆、斜腹杆的内力较大,平面内、外的计算长度相等,一般采用不等肢角钢的长肢相拼,如图 7-29(b)所示。一般腹杆通常采用等肢角钢相拼,如图 7-29(c)所示。中间腹杆因连接的需要通常采用等边角钢的十字相拼,如图 7-29(d)所示。此外,屋架杆件有时也采用 T 形、管形,或更大截面的 H 型钢和箱形截面杆件,如图 7-29(e)、(f)所示。

（3）屋架的节点

钢屋架节点处一般采用节点板将各杆件相连。杆件与节点板通常采用焊缝连接。节点处各杆件之间按构造要求留有一定的距离,以利施工和焊接,并避免焊缝过分集中,使节点板的焊接残余应力过分集中而导致材质变脆。在满足构造要求的前提下,节点板的尺寸还应尽量紧凑,以保证节点板的刚度和减轻屋架的重量。

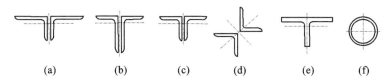

图 7-29 钢屋架杆件的截面形式

钢屋架一般分两个运输单元由工厂运至工地，在工地拼装后再整体吊装就位。屋架跨中上弦拼接节点，如图 7-30(a)所示，将左半桁架、右半桁架，拼接角钢运至现场后，用安装螺栓将拼接角钢、左边弦杆、右边弦杆连接在一起，然后进行焊接。

图 7-30(b)所示为梯形钢屋架的铰支支座节点，图 7-31 为三角形钢屋架的铰支支座节点。支座节点底板所需的净面积按支反力和混凝土抗压强度设计，底板的厚度则由板的抗弯强度、刚度和锚栓等要求控制。锚栓一般用 2 个 M20～M24，底板上开孔如图 7-30(b)所示，其直径取锚栓直径的 2～2.5 倍，方便钢屋架吊装就位。

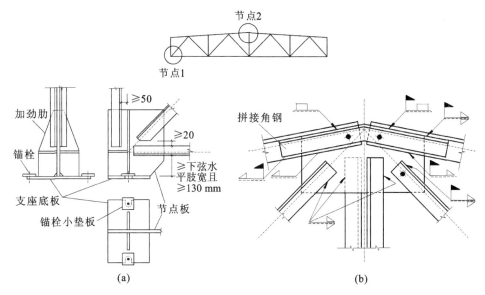

图 7-30 梯形钢屋架节点

(a)节点 1;(b)节点 2

(4) 屋架的支撑系统

如前所述屋架属于平面结构，在其平面内具有较大刚度，但在垂直于其平面的方向(即屋架平面外)的刚度很小。不设支撑体系的屋架在承受山墙等传来的纵向水平力时的变形，如图 7-32 所示。

屋架的支撑系统包括横向支撑(上弦平面内、下弦平面内)、纵向支撑(上弦平面内、下弦平面内)、垂直支撑(屋架端部、屋脊处、天窗架侧柱下部)和系杆，如图 7-33 所示。屋架支撑系统的作用是提高屋盖结构的整体刚度，发挥结构的空间作用，增强

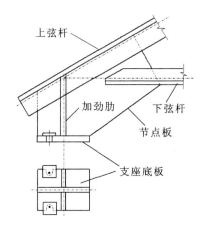

图 7-31 三角形屋架的支座节点

屋架受压上弦杆的稳定性和下弦杆的刚度。在山墙传来纵向水平力的作用下，荷载的传力路线为：端部屋架→横向支撑→系杆（或刚性屋面材料）→有柱间支撑的柱间→基础。

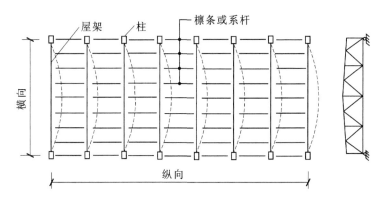

图 7-32 屋架在纵向水平力作用下的变形

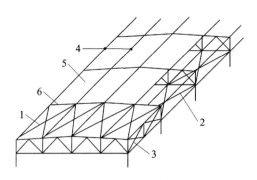

图 7-33 屋盖的支撑系统

1—屋架上弦横向水平支撑；2—下弦纵向水平支撑；3—垂直支撑；4—系杆；5—屋面材料；6—屋架

2. 网架

网架结构是由许多杆件按一定规律连接组成的网状结构,是高次超静定的空间结构,如图 7-34 所示。当承受竖向荷载整体受弯时,网架的上、下弦杆件如同受弯梁的上、下翼缘,以上弦杆受压、下弦杆受拉来抵抗外弯矩。而网架中间的腹杆承担剪力。网架结构有较多优点,如用钢量比桁架等平面结构少、重量轻、施工简便(螺栓球节点)、工期短以及造价低、抗震性能好、刚度大等。网架的适用范围也相当广泛,小至一二十米的雨篷,大至上百米的屋盖都适用。

网架按构成方式可分为交叉平面桁架体系和角锥体系两类。

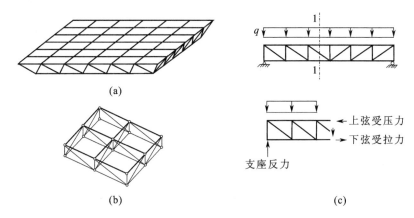

图 7-34　平板网架

(a)平板网架;(b)平板网架交叉平面桁架单元;(c)平面桁架受力示意

(1) 交叉平面桁架体系网架

交叉平面桁架体系依交叉网架的交角及桁架与建筑边缘线平行与否可分为如下三种。

① 两向正交正放网架,如图 7-35(a)所示。网架由相互垂直相交的平面桁架组成,桁架平行或垂直于建筑边缘线。

两向正交正放网架适用于平面为矩形的建筑,此时两个方向的桁架跨度相近,空间作用明显,网架截面内力与双向板相似。

② 两向正交斜放网架,如图 7-35(b)所示。桁架与建筑边缘线的交角通常为45°。

两向正交斜放网架适用于平面为长方形的建筑时,由于短桁架对长桁架的支承作用减小了长桁架跨度,桁架的跨度并不因建筑长边的增加而增大,桁架的最大跨度保持一定值(短边的$\sqrt{2}$倍)。与两向正交正放网架相比有空间刚度大、用钢量省的优点。

③ 三向交叉网架,如图 7-35(c)所示。各平面桁架互成 60°相交。

三向交叉网架适合建筑平面为三角形、六边形及圆形平面的大跨建筑。它比两向相交的网架空间刚度大,但其杆件多,节点构造复杂。

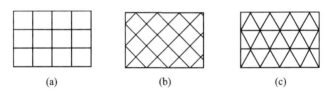

图 7-35 交叉平面桁架体系

(a)两向正交正放网架;(b)两向正交斜放网架;(c)三向交叉网架

(2)角锥体系网架

① 结构形式。

角锥体系的网架种类很多,按基本单元的形状分为四角锥网架、六角锥网架和三角锥网架,如图 7-36 所示。按其组成规则和连接方式不同又分为四角锥网架、抽空四角锥网架、三角锥网架、抽空三角锥网架等,如图 7-37 所示。角锥体系网架比交叉平面桁架体系网架刚度大,受力性能好。

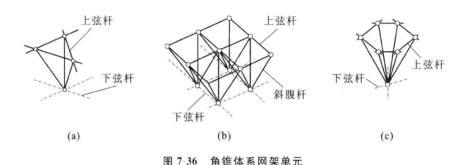

图 7-36 角锥体系网架单元

(a)三角锥网架;(b)四角锥网架;(c)六角锥网架

② 适用条件及受力特点。

三角锥网架上、下弦杆杆长相等,而抽空三角锥网架下弦杆长、上弦杆短,受力更合理,适合于三角形、矩形、六边形和圆形等平面的建筑。

四角锥网架的上、下弦平面均为方形网格,一般用于中、小跨度,平面接近正方形的建筑。斜放四角锥网架上弦压杆短、下弦拉杆长,受力更为合理。

六角锥网架节点处相交杆件较多、构造处理复杂,工程中应用较少。

(3)网架的支撑方式

平板网架是无推力的空间结构,一般简支于支座。网架的支撑方式有周边支撑(网架的周边节点支撑于柱上,根据建筑需要还可设为三边支撑、两边支撑,无支撑的自由边处应设置边梁)、四点支撑、多点支撑等。

(4)网架的杆件截面与节点

网架杆件常用钢管和角钢两种类型。高频电焊钢管一般壁厚在 5 mm 以下,无缝钢管壁厚多在 5 mm 以上。网架节点最常用的是焊接球节点(由钢板模压而成)和螺栓球节点(实心钢球上钻有螺栓孔)。此外,还有板节点、相贯节点和将杆件端部直

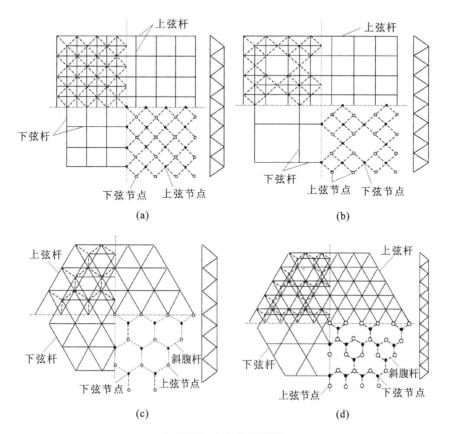

图 7-37 角锥体系网架

(a)四角锥网架;(b)抽空四角锥网架;(c)三角锥网架;(d)抽空三角锥网架

接相连的无节点网架,如图 7-38 所示。

(5) 平板网架的主要尺寸

① 网架的高度。

网架的高度主要取决于网架的跨度和荷载情况。一般网架的高度 h 与网架短向跨度 L 关系如下:

当 $L<30$ m 时,$h=(1/13\sim1/10)L$;

当 $30\ \text{m}\leqslant L\leqslant60\ \text{m}$ 时,$h=(1/15\sim1/12)L$;

当 $L>60$ m 时,$h=(1/18\sim1/14)L$。

② 网格尺寸(上弦)。

网格尺寸的大小主要考虑网架高度(腹杆的合理倾角)、杆件型材、屋面材料和做法、支撑柱网等因素。一般网格尺寸与网架短向跨度 L 的关系如下:

当 $L<30$ m 时,为 $(1/12\sim1/8)L$;

当 $30\ \text{m}\leqslant L\leqslant60\ \text{m}$ 时,为 $(1/14\sim1/11)L$;

当 $L>60$ m 时,为 $(1/18\sim1/13)L$。

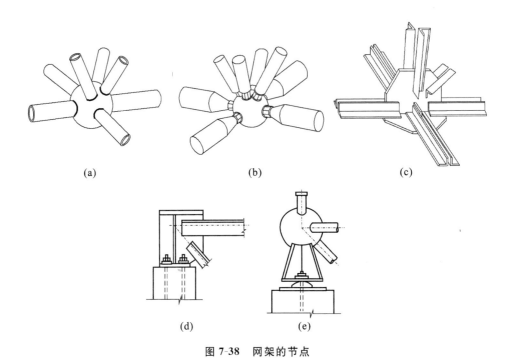

图 7-38 网架的节点

(a)焊接球节点;(b)螺栓球节点;(c)板节点;(d)平板承压支座;(e)弧形承压支座

3. 网壳

网壳结构是源于薄壳并具有网架结构特点的一种空间结构形式。网壳结构是格构式的壳体,在一般荷载下主要处于无弯矩状态,因此它受力合理、刚度大、自重轻、体形美观可变、技术经济指标好,是钢结构大跨度空间结构的一种主要的结构形式。网壳的应用相当广泛,如体育馆、游泳馆、健身房、影剧院、机场候机厅、展览馆、工业厂房等。

网壳既有单层网壳,如图 7-39(a)所示,也有双层网壳,如图 7-39(b)所示。单层网壳面外的抗弯性能较差,用于中、小跨度建筑,应采用刚接节点。双层网壳有较好的稳定性及抗弯性能,可以采用铰接节点。跨度较大时,多采用双层网壳。

网壳依曲面外形分类,有球面网壳、双曲扁网壳、柱面网壳、扭网壳、双曲抛物面网壳等。

① 网壳结构的杆件及材料。

钢网壳杆件常采用普通型钢、薄壁型钢、高频焊管或无缝钢管等截面。网壳结构杆件的材料可以是钢材、铝合金、木材(胶合木)、钢筋混凝土和其他复合材料。

② 网壳结构的支撑条件。

网壳结构在正常使用荷载作用下要求支座提供竖向反力及较大的水平反力,所以应在壳体边界设置边缘构件。例如圆柱面网壳采用的支撑方式为两端部设置横隔,沿两纵边设支座节点支撑。横隔应具有足够的平面内刚度,支座节点应保证抵抗

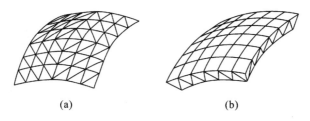

图 7-39 网壳

(a)单层网壳;(b)双层网壳

侧向水平位移的约束条件,如图 7-40 所示。

③ 网壳结构的几何尺寸。

网壳结构依建筑要求确定了跨度 L、矢高 f 后,应合理地选取其相关尺寸以保证足够的刚度及承载力。根据国内、外工程情况给出的参考数据,见表 7-1。

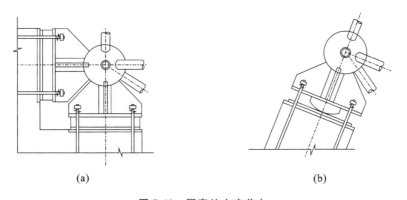

图 7-40 网壳的支座节点

(a)双向板式橡胶支座;(b)弧形铰支座

表 7-1 网壳结构的几何尺寸

壳型	示　意　图	平面尺寸	矢高 f	双层壳厚度 h	单层壳跨度
圆柱面网壳		$B/L<1$	$\dfrac{f}{B}=\dfrac{1}{6}\sim\dfrac{1}{3}$	$\dfrac{h}{B}=\dfrac{1}{50}\sim\dfrac{1}{20}$	$L\leqslant30$ m 纵边落地时 $B\leqslant25$ m
球面网壳			$\dfrac{f}{D}=\dfrac{1}{7}\sim\dfrac{1}{3}$ 周边落地时 $\dfrac{h}{D}<\dfrac{3}{4}$	$\dfrac{h}{D}=\dfrac{1}{60}\sim\dfrac{1}{30}$	$D\leqslant60$ m

续表

壳型	示意图	平面尺寸	矢高 f	双层壳厚度 h	单层壳跨度
双曲扁网壳		$\dfrac{L_1}{L_2} < 1.5$	$\dfrac{f_1}{L_1}$、 $\dfrac{f_2}{L_2} = \dfrac{1}{9} \sim \dfrac{1}{6}$	$\dfrac{h}{L_2} = \dfrac{1}{50} \sim \dfrac{1}{20}$	$L_2 \leqslant 40$ m
四块组合型扭网壳		$\dfrac{L_1}{L_2} < 1.5$ 常用 $L_1 = L_2 = L$	$\dfrac{f_1}{L_1}$、 $\dfrac{f_2}{L_2} = \dfrac{1}{8} \sim \dfrac{1}{4}$	$\dfrac{h}{L_2} = \dfrac{1}{50} \sim \dfrac{1}{20}$	$L_2 \leqslant 50$ m

7.6.2 多层、高层钢结构建筑

多层、高层建筑由于高度和使用功能不同,所受荷载特点也不同。随着高度的增加,水平风力、地震作用将使建筑物承受较大的倾覆力矩。因此,应选择抗震和抗风性能较好而又经济合理的结构体系。常用的多层、高层钢结构体系如下。

1. 纯框架结构体系

纯框架结构体系的承重骨架由梁、柱组成,如图 7-41 所示。框架的梁、柱节点一般为刚接,抵抗水平力的抗侧移体系即为梁、柱组成的框架。纵、横向均为刚接框架形成的空间体系,有一定的空间作用功能。

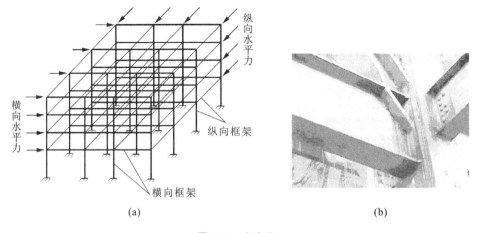

(a)　　　　　　　　　　　　　　　　(b)

图 7-41　钢框架

(a)纵、横框架;(b)梁、柱连接节点

纯框架结构体系的特点:结构刚度比较均匀,构件易于标准化、定型化的工厂化生产,构造简单、易于施工、平面布置灵活。但钢框架的抗侧移刚度较小,在风荷载及水平地震作用下,结构的水平位移较大,适用于不超过 30 层的高层建筑。

2. 框架-支撑体系

框架-支撑体系由框架体系演变而来,即由框架及在部分框架中设置带支撑的支撑框架组成,如图 7-42 所示。框架-支撑体系是双重抗侧力结构体系。支撑框架起着剪力墙的作用,承担大部分水平荷载,框架则承担竖向荷载及小部分水平荷载。遭遇地震时,第一道防线支撑框架遭到破坏后,框架继续承担竖向荷载,保证建筑物不致倒塌,在余震作用下也能保证安全。支撑框架一般沿房屋的两个方向布置,以抵抗两个方向的水平力。框架中梁与柱原则上采用刚接,框架-支撑体系适用于 30~40 层的高层建筑。

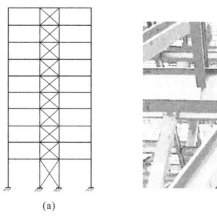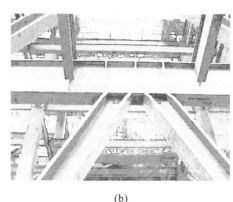

(a)   (b)

图 7-42 框架-支撑体系

(a)框架及支撑;(b)支撑框架节点

3. 简体结构体系

钢结构的简体是由密柱深梁或支撑框架构成的。钢框筒的开洞率一般取 30% 左右,太大则不能发挥立体构件的作用。简体结构抗侧移刚度大,能大大提高建筑物的抗倾覆能力,所以适用于高层、超高层建筑。简体结构按其平面布置又分为以下几种类型。

① 外筒体系。外筒体系的建筑物平面一般为方形、圆形等较规则的平面。外部为密柱深梁构成的简体,梁柱刚性连接,是建筑物的抗侧力结构。内部为梁、柱铰接或刚接相连的结构,柱距可以加大,布置灵活,承担主要的竖向荷载,不承担水平荷载。

1973 年建成的纽约世界贸易中心(World Trade Center)即为外筒内框架结构,北楼高度为 417 m,南楼高度为 415 m,地上 110 层,地下 6 层。外筒地面处柱距为 3.06 m,柱截面宽 0.76 m,第九层处柱距为 1.02 m ,柱截面宽 0.46 m,梁高为 1.32 m。

② 简中简体系。在外简结构的内部布置由梁、柱刚接的支撑框架或由梁、柱铰

接的支撑排架组成的内筒。外筒、内筒协调工作，内筒除承担竖向荷载外，也能承担较大的水平荷载。

北京中国国际贸易中心大厦即为筒中筒结构体系，高度为 153 m，如图 7-43 所示。

③ 成束筒体。成束筒体是由多个筒体并列组合在一起的结构体系。美国芝加哥西尔斯大厦(Sears Building)就是成束筒体结构，由九个高耸入云的方形柱高低错落组成。

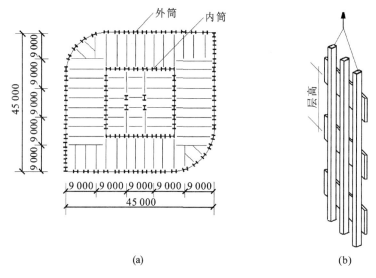

(a)   （b）

图 7-43　筒中筒结构体系

(a)北京中国国际贸易中心大厦结构平面示意；(b)筒体结构的吊装单元

4. 带伸臂桁架的框架-内筒体系

带伸臂桁架的框架-内筒体系是对框架-内筒体系的改进，如图 7-44 所示。

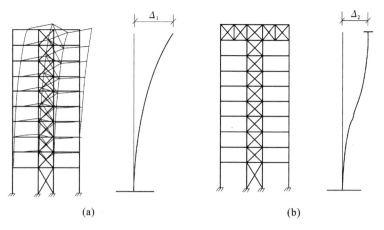

(a)   （b）

图 7-44　带伸臂桁架的框架-内筒体系

(a)框架-内筒体系在水平荷载作用下的变形；(b)带伸臂桁架的框架-内筒体系在水平荷载作用下的变形

设置在建筑物内部的筒体称为内筒。对高层建筑物来说,因与内筒相连的梁刚度较小,周边外框架柱与筒体的协同工作的效果不大,导致筒体构件的内力偏大,侧向刚度不足。

伸臂桁架具有很大的竖向抗弯刚度和剪切刚度,这样就迫使与伸臂桁架相连的外框架参与变形。在水平荷载作用下,一侧外框架柱产生拉力,另一侧外框架柱产生压力,这将减小内筒所承担的倾覆力矩。

7.6.3 单层厂房的横向平面框架及门式刚架结构

1. 单层厂房的横向平面框架结构

厂房横向由柱、屋架(轻屋面或跨度较小时可采用实腹梁)组成一榀横向平面框架,横向平面框架可以是单跨的或多跨的,如图 7-45 所示。柱脚处通常与基础刚性连接,如图 7-45(b)所示,柱上端与屋架可以做成铰接,也可以做成刚性连接。屋面竖向荷载由屋架传给柱,柱再传至基础。吊车竖向荷载则直接由柱传至基础。

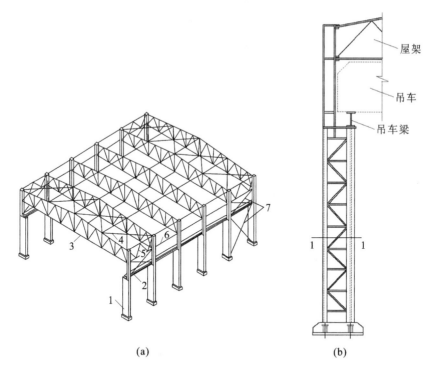

图 7-45 单层钢结构工业厂房

(a)单层工业厂房;(b)格构式厂房柱

1—厂房柱;2—吊车梁;3—钢屋架;4—上弦横向水平支撑;5—垂直支撑;6—系杆;7—柱间支撑

设计时为了简化计算,将整个厂房建筑简化为若干个横向平面框架来分析。横向平面框架平面内的侧向水平力,如风力、水平地震作用、小吊车的水平制动力等,由柱的抗弯刚度来承担。

横向平面框架在其平面外即厂房的纵向刚度很小,需设置屋面和柱间支撑体系,其作用主要有:①保证厂房纵向水平荷载(风力、纵向水平地震力、大吊车的水平制动力等)的承载力;②保证施工安装过程中的稳定性。

厂房所受的纵向水平荷载的传力路径为:山墙→屋架→屋面支撑(在无屋面支撑的跨间依靠屋面板、檩条、刚性系杆)→有柱间支撑的柱→基础。

2. 轻型门式刚架结构

轻型门式刚架按刚架梁、柱的截面类型分为实腹式刚架和格构式刚架。这里介绍的承重结构为单跨或多跨的实腹式门式刚架,一般采用轻型屋盖系统,轻型外维护墙体。

刚架结构在竖向荷载作用下,梁端的弯矩可传给柱子,从而降低了梁跨中弯矩。而在水平荷载作用下,梁的抗弯刚度限制了柱端转角,从而提高了整个刚架的抗侧移刚度,如图 7-46 所示。

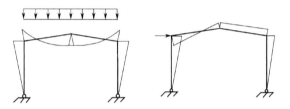

图 7-46 门式刚架在竖向、水平荷载作用下的弯矩

(1) 门式刚架的结构形式

门式刚架的结构形式按跨度分为单跨、双跨(见图 7-47、图 7-48)和多跨。在刚架不高、风荷载不大的情况下,多跨刚架的中间柱与刚架斜梁的连接可以采用铰接,俗称摇摆柱,如图 7-49 所示。否则中柱宜为两端刚接,以增加刚架的侧向刚度。

门式刚架平面外刚度及传力由檩条、墙梁及柱间支撑和屋面支撑来保证。

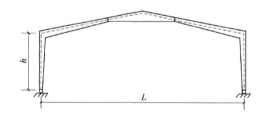

图 7-47 单跨变截面门式刚架

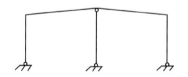

图 7-48 双跨四坡门式刚架

图 7-49 带摇摆柱的两跨双坡门式刚架

　　柱间支撑的间距一般取 30～45 m,最大不超过 60 m 。在设有支撑的柱间应同时设置屋面横向水平支撑,以形成几何不变体系来承受纵向水平荷载的作用。

　　门式刚架的檩条通常选用冷弯薄壁 Z 型钢和 C 型槽钢。

　　(2)门式刚架的建筑尺寸

　　门式刚架的跨度 L 一般为 9～36 m。门式刚架的高度 h 取柱脚底板,即基础顶面至柱轴线与斜梁轴线交点的距离,以 4.5～9 m 为宜。门式刚架的纵向柱距可为 4.5 m 、6 m、7.5 m、9 m、12 m。门式刚架的屋面坡度宜取 1/20～1/8。

　　(3)门式刚架的构件与节点

　　柱脚刚接的门式刚架柱构件、梁构件常采用 H 型钢。梁、柱构件的截面高度一般为跨度 L 的 1/40～1/30。当跨度较大时,刚架横梁截面常依弯矩图形的变化采用变截面构造。柱脚铰接的门式刚架柱构件为实现计算与构造处理相一致,节点处转动灵活,一般为变截面(楔形)柱。

　　门式刚架的柱脚与基础的连接节点通常采用平板式铰接节点和刚接节点,如图 7-50 所示。锚栓一般不考虑水平抗剪能力,但要保证水平荷载作用下的抗拔力要求。柱脚底板的水平剪力由底板与混凝土基础之间的摩擦力来平衡,或设置抗剪件。

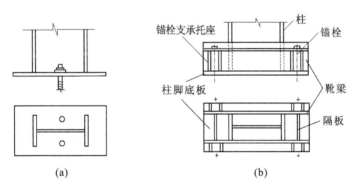

图 7-50　门式刚架柱脚节点

(a)平板式铰接连接节点;(b)刚接连接节点

　　屋脊节点构造如图 7-51 所示。两端斜梁在屋脊处各设一块端板,端板与斜梁采用焊缝连接,在工地用高强度螺栓连接两端板。梁柱连接节点如图 7-52 所示。

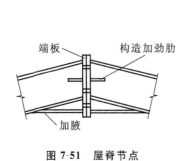

图 7-51　屋脊节点　　　　　　　　　图 7-52　梁柱连接节点

【本章要点】

钢结构与钢筋混凝土结构、木结构、砖石等砌体结构在极限状态设计理论、内力分析等方面大体是相同的,但由于材料性质不同,在许多方面又有其特殊性,例如构件的截面形状、构件在荷载作用下的破坏形式、连接方法及构造处理措施等。学习钢结构对上述问题应给予充分的注意。

① 构件的截面形状:钢材强度高又具有很好的塑性、韧性,因而钢构件截面开展,板件薄,使其具有很好的抗弯刚度和稳定承载力。但另一方面,构件与板件的稳定问题突出,需通过计算其稳定承载力或采取相应的构造措施来保证。另外,钢构件截面应便于构件之间的连接。

② 构件在荷载作用下的破坏形式:净截面的强度破坏(由于打孔等截面削弱而引起)、构件丧失整体稳定承载力(构件因细长,在截面强度破坏之前发生的失稳破坏)、构件板件局部失稳(在构件丧失整体承载力之前,构件板件首先出现凹凸失稳屈曲,从而导致构件承载力的降低)。因钢材具有良好的塑性和韧性,所以钢构件破坏之前会有可察觉的明显变形,称为塑性破坏。作为建筑骨架材料,这是钢材的一大优点。在有反复作用的冲击荷载时,常用钢构件来做承重骨架,因此会导致钢构件疲劳破坏,钢材的疲劳破坏属脆性破坏,裂纹开展速度快,往往没有预兆,很危险。另外,因焊接残余应力的存在及构造、低温等因素,钢构件也会出现脆性破坏,因此钢材的选用应充分注意构件的材料特性、工作环境、温度、荷载性质及构件连接的构造等。

③ 连接方法:对于钢结构构件的连接,最常用的方法有焊接连接、高强度螺栓连接、普通螺栓连接。焊接连接的优点是一般不需要附加连接构件,如连接板、连接角钢等,不需要在构件上打孔,施工方便,并易于自动化操作,生产效率高,且焊接连接的刚度大,材料连续,密闭性好。其缺点是焊接过程中,钢材受到不均匀的温度影响,使构件内部产生焊接残余应力和残余变形,影响结构的承载力、刚度和使用性能。高强度螺栓连接施工安装方便,可以拆卸,高强度螺栓摩擦型连接整体性和刚度好,变形小,受力可靠,耐疲劳。其缺点是在材料、制造和安装工艺方面有特殊的要求,价格较贵。普通螺栓连接适用于工地安装连接、需要装拆的结构连接等临时性的连接,安装方便。缺点是构件连接时需打孔,使构件截面削弱,有时还需借助连接板件,浪费钢材。

【思考和练习】

7-1 钢结构有哪些特点? 为什么大跨度结构、高层或超高层建筑多采用钢结构?

7-2 为什么说钢材为绿色环保建筑材料?

7-3 影响钢材焊接性能的化学元素有哪些?

7-4 什么情况下对钢材有 Z 向性能指标要求?

7-5 在什么情况下要对钢构件或连接进行疲劳强度计算? 影响疲劳强度的因素有哪些?

7-6　钢材有哪几项主要机械性能指标？

7-7　碳、硅、锰、硫、磷对钢的机械性能的影响是怎样的？

7-8　当温度升高或降低时钢材强度的变化是怎样的？

7-9　构造上造成的应力集中的危险性是什么？怎样避免？

7-10　Q235A·F、Q235B·b、Q235C、Q235D各代表什么意义？

7-11　钢承重结构构件应进行哪两种极限状态的计算？

7-12　钢结构的正常使用极限状态一般考虑荷载的哪种组合？荷载取用标准值还是设计值？

7-13　轴心受力构件的截面形式一般应考虑哪些因素？

7-14　轴心受压构件有几种破坏形式？

7-15　轴心受力构件的刚度是怎样保证的？

7-16　轴心受压构件的整体、局部稳定承载力与哪些因素有关？

7-17　梁构件截面形式与柱构件截面形式有何不同之处？原因是什么？

7-18　受弯构件有几种破坏形式？

7-19　梁的整体稳定承载力与哪些因素有关？梁的局部稳定是怎样保证的？

7-20　钢结构目前主要的连接方法有哪些？

7-21　工程中常用的焊缝形式有几种？

7-22　正面角焊缝、侧面角焊缝受力时的破坏截面在什么位置？其焊脚尺寸是怎样决定的？

7-23　普通螺栓受剪连接时有几种破坏形式？

7-24　螺栓群沿受力方向的连接长度与螺栓群的连接承载力有什么关系？

7-25　一个受剪连接的普通螺栓的受剪面数对其承载力有何影响？

7-26　高强螺栓8.8S、10.9S代表什么意义？

7-27　一个高强螺栓摩擦型的抗剪承载力是怎样确定的？

7-28　钢屋架属平面结构还是属空间结构？其传力路线是怎样的？

7-29　钢屋架的坡度、高度由哪些因素决定？常用的钢屋架杆件截面形式有哪些？

7-30　钢屋架屋面为什么要设置支撑？其支撑体系包括哪几部分？各自的作用是什么？

7-31　钢网架属平面结构还是属空间结构？其传力路线是怎样的？

7-32　常用的网架结构形式有哪两大类？

7-33　常用交叉平面桁架体系钢网架的交角是多少？其与建筑平面形状的关系是怎样的？

7-34　交叉平面桁架体系钢网架的支撑方式有几种？

7-35　常用的角锥类体系钢网架的基本单元有几种？各自的特点是什么？

7-36　平板网架的主要尺寸依据哪些因素确定？

7-37　钢网壳结构对支撑条件的要求与平板钢网架结构相比有什么不同?

7-38　横向平面框架结构的单层工业厂房的竖向、横向荷载的传力路线?

7-39　门式刚架平面外的侧向刚度是怎样保证的?

7-40　简述门式刚架的适用跨度及柱距。

7-41　钢结构纯框架体系承受水平及竖向荷载的骨架由哪些构件组成? 其适用高度是多少?

7-42　框架-支撑体系承受水平及竖向荷载的骨架由哪些构件组成? 其适用高度是多少?

7-43　简体结构体系承受水平及竖向荷载的骨架由哪些构件组成? 其适用高度是多少?

7-44　如图 7-53 所示轴心受压构件,两端铰接,截面为工字形,$I_x = 12\ 000\ \text{cm}^4$, $A = 95\ \text{cm}^2$。轴向荷载设计值为 $N = 1\ 500\ \text{kN}$,钢材采用 Q235。试验算该构件绕 x 轴的整体稳定是否满足要求。

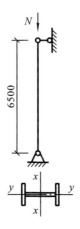

图 7-53　习题 7-44 图

7-45　如图 7-54 所示某简支梁,跨中有一个侧向支承点。该梁采用 I25a 制作, 承受均布弯矩设计值 $M_x = 62.5\ \text{kN} \cdot \text{m}$,钢材采用 Q235B,计算时忽略自重。试验算此梁的整体稳定性能是否满足要求。

提示:梁整体稳定系数 $\varphi_b = 1.07 - \dfrac{\lambda_y^2}{44\ 000} \cdot \dfrac{f_y}{235}$。

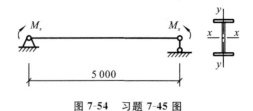

图 7-54　习题 7-45 图

7-46　如图 7-55 所示连接中,焊脚尺寸 $h_f = 8$ mm,钢材为 Q235B 级,焊条为 E43 系列,手工焊,试计算此连接承受静力荷载时的设计承载能力。

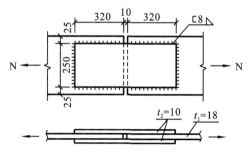

图 7-55　习题 7-46 图

7-47　如图 7-22 所示连接,节点板与连接单板采用 4 个 8.8 级 M16 高强螺栓承压型连接,剪切面不在螺纹处,孔径 $d_0 = 17$ mm,8 mm 厚连接单板垂直于受力方向的宽度为 150 mm,其螺栓孔的端距、边距和间距均满足构造要求。节点板与连接板钢材采用 Q235B。试验算该连接中螺栓承载力是否能够满足要求。

第8章　高层建筑结构

8.1　概述

8.1.1　高层建筑的发展

高层建筑是随着经济发展、科学进步、人类社会繁荣昌盛而产生的。它是一个国家和地区经济繁荣与科技进步的象征,在现代城市中起着很重要的作用。

1. 古代高层建筑

人类在很早以前就能修建高层建筑。古代的高层建筑是为了防御、宗教需要或航海所建造的。其特点是以砖、石、木材为主要建筑材料,不以居住和办公为目的,没有现代化的垂直交通运输设施,缺少防火及防雷等措施。

古代西方高层建筑的主要形式是用石、砖砌成的神庙、殿堂等,而古代中国主要的高层建筑是塔,即木塔、石塔、砖塔、铜塔、铁塔等。

例如:古罗马时期,罗马城已建有 10 层高的砖石建筑;

公元前 280 年,埃及亚历山大港灯塔,为高 150 m 的石结构;

公元 338 年,巴比伦城巴贝尔塔,高 90 m;

公元 523 年,河南省登封嵩岳寺塔,密檐砖塔;

公元 1049 年,河南省开封国寺塔,现存最早的玻璃饰面砖塔;

公元 1055 年,河北省定县开元寺塔,高 84 m,平面为八角形,是中国现有最高筒结构砖塔(见图 8-1)。

图 8-1　开元寺塔

古代高层建筑虽然形式单一,发展缓慢,但为近代和现代高层建筑的发展奠定了基础。

2. 高层建筑的形成期和发展时期

欧洲工业革命后,随着经济的发展,城市人口日益集中,城市用地渐渐紧张,城市建造高层建筑成为一种社会需求。19 世纪后钢铁产量大增,钢材在建筑上的应用使得建筑有可能向着高层和大跨度方向发展。这一时期,材料、结构及设备上的发展与进步为高层建筑的形成提供了必要条件。

1851 年电梯系统出现,电力的供应与工程技术的进步促使建筑师设计出越来越高的建筑。建成于 1883 年的美国芝加哥家庭保险公司大厦是世界上第一幢按照现代钢框架结构原理建造的铸铁框架高层建筑(地上 11 层,高 55 m)。它的建成促进了高层建筑的发展。1892 年建成的卡匹托大厦(共 22 层,高 91.5 m),成为 19 世纪芝加哥的最高建筑。芝加哥高层建筑的出现,是 19 世纪建筑的转折,也是 20 世纪摩天大楼的萌芽,是人类科技史的一大进步。随着钢结构设计的改进,混凝土的普遍采用,结构与构造技术逐渐成熟,高层建筑向着更高层数发展。

进入 20 世纪,现代高层建筑从结构的材料和形式上都出现了巨大的变化。下面的例子显示了高层建筑材料的发展:1891 年在美国芝加哥建成了达 16 层的砖石结构摩纳德诺克大楼,首层墙厚达 1.83 m;1903 年建成的世界第一栋钢筋混凝土高层建筑——美国辛辛那提市英格尔斯大楼,共 16 层,总高度达到 64 m;1955 年世界第一栋组合结构大厦——华沙库尔土里·诺基广场 1 号大楼(共 42 层,高度为 241 m)建成;1961 年建成世界第一栋剪力墙结构大楼——美国纽约吉发广场公寓;1971 年建成世界第一栋轻型混凝土材料大楼——美国贝尔大楼(50 层,高度为 218 m)。

高层建筑的最高纪录不断被刷新。1913 年建成的纽约伍尔沃思大楼(地上 52 层,高度为 243.8 m),是当时的最高建筑。1931 年在美国纽约曼哈顿建成的著名的帝国大厦[见图 8-2(a)],采用钢框架结构(地上 102 层,高 381 m),它的建成是世界建筑史上颇为引人瞩目的大事。在建成后的 40 年间,帝国大厦一直保持世界最高建筑的纪录,成为摩天大楼的象征。而后美国又在 1968 至 1974 年间,先后建成了一批超高层建筑。例如,"9·11"事件中被毁的纽约世界贸易大厦(110 层,高417 m)[见图 8-2(b)],芝加哥成束筒钢结构的西尔斯大厦(地上 110 层,高 443 m)[见图 8-2(c)],它们均曾是世界最高建筑。1996 年,马来西亚建成了含夹层 95 层,高 452 m 的钢与钢筋混凝土混合结构的吉隆坡佩重纳斯大厦(双塔)[见图 8-2(d)]。2003 年 11 月,中国台北 101 大厦[见图 8-2(e)]竣工,高 508 m。截至 2007 年,这幢大厦一直为当今世界上最高的高层建筑。吉隆坡双塔和台北 101 大厦的建成说明一个很令人感慨的事实:超高层建筑的建造重心已经从美国转移到亚洲。

据统计,截至 2013 年,世界排名前 10 位的最高摩天大楼,亚洲占了 8 幢。它们是排名第 2 的中国台北 101 大厦和排名第 3 的上海环球金融中心(于 2008 年建成,高 492 m)[见图 8-2(f)];排名第 4 的香港环球贸易广场(于 2012 年建成,高 484 m)[见图 8-2(g)];排名第 7 的紫峰大厦(于 2010 年建成,高 450 m)[见图 8-2(h)];排名第 9 的京基 100(于 2011 年建成,高 441.7 m)[见图 8-2(i)]和排名第 10 的广州国际金融中心(于 2009 年建成,高 440 m)[见图 8-2(j)]。而中国内地及港台地区又在这前 10 名中占了 6 幢。摩天大楼已不仅是西方的神话,它已成为中国与亚洲的重要景观。

新中国成立前我国内地高层建筑很少,仅在上海、天津、广州等少数城市有高层

图 8-2　世界著名高层建筑

(a) 帝国大厦;(b) 纽约世界贸易大厦;(c) 西尔斯大厦;(d) 吉隆坡佩重纳斯大厦;(e) 中国台北 101 大厦;
(f) 上海环球金融中心;(g) 香港环球贸易广场;(h) 紫峰大厦;(i) 京基100;(j) 广州国际金融中心

建筑,且大多数是由外国人设计的。曾经号称"远东第一高楼"的上海国际饭店(地上22 层,高 82.5 m),建于 1934 年,采用了与 20 世纪 20 年代和 30 年代盛行的美国摩天大楼相似的钢框架结构。新中国成立后,在 20 世纪 50 年代和 60 年代里,我国建成了一批高层建筑,其中具有代表性的为 1959 年建成的北京民族饭店(地上 12 层,高47.4 m)、1968 年建成的广州宾馆(地上 27 层,高 88 m)等。20 世纪 70 年代和 80

年代开始,我国摩天大楼迅速发展起来。如广州白云宾馆(33 层,高 112 m)、广州国际大厦(63+4 层,高 199 m)、北京京广大酒店(53+3 层,高 208 m)等,均突破了百米大关。1985 年以前,世界最高的 100 栋高层建筑中,中国内地是 0 栋,而今,2013 年统计表明,世界上 300 m 以上超高层建筑中,前 100 名中有 6 成在中国。上海曾经是中国摩天大楼最集中的地方,浦东新区在短短几年内建成超高层建筑一二百栋,这在世界上也极为罕见。上海不仅高层建筑年年在增多,而且其高度更是年年被刷新。自 1987 年开始,131 m 高的电信大楼和 143 m 高的静安希尔顿宾馆拔地而起;两年后就被 154 m 高的新锦江宾馆所代替。相隔一年,165 m 高的上海商城又成了上海最高的大楼建筑。而后拔起的 202 m 的信息枢纽大厦、238 m 的国际航运大厦、283 m 的明天广场、288 m 的恒隆广场等先后成为上海之最。而 2008 年竣工的上海环球金融中心,高 492 m,共 101 层,当时享有"中国大陆第一高楼"之称。

据 2013 年不完全统计,中国在建中的前十大高层建筑中,有 80% 在 500 m 以上,而位于前三位的建筑均超过 600 m,分别是:深圳平安国际金融大厦(高 646 m,地上 118 层,2014 年竣工)[见图 8-3(a)]、上海中心大厦(高 632 m,2015 年竣工)[见图 8-3(b)]、武汉绿地中心(高 606 m,地上 119 层,预计竣工时间 2017 年)[见图 8-3(c)]。

(a)　　　　　　　　　(b)　　　　　　　　　(c)

图 8-3　中国在建高层建筑

(a) 深圳平安国际金融大厦;(b) 上海中心大厦;(c) 武汉绿地中心

8.1.2　高层建筑定义、分类与耐火等级

1. 高层建筑的划分

(1) 各国高层建筑的分类

什么是高层建筑?目前对此还没有一个统一的严格的定义,各国对高层建筑的划分,主要是根据本国的经济条件和消防设备等情况确定。

德国:总高度在 22 m 以上的建筑物为高层建筑。

美国:总高度在 24.6 m 以上或 7 层以上的建筑物为高层建筑。

日本:总高度在 31 m 以上或 11 层以上的建筑物为高层建筑。

英国:总高度在 24.3 m 以上的建筑物为高层建筑。

比利时:总高度在 25 m 以上的建筑物为高层建筑。

法国:8 层及 8 层以上的住宅建筑物或总高度在 31 m 以上的其他建筑。

我国依据不同的规范具有不同的解释。

现行《高层建筑混凝土结构技术规程》(JGJ 3—2010)规定:10 层及 10 层以上或房屋高度超过 28 m 的住宅建筑以及房屋高度大于 24 m 的其他高层民用建筑混凝土结构民用建筑为高层建筑。现行《高层民用建筑设计防火规范(2005 年版)》(GB 50045—1995)和《高层民用建筑钢结构技术规程》(JGJ 99—1998)中规定:10 层及 10 层以上的居住建筑(包括首层设置商业服务网点的住宅)或建筑高度超过 24 m 的公共建筑为高层建筑。

(2) 联合国高层建筑的分类

联合国国际高层建筑会议将高层建筑按高度分为四类:

第一类:9～16 层(最高 50 m);

第二类:17～25 层(最高 75 m);

第三类:26～40 层(最高 100 m);

第四类:40 层以上(高度在 100 m 以上时,为超高层建筑)。

2. 高层建筑的防火

高层建筑可根据其使用性质、火灾危险性、疏散和补救难度等进行分类(见表 8-1)。

表 8-1　高层建筑分类

名　称	一　类	二　类
居住建筑	高级住宅、19 层及 19 层以上的普通住宅	10 层至 18 层的普通住宅
公共建筑	① 医院 ② 高级旅馆 ③ 建筑高度超过 50 m 或 24 m 以上部分的任一楼层的建筑面积超过 1 000 m² 的商业楼、展览楼、综合楼、电信楼、财贸金融楼 ④ 建筑高度超过 50 m 或 24 m 以上部分的任一楼层的建筑面积超过 1 500 m² 的商住楼 ⑤ 中央级和省级(含计划单列市)广播电视楼 ⑥ 网局级和省级(含计划单列市)电力调度楼 ⑦ 省级(含计划单列市)邮政楼、防灾指挥调度楼 ⑧ 藏书超过 100 万册的图书馆、书库 ⑨ 重要的办公楼、科研楼、档案楼 ⑩ 建筑高度超过 50 m 的教学楼和普通的旅馆、办公楼、科研楼、档案楼等	① 除一类建筑以外的商业楼、展览楼、综合楼、电信楼、财贸金融楼、商住楼、图书馆、书库 ② 省级以下的邮政楼、防灾指挥调度楼、广播电视楼、电力调度楼 ③ 建筑高度不超过 50 m 的教学楼和普通的旅馆、办公楼、科研楼、档案楼等

高层建筑的耐火等级应分为一、二两级,其建筑构件的燃烧性能和耐火极限不应低于表 8-2 的规定。

表 8-2 建筑构件的燃烧性能和耐火极限 (单位:h)

构件名称		耐火等级	
		一级	二级
墙	防火墙	不燃烧体 3.00	不燃烧体 3.00
	承重墙、楼梯间、电梯井和住宅单元之间的墙、住宅分户墙	不燃烧体 2.00	不燃烧体 2.00
	非承重外墙、疏散走道两侧的隔墙	不燃烧体 1.00	不燃烧体 1.00
	房间隔墙	不燃烧体 0.75	不燃烧体 0.50
柱		不燃烧体 3.00	不燃烧体 2.50
梁		不燃烧体 2.00	不燃烧体 1.50
楼板、疏散楼梯、屋顶承重构件		不燃烧体 1.50	不燃烧体 1.00
吊顶		不燃烧体 0.25	不燃烧体 0.25

8.1.3 高层建筑的优缺点

1. 优点

① 高层建筑可节约用地。人类为了生存,除了要控制人口增长之外,还要尽量减少建筑占地,以扩大耕种和绿化用地面积。

② 高层建筑节约城市基础设施的投资。城市改造需要对道路、桥梁及交通,水源、给排水、污水处理,电源及输变电,燃气源及其输配,热源及其输配,邮电、通讯,园林绿化、环境保护、市容卫生,消防等技术性基本设施进行投资。同时还要对文化教育、体育、卫生、住宅、商店等社会性基础设施进行投资。

③ 满足大企业办公楼的需要。智能大楼需要将各种现代化设备容纳于一个大楼内,以便于全体工作人员的配合、联系。这些设备包括电话传真、资料通讯、电话会议、语言信息处理机、个人电子计算机、计算机系统等;还要具备控制、监视等大楼管理自动化功能,以做到智能办公。

④ 高层建筑的地下层是城市的防空避难层。

⑤ 高层建筑是大都市重要的景观。高层建筑在城市景观中起主要作用,且能表现建筑、结构、机械设备、建材和施工技术等最高成果,是国家和地区经济繁荣与科学进步的象征,体现出都市的文化程度和现代化步伐。

2. 高层建筑面临的主要问题

(1)垂直交通问题

垂直交通问题是高层建筑在功能上能否使人群有条不紊地上下并保证安全的关

键,也是在设计中困扰建筑师的一个主要问题。而电梯间和楼梯间在平面中的位置,对结构布置的合理性也起着关键的作用。

(2) 结构设计问题

高层建筑荷载大,水平荷载对高层建筑影响较大,结构计算复杂,涉及选择建筑材料、结构方案、计算理论及辅助计算设备等。

(3) 高层建筑的防火问题

高层建筑非常突出的一个问题是防火安全设计,各专业设计人员应严格遵守高层建筑设计防火规范的规定。

(4) 高层建筑的外观问题

雷同、单调——建筑师需花费更多的脑筋进行探索。

(5) 高层建筑与建筑高度问题

一方面,高层建筑的含义及划分一直存在分歧;另一方面,人们追求更高、再高,世界第一高楼对于开发者和工程师意味着声誉和地位,但在技术上、经济上、文化上、社会生活上、环境上及生理、心理等各方面存在非常多、非常大的问题。

(6) 密集高层建筑的出现对城市综合发展的影响

城市高楼林立必然产生城市热能效应和光污染,形成夹缝中的天空,导致环境恶化,影响城市综合发展。对此需要综合规划和设计。

(7) 高层建筑环境心理问题

阳光和阴影:高层本身热负荷及对周围人、物的影响。

噪声与减噪:设备声、风声、城市环境噪声及高层的上下人声。

风对高层建筑的影响:较复杂,难计算,涉及振幅、加速度、涡流等。做建筑设计时,应注意改善高层建筑中人体舒适度的一些设计措施。

生物及化学环境:全封闭空间及空调系统产生"病态建筑综合症"。

社会、心理环境的影响:对高度和人工结构的不安,寂寞孤独感等。

8.1.4 高层建筑结构的荷载

施加在高层建筑结构上的作用,主要有竖向荷载、水平荷载、施工荷载、由于材料体积变化受阻引起的作用(温度、徐变、收缩)及基础不均匀沉降等。

1. 竖向荷载

高层建筑结构上的竖向荷载主要是恒荷载和活荷载。

恒荷载:结构本身自重产生的竖向荷载和附加在结构上的各种装修做法的竖向荷载(非承重构件、隔墙重量、玻璃幕、各种外饰面材料重、楼面装修、吊顶、楼板下各种设备管道重等)。它是由结构及工程做法的几何尺寸和材料的重力密度直接计算得到的。

活荷载:楼面及屋面的活荷载(人流、电梯、可移动的设备)、雪荷载和施工荷载等。对下列情况发生时应给予特殊处理:

① 施工中采用附墙塔、爬梯等对结构受力有影响的起重机械或其他施工设备时,应根据具体情况确定对结构产生的施工荷载;

② 旋转餐厅轨道和驱动设备的自重应按实际情况确定;

③ 擦窗机等清洗设备应按其实际情况确定其自重的大小和作用位置;

④ 当有直升机平台时,平台的活荷载应采用直升机总重量引起的局部荷载及等效均布荷载两者中能使平台产生最大内力的荷载。

2. 水平荷载

作用在高层建筑结构上的水平荷载包括风荷载和地震作用等。

(1) 风荷载

空气的流动受到建筑物的阻碍,会在建筑物表面形成较大的压力和吸力,这些压力和吸力即为垂直于建筑物表面的风荷载。建筑结构所受到的风荷载的大小与建筑地点的地貌、离地面或海平面的高度、风的性质、风速、风向以及高层建筑结构自振特性、体型、平面尺寸、表面状况等因素有关。

风荷载标准值

$$W_{\mathrm{K}} = \beta_z \mu_s \mu_z W_0 \tag{8.1}$$

式中:W_{K}——风荷载标准值(kN/m²);

W_0——基本风压(kN/m²);

μ_s——风荷载体型系数;

μ_z——风压高度变化系数;

β_z——z 高度处的风振系数。

所建造的建筑物所处的地区不同,基本风压也不同,基本风压应按照《高层建筑混凝土结构技术规程》(JGJ 3—2010)的要求,对于特别重要或对风荷载比较敏感的高层建筑,承载力设计时应按基本风压的 1.1 倍采用。

基本风压并不等于风荷载,风对建筑物的压力与下列因素有关。

① 建筑物是位于平坦或稍有起伏的地形处,还是建在临近海岸和海岛、湖岸,或房屋比较稀疏的乡镇,或周围有密集建筑群且房屋的高度较高的地形处。建筑周边的环境不同,作用在高层建筑的风荷载效应是不同的。风速沿建筑物的高度分布也不同,一般接近地面处风速较小,愈向上风速逐渐增大。当地面建筑物或其他障碍物较多时,风速较小,空旷处风速增大较快,而周围环境干扰越大,则最大风速出现在越高处,风速是随着高度的增高而增加的。例如,在我国 16 层左右高度的房屋,其上部的风压是三层高的房屋风压的 1.8 倍以上。《高层建筑混凝土结构技术规程》(JGJ 3—2002)将地面粗糙程度分为四类来分别考虑风压沿高度的变化。

② 风荷载的作用方向是垂直作用在建筑物的立面上的。迎风面为压力,侧风面和背风面为吸力。各个面上的风压分布是不均匀的,但这种压力与吸力对于建筑物来说,方向却是相同的,因此风荷载的大小不但与建筑物的平面形状有关,还与风向与建筑受风墙面的夹角、建筑物立面的面积、高宽比、总高度等有关(见图 8-4)。

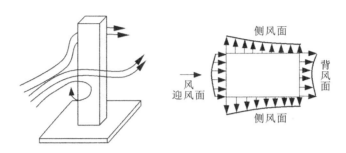

图 8-4　风对房屋的作用力

③ 风对建筑结构的作用是不规则的,风压随着风速和风向无规律变化着,一般在计算时,取平均风压,但实际风压是围绕平均风压上下波动着的,其中的波动风压会在建筑物上产生一定的不可忽视的动力效应。当多栋或群集的高层建筑相互间距离较近时,还应考虑风力相互干扰的群体效应,必要时可通过风洞试验确定增大系数。

（2）地震作用

由于地震时地震波作用产生地面运动,使地面的建筑结构产生振动,房屋产生位移和加速度,加速度将产生惯性力,在振动过程中作用在结构上的惯性力就是地震作用。这种惯性力与场地土性质、建筑物本身的质量和动力特性有关。结构的质量大、周期短、刚度大,则地震作用下的惯性力大。而刚度小、周期长的建筑在地震作用下结构的位移较大。

地震区的高层建筑结构应依据抗震类别进行地震作用的计算。考虑地震破坏后会带来什么样的后果,会造成多大的经济损失及人员伤亡进行设计。一般设计多层建筑时,可认为某一个方向水平地震作用主要由该方向抗侧力构件承担。而对于高层建筑的地震作用,一般应至少在结构两个主轴方向分别考虑水平地震作用;有斜交抗侧力构件的结构,当相交角度大于15°时,应分别计算各抗侧力构件方向的水平地震作用;对于质量与刚度分布明显不对称、不均匀的结构,还应考虑双向水平地震作用下的扭转影响;高层建筑中的大跨度、长悬臂结构,7 度(0.15 g)、8 度抗震设计时应计入竖向地震作用。9 度抗震设计时应计算竖向地震作用。

由于建筑功能的要求,常在主体建筑物的顶部再建一个突出屋面的楼梯间、水箱间、电梯间等塔楼。由于塔楼受到的是经过主体建筑放大后的地震加速度,而塔楼的刚度和质量均比主体结构小得多,会产生"鞭梢"效应。因此,在结构设计时,塔楼的地震作用还需放大设计。

高层建筑结构的竖向荷载所引起的内力远大于低层建筑中竖向荷载所引起的内力,建筑物高,使水平荷载的影响显著增加,以致水平荷载成为高层结构设计时的控制荷载。

（3）其他作用

高层建筑在正常使用时，由于温差、材料收缩、不均匀沉降等都会引起结构产生内力。这些内力的理论计算比较困难，经过假定条件后的计算，其理论计算结果与实际情况出入较大。在实际工程中可根据不同的因素在设计时采纳不同的方式避免这些因素的影响，一般是通过建筑的合理的平面和立面设计方案、合理的结构形式及构造处理、合理的施工方法等综合技术措施解决。

8.1.5　高层建筑结构设计特点

1. 荷载大（竖向荷载和水平作用）

高层建筑的总高度高、层数多，由结构自重、墙体重量、楼面、屋面活荷载及生活所需的基本设备等引起的竖向荷载较大。100 m 高的建筑底部单柱竖向轴力往往达 $1\times10^4\sim3\times10^4$ kN，竖向轴力与房屋高度成线性正比关系；由风荷载及地震力引起的水平作用产生的内力主要是弯矩和剪力，在结构底部所产生的弯矩与结构高度的三次方成正比，水平力作用下结构顶点的侧向位移与高度的四次方成正比，水平作用对高层建筑结构的内力、变形及建筑物的工程造价的影响占主导地位。即高层建筑结构的竖向荷载所引起的内力远大于低层建筑中竖向荷载可引起的内力，水平荷载成为高层结构设计时的控制荷载。

2. 侧移大（房屋水平变形大）

高层建筑结构的顶层侧移较低层建筑的侧移大。但过大的侧移使人不舒服，使电梯运行困难，影响人们在建筑物内正常工作和生活。侧移过大会使建筑装修开裂，甚至脱落，影响建筑物的美观、隔音、保暖等。脱落物有时会砸坏家具或设备，甚至造成人身安全事故；会使结构出现附加变形，从而产生附加内力；使结构主体出现裂缝，严重的会引起房屋破坏或倒塌。

因此，结构设计不仅进行结构强度设计，还必须计算房屋的水平侧移，并采取措施加以控制。限制侧向变形也就是限制结构的裂缝宽度及破坏程度。

3. 高层建筑材料选择

钢筋混凝土结构：比砖石结构强度高，有良好的可塑性，建筑平面布置灵活，抗震性能好；与钢结构相比，材料来源丰富，造价低，耐火性能好及结构刚度大，因而应用最广泛。

钢结构：钢结构具有强度高、自重轻、有良好延性（结构承受大变形能力的性质）和施工进度快的性质，适应大空间大跨度，特别适用有抗震设防要求的高层建筑，可建造比钢筋混凝土结构更高的高层建筑；但其造价高。

钢＋钢筋混凝土结构：吸收两种结构的优点，钢框架与钢筋混凝土筒体结合起来，施工速度与钢结构接近，但用钢量少，又有很好的耐火性。近几年国内应用较多。

今后的高层建筑材料将朝着轻质、高强、新型、复合方向发展。如高强混凝土、高强钢筋、钢-混凝土组合材料与结构、玻璃纤维、碳纤维及钢纤维混凝土等。

8.2 高层建筑结构的布置

8.2.1 高层结构的总体布置

高层建筑在初步设计阶段时,应综合考虑使用要求、建筑美观、结构合理及施工方便等因素。高层建筑承受的竖向荷载较大,同时还承受控制作用水平力,因此,结构布置的合理性对高层结构的经济性及施工合理性影响较大。高层建筑结构设计应注重概念设计,重视结构选型与建筑平面、立面布置的规律性,选择最佳结构体系,加强构造措施以保证建筑结构的整体性,使整个结构具有必要的承载力、刚度和变形能力。

1. 结构布置总原则

(1) 选择有利的场地,避开不利的场地(见表 8-3)

高层建筑的基础设计,应综合分析考虑建筑场地的工程地质和水文地质状况、上部结构的类型和房屋高度、施工技术和经济条件等因素,确保建筑物不致发生过量沉降或倾斜,满足建筑物正常使用要求。同时注意与相邻建筑的相互影响,了解邻近地下构筑物及各项地下设施的位置和标高,确保施工安全。

高层建筑首先应选择有利的场地,避开对抗震不利的地段;当条件不允许避开不利的地段时,应采取可靠措施,使建筑物在地震时不致由于地基失稳而被破坏,或者产生过量下沉或倾斜。

表 8-3 有利、不利和危险地段的划分

地段类别	地质、地形、地段
有利地段	稳定基岩,坚硬土,开阔、平坦、密实、均匀的中硬土等
不利地段	场地冲积层过厚,软弱土,有液化危险的砂土,湿陷性黄土,条状突出的山嘴,高耸孤立的山丘,非岩质的陡坡,河岸和边坡的边缘,平面分布上成因、岩性、状态明显不均匀的土层(古河道、疏松的断层破碎带、暗埋的塘浜沟谷和半填半挖地基)等
危险地段	地震时可能发生滑坡、崩塌、地陷、地裂、泥石流等以及可能发生地层错位的地段

(2) 选择合理的基础形式

在多数情况下,对多层房屋惯用的基础形式、设计方法等是不能简单搬用高层建筑的,应在认识高层建筑的地基基础工作特性的基础上,选择和设计与高层建筑特性相适应的基础。高层建筑应采用整体性好、能满足地基承载力和建筑物容许变形要求并能调节不均匀沉降的基础形式。宜采用筏形基础,必要时可采用箱形基础。当地质条件好且能满足地基承载力和变形要求时,也可采用交叉梁式基础或其他基础形式;当地基承载力或变形不能满足设计要求时,可采用桩基础或复合地基。

一般情况下,高层框架结构多采用条形基础、筏板基础或柱下独立承台基础;高层框-剪结构多采用筏板基础或柱下独立承台基础、剪力墙部位采用条形承台基础；高层剪力墙结构优先采用墙下布桩并设置承台梁或采用桩筏基础；高层筒体结构多采用桩筏基础。

高层建筑的基础应有一定的埋置深度。在确定埋置深度时，应考虑建筑物的高度、体型、地基土质、抗震设防烈度等因素。基础埋深 H（建筑室外地坪至基础底面之间的距离，见图 8-5）采用天然地基或复合地基时，可取房屋高度的 1/15；采用桩基时，可取房屋高度的 1/18（桩长不计在内）。

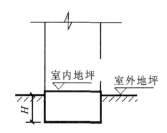

图 8-5　基础的有效埋深

高层建筑基础的混凝土强度等级不宜低于 C25。当有防水要求时，混凝土抗渗等级应根据基础埋置深度按表 8-4 采用。必要时可设置架空排水层。

表 8-4　基础防水混凝土的抗渗等级

基础埋置深度 H(m)	抗渗等级
$H<10$	P6
$10\leqslant H<20$	P8
$20\leqslant H<30$	P10
$H\geqslant 30$	P12

基础是高层建筑正常使用和稳定与安全的根本保证。高层建筑具有层数多而总高度高、荷载大和自重重、所需基础底面积大、基础埋置深度较深的特点，因此，高层建筑的基础不但要求基础和地基能提供足够承载能力，以承担上部建筑的重力；同时要求高层建筑的基础可以承受在风荷载和地震荷载等水平荷载作用下引起的倾覆力矩，保证高层建筑具有足够的稳定性和刚度，使沉降和倾斜控制在允许的范围内。在设计时若考虑不周或处理不当，将发生难以纠正的过大沉降、倾斜和不均匀沉降，造成结构局部损坏或影响使用功能和美观，或导致整个建筑倾斜、滑移或破坏，会导致比一般多层建筑更为严重的后果。

高层建筑基础工程设计与施工的情况更复杂，难度更大，技术要求更高、更严格，责任更重大，且高层建筑基础所占的工程量大、消耗的材料多，对建筑物施工工期影响大。一般 9~16 层民用高层住宅的地基所需工期占总工期的 1/3 左右，造价也占总造价的 1/3 左右。因此，基础设计对高层建筑的经济技术指标有较大的影响。

例如：某市一住宅大楼，B 栋大楼为 18 层钢筋混凝土剪力墙结构住宅楼工程，建筑面积 14 600 m²,总高度 56.6 m。1996 年 1 月开始桩基施工,4 月初基坑挖土,9 月中旬主体工程封顶,11 月底完成室外装修和室内部分装修及地面工程。12 月 3 日发现该工程向东北方向倾斜,顶端水平位移 470 mm。为了控制因不均匀沉降导致的倾斜,采取了在倾斜一侧减载与对应一侧加载,以及注浆、高压粉喷。从 12 月 21 日起,B 栋又突然转向西北方向倾斜,12 月 25 日顶端水平位移 2 884 mm。整座楼重心偏移了 1 442 mm。险情发生后,对事故所采取的紧急措施,其实施速度明显跟不上险情的发展速度,险情未能得到控制,最后该楼不得不实施控制爆破,直接经济损失 711 万元(见图 8-6)。

图 8-6 住宅大楼

事故原因分析如下。

原设计采用钻孔灌注桩基础。而施工时,建设单位为了节约工程投资,竭力推荐夯扩桩。设计单位迁就了建设单位的要求,改用夯扩桩(夯扩桩是一种挤土型桩,在超厚淤泥地层中施工,打入如此巨量、密集的群桩,后打入桩对先打入的已达初凝的邻桩的挤压,影响基桩质量),桩型的选择设计存在先天不足;基坑支护方案存在严重缺陷,不能满足开挖要求,造成工程桩大量歪斜,这是桩基整体失稳的重要原因;基坑开挖未按方案实施,造成工程桩大量倾斜;在施工过程中,工程桩还受到重型机械的碾压和铲斗的碰撞,形成断桩,给桩基的稳定和质量带来严重冲击;地下室底板标高由 −5.00 m,改为 −3.00 m,不符合高层规范中基础埋深的要求。地下室底板抬高,又对先期打入的桩在同一层面上接桩,在桩基中形成了薄弱层面,且桩身形成折线形成两个分量,加剧桩的倾斜程度,使桩的承载力进一步降低。事故调查中还发现,部分桩基材质不合格。

(3)合理设置结构变形缝

在结构总体布置中,要考虑沉降、温度收缩和体形复杂对房屋结构的不利影响,往往用变形缝将房屋分成若干个独立的结构单元,以消除或减少这种不利影响。在高层建筑布置时,一般宜采取调整平面形状与尺寸和结构布置,加强构造措施,设置后浇带等方法,尽量不设缝、少设缝。当建筑物平面形状复杂而又无法调整其平面形状和结构布置使之成为较规则的结构时,则需合理地设置变形缝(见图 8-7)。设缝时,必须保证有足够的缝宽。

① 设置伸缩缝时,应符合表 8-5 规定。

图 8-7　结构变形缝

表 8-5　伸缩缝的最大间距

结 构 体 系	施 工 方 法	最大间距/m
框架结构	现浇	55
剪力墙结构	现浇	45

② 沉降缝的设置应符合国家标准《建筑地基基础设计规范》(GB 50007—2011)的有关要求。但现在高层建筑一般带有裙房,高层主楼与裙房的荷载及刚度相差悬殊,且建筑平面往往是相互偏心布置形成高层结构刚度差异,设变形缝可减少不利影响。当建筑使用功能上要求高层主楼与裙房之间连为一体不设缝时,结构需采取选用端承桩基础,控制沉降差;主楼与裙房采用不同形式的基础,控制沉降差;在进行施工时,先施工主楼后施工裙房;在高层主楼与裙房之间先留出后浇带,使施工期间主楼与裙房可自由沉降,到施工后期,待沉降基本稳定后,再浇筑后浇带的混凝土,将主楼与裙房连为一体等措施。

③ 设置防震缝时,最小宽度应符合下列规定。

框架结构房屋,高度不超过 15 m 时不应小于 100 mm;超过 15 m 时,6 度、7 度、8 度和 9 度相应每增加高度 5 m、4 m、3 m 和 2 m,宜加宽 20 mm;框架-剪力墙结构房屋不应小于第一项规定数值的 70%,剪力墙结构房屋不应小于第一项规定数值的 50%,但二者均不宜小于 100 mm。

防震缝两侧结构体系不同时,防震缝宽度应按不利的结构类型确定;防震缝两侧的房屋高度不同时,防震缝宽度应按较低的房屋高度确定;当相邻结构的基础存在较大沉降差时,宜增大防震缝的宽度。8、9 度抗震设计的框架结构房屋,防震缝两侧结构层高相差较大时,防震缝两侧框架柱的箍筋应沿房屋全高加密,并可根据需要沿房屋全高在缝两侧各设置不少于两道垂直于防震缝的抗撞墙。抗震设计时,伸缩缝、沉降缝的宽度均应符合防震缝最小宽度的要求。当采用构造措施和施工措施减少温度和混凝土收缩对结构的影响时,可适当放宽伸缩缝的间距。防震缝宜沿房屋全高设置,地下室、基础可不设防震缝,但在与上部防震缝对应处应加强构造。

(4) 高层建筑不应采用严重不规则的结构体系

结构应具有必要的刚度、足够的承载力和变形能力以及耗能能力,避免因部分结构或构件的破坏而导致整个结构丧失承受重力荷载、风荷载和地震作用的能力。建筑体形、平面及立面规则,利于结构平面布置均匀、对称并具有良好的抗扭刚度;利于结构的竖向布置均匀,宜具有合理的刚度、承载力和质量分布均匀,无突变,可避免因局部突变和扭转效应而形成薄弱部位。对可能出现的薄弱部位,应采取有效措施予以加强,宜具有多道防线。

(5)综合考虑使用要求、建筑美观、结构合理及便于施工等因素,正确选择结构体系

(6)减轻结构自重,最大限度地降低地震的作用,积极采用轻质高强材料

2. 控制房屋适用高度和高宽比

在进行高层建筑设计时,除了要保证结构有足够的强度和刚度外,还要控制其位移的大小,要求有适宜的高度和高宽比。钢筋混凝土高层建筑结构的最大适用高度分为 A 级和 B 级。B 级高度高层建筑结构的最大适用高度相对 A 级可适当放宽。A 级与 B 级高度钢筋混凝土高层建筑的最大适用高度见表 8-6 和表 8-7。

表 8-6　A 级高度钢筋混凝土高层建筑的最大适用高度　　（单位:m）

结 构 体 系		非抗震设计	抗震设防烈度				
			6 度	7 度	8 度		9 度
					0.20 g	0.30 g	
框架		70	60	50	40	35	—
框架-剪力墙		150	130	120	100	80	50
剪力墙	全部落地剪力墙	150	140	120	100	80	60
	部分框支剪力墙	130	120	100	80	50	不应采用
筒体	框架-核心筒	160	150	130	100	90	70
	筒中筒	200	180	150	120	100	80
板柱-剪力墙		110	80	70	55	40	不应采用

表 8-7　B 级高度钢筋混凝土高层建筑的最大适用高度　　（单位:m）

结 构 体 系		非抗震设计	抗震设防烈度			
			6 度	7 度	8 度	
					0.2 g	0.3 g
框架-剪力墙		170	160	140	120	100
剪力墙	全部落地剪力墙	180	170	150	130	110
	部分框支剪力墙	150	140	120	100	80
筒体	框架-核心筒	220	210	180	140	120
	筒中筒	300	280	230	170	150

结构设计原则从安全、受力合理、节约投资、方便施工等方面提出种种限制与要求,建筑师应妥善协调使用功能、造型效果、结构体系、结构构造之间的矛盾,使结构和建筑达到和谐统一。

钢筋混凝土高层建筑结构的最大高宽比,不宜超过表 8-8 的规定。

表 8-8 钢筋混凝土高层建筑结构的最大高宽比

结 构 体 系	非抗震设计	抗震设防烈度		
		6度、7度	8度	9度
框架	5	4	3	—
板架-剪力墙	6	5	4	—
框架-剪力墙、剪力墙	7	6	5	4
框架-核心筒	8	7	6	4
筒中筒	8	8	7	5

8.2.2 结构平面布置

在高层建筑的一个独立结构单元内,其开间、进深尺寸和构件类型应尽量减少规格;宜使结构平面形状简单、规则,结构刚度和承载力分布均匀,减少扭矩影响;不应采用严重不规则的平面布置。结构平面布置宜符合下列要求。

1. 平面形式

① 平面宜简单、规则、对称,减少偏心(见图 8-8);平面长度不宜过长(见图 8-9),L/B 宜符合表 8-9 的要求。建筑平面的长宽比较大时(即平面过于狭长),在地震时由于两端地震波输入不同,容易产生不规则的震动,造成较大的震害。

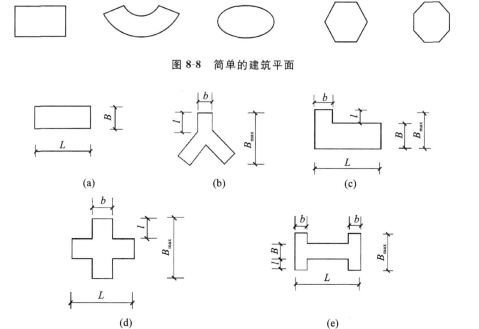

图 8-8 简单的建筑平面

(a)　　　　　　(b)　　　　　　(c)

(d)　　　　　　(e)

图 8-9 建筑平面

② 当平面带有较长翼缘的 L 形、Y 形、T 形、V 形或十字形时,在地震时,由于翼缘过长易引起差异位移而加大震害。因此,突出部分的长度 l 不宜过大,宽度 b 不宜过小(见图 8-9);l/B_{max}、l/b 宜满足表 8-9 的要求。

表 8-9 *L、l* 的限值

设 防 烈 度	L/B	l/B_{max}	l/b
6、7 度	≤6.0	≤0.35	≤2.0
8、9 度	≤5.0	≤0.30	≤1.5

③ 不宜采用角部重叠的平面图形(见图 8-10)或细腰形平面图形(见图 8-11)。中央部位形成的狭窄部分,在地震中容易产生震害,尤其在凹角部位因为应力集中容易使楼板开裂甚至破坏。

图 8-10 角部重叠的平面   图 8-11 细腰形平面

④ 高层建筑宜选用风作用效应较小的平面形状。对抗风有利的平面形状为凸出平面,如椭圆、正多边形、圆形、鼓形等平面(见图 8-12)。对抗风不利的平面是有较多凹凸的复杂形状的平面,如 C 形、Y 形、H 形、弧形等平面。

图 8-12 风作用效应较小的建筑平面

⑤ 结构平面布置应减少扭转的影响。考虑偶然偏心影响的地震作用下,控制高层建筑楼层竖向构件的最大水平尾翼和层间位移。

2. 楼板的要求

高度超过 50 m 的建筑,框架-剪力墙结构、筒体结构及复杂高层建筑应采用现浇楼盖结构,剪力墙结构和框架结构宜采用现浇楼盖结构,对于房屋高度不超过 50 m 的建筑结构,8、9 度抗震设计时宜采用现浇楼盖结构;6、7 度抗震设计时可采用装配整体式楼盖,但要符合一定的要求。

当楼板平面比较狭长、有较大的凹入或开洞而使楼板有较大削弱时,应在设计中考虑楼板削弱产生的不利影响。楼面凹入或开洞尺寸不宜大于楼面宽度的一半;楼板开洞总面积不宜超过楼面面积的 30%;在扣除凹入或开洞后,楼板在任一方向的最小净宽度不宜小于 5 m,且开洞后每一边的楼板净宽度不应小于 2 m。楼板开大洞削弱后,宜采取构造措施予以加强(见图 8-13)。

对于艹字形、井字形等外伸长度较大的建筑,当中央部分楼梯、电梯间使楼板有较大削弱时,应加强楼板以及连接部位墙体的构造措施,必要时还可在外伸段凹槽处设置连接梁或连接板。

$$L_2 \geqslant 0.5L_1$$
$$a_1 + a_2 \geqslant 0.5L_2$$
$$a_1 > 2 \text{ m}$$
$$a_2 > 2 \text{ m}$$
$$b \geqslant 0.5B$$
$$A_0 < 0.3A$$
$$A > B \times L$$

式中:A_0——楼板开洞面积;

　　　A——楼板总面积。

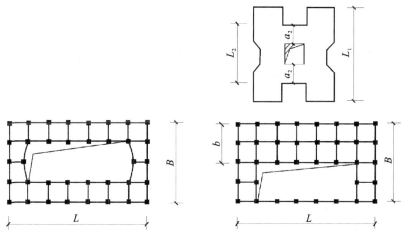

图 8-13　楼板开洞

3. 楼梯、电梯间的位置

避免在凹角和端部设置楼梯、电梯间,避免楼梯、电梯间偏置。当按 7 度及 7 度以上抗震设防时,在结构单元的两端或拐角部位不宜设置楼梯间和电梯间,必须设置时应采取加强措施。

8.2.3　结构竖向布置

高层建筑的竖向体型宜规则、均匀,避免有过大的外挑和内收。结构的侧向刚度宜下大上小,逐渐均匀变化,不应采用竖向布置、严重不规则的结构布置。

① 需要抗震设防的建筑,竖向体型应力求规则、均匀,避免有过大的外挑和内收。

在进行抗震设计时,当结构上部楼层内收部位到室外地面的高度 H_1 与房屋高度 H 之比大于 0.2 时,上部楼层内收后的水平尺寸 B_1 不宜小于下部楼层水平尺寸

B 的0.75倍［见图 8-14(a)、(b)］；当上部结构楼层相对于下部楼层外挑时，上部楼层的水平尺寸 B_1 不宜大于下部楼层水平尺寸 B 的 1.1 倍，且水平外挑尺寸 a 不宜大于 4 m［见图 8-14(c)、(d)］。

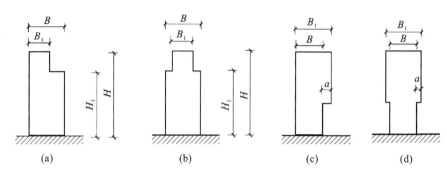

图 8-14　结构竖向外挑和内收

② 抗震设计时，结构竖向抗侧力构件宜上下连续贯通。

主体结构(承重体系上下不同，或剪力墙不落地)或者非结构构件(如砖砌体填充墙等)的不规则、不连续布置也可能引起结构刚度的突变(见图 8-15)。

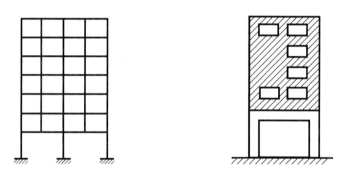

图 8-15　竖向抗侧力构件不连续建筑平面

③ 突出屋面的塔楼必须具有足够的承载力和延性，以承受"鞭梢效应"的影响。

因建筑物顶部塔楼的"鞭梢效应"，塔楼的质量和刚度越小，地震放大作用越明显，可能的情况下，宜采取台阶形逐级内收的立面。

8.3　高层建筑的结构体系

常用的高层建筑结构体系主要有以下几种形式。

8.3.1　框架结构体系

1. 基本知识

框架结构采用梁、柱作为建筑的竖向承重结构，并同时用这些框架承受水平荷载,所有的内外墙均不承重,仅起着填充和维护作用,框架与框架之间由连系梁和楼板连成整体(见图 8-16)。

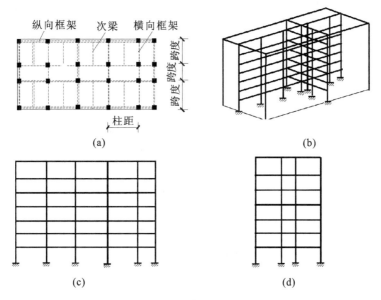

图 8-16 框架结构

(a)框架平面;(b)空间受力体系;(c)纵向框架;(d)横向框架

建筑材料多用钢筋混凝土,当地震区且施工进度等有特殊要求时也可选用型钢材作为主要承重骨架的钢框架。按照施工方法的不同,框架结构可分为现浇式、装配式和装配整体式三种形式。

传力方式:竖向荷载和水平荷载→楼板→横梁→柱→基础。

2. 优缺点及适用范围

建筑平面布置灵活,可以形成较大空间,造型活泼,适于商场、展览厅、办公楼、实验楼、医院和工业厂房等建筑,易于满足多功能的使用要求(见图 8-17)。

图 8-17 上海城建馆

框架结构比砖混结构强度高,具有较好的延性和整体性,抗震性能较好。但随着建筑层数的增加,水平力作用下框架结构底部各层梁、柱构件的弯矩显著增加,若增大截面及配筋量,将给建筑平面布置和空间处理带来困难,影响建筑空间的使用,材料用量和工程造价也趋于不合理,且梁、柱配筋较多,构造复杂,施工困难。因此,框架结构体系一般适用于非震区或层数较少的高层建筑,在地震区常用于 10 层以下的房屋。当建筑层数大于 15 层或在地震区建造高层建筑时,不宜选此结构体系。

施工简便,梁、柱等构件便于标准化、定型化,便于机械化施工。在高层结构体系中,框架结构是最经济的。

3. 结构特点

框架结构属于柔性结构,自震周期较长。地震反应较小,其抗侧刚度小,承受水平荷载的能力不高。对基础不均匀沉降较敏感。在地震作用下,结构的层间相对位移随着楼层的增高而减少,且结构整体位移和层间位移均较大,容易造成非结构性破坏(填充墙产生裂缝、建筑装修损坏、设备管道断裂)。严重时会引起整个结构的倒塌。

框架结构的变形是以水平荷载作用下的剪切变形为主的(见图 8-18)。而竖向荷载作用下的变形是指梁构件的挠度和柱构件的受压变形,其水平位移可以忽略不计。

4. 框架结构布置原则

高层框架体系的框架梁应采用纵横向布置,形成双向抗侧力结构,一般柱网不宜大于 10 m×10 m,实际工程中柱距通常不宜小于 3.6 m,也不宜大于 6.3 m。当柱网尺寸太大时,相应梁板截面尺寸也很大,造成不经济。几种典型的框架房屋方案如图 8-19 所示。这些方案着重表现了与房屋平面、立面有关的典型的柱网布置。

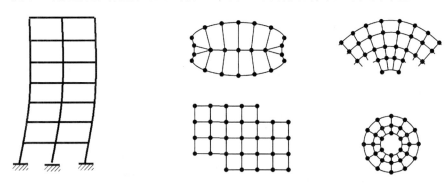

图 8-18 整体剪切变形　　　　图 8-19 框架房屋方案

考虑抗震设防时,不宜采用单跨框架,因为采用单跨框架布置时,一旦框架柱出现塑性角,易造成连续倒塌。构件类别规格要少,不应采用部分砌体墙与部分框架混合承重的形式。特别注意:框架结构中的楼梯间、电梯间及局部出屋顶的电梯机房、楼梯间、水箱间等,应采取框架承重,不应采用砌体墙承重。这两种结构体系的承重材料完全不同,其抗侧刚度、变性能力相差很多,对抗震不利。

框架梁、柱中心线宜重合[见图 8-20(a)]。当框架梁、柱中心线不能重合时,梁荷载对柱子会产生偏心影响,对梁、柱节点核心区受力和构造均造成不利影响。《高层建筑混凝土结构技术规程》(JGJ 3—2010)规定[见图 8-20(b)]:梁、柱中心线之间的偏心距 e,9 度抗震设计时不应大于柱截面在该方向宽度的 1/4;非抗震设计和 6～8 度抗震设计时不宜大于柱截面在该方向宽度的 1/4。

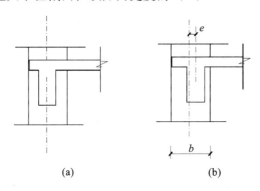

(a) (b)

图 8-20 框架柱与梁节点

(a) 框架梁、柱中心线重合;(b) 框架梁、柱中心线不能重合

5. 框架结构构造要求

(1) 框架柱截面尺寸

矩形截面框架柱的边长,非抗震设计时不宜小于 250 mm,抗震设计时,四级不宜小于 300 mm,一、二、三级时不宜小于 400 mm;圆柱形截面直径,非抗震和四级抗震设计时不宜小于 350 mm,一、二、三级时不宜小于 450 mm。柱截面的高宽比不宜大于 3;剪跨比宜大于 2。

(2) 框架柱截面形状

框架柱通常采用矩形、正方形、正多边形和圆形等规则形状截面,也可采用异形截面,即采用 L 形、T 形、十字形和 Z 形(见图 8-21),其截面宽度等于墙厚,截面高度 h_w 小于 4 倍柱宽 b_w,实际工程中常小于 3 倍。

图 8-21 框架柱截面形式

由异形柱与梁组成的异形柱结构,最大的优点是室内墙面平整,便于建筑布置及使用。但异形柱的抗剪性能很差,其伸出的每一肢都较薄,且受力不均匀,对抗震不利。同时,因异形柱的构造配筋较多,异形柱的纵筋及箍筋配置较规则截面要多很多。异形柱框架结构并不经济,且施工不便。

(3) 框架结构的主梁截面高度

框架结构的主梁截面高度可按 $(1/18～1/10)l_b$ 确定,l_b 为主梁的计算跨度;梁净跨与截面高度之比不宜小于 4。梁截面宽度不宜小于梁截面高度的 1/4,也不宜小于 200 mm。

（4）框架的填充墙或隔墙

框架的填充墙或隔墙应优先选用预制轻质墙板,但必须与框架牢固地连接。在抗震设计时,若采用砌体填充墙,应沿其框架柱全高每隔 500 mm 左右设置两根 $\phi6$ 拉筋,6 度时拉筋宜沿墙全长贯通,7、8、9 度时拉筋应沿墙全长贯通。填充墙的砌筑砂浆强度等级不应低于 M5,采用轻压砌块时,砌块的强度等级不应低于 MU2.5。

墙长度大于 5 m 时,墙顶部与梁（板）宜有钢筋拉结措施;墙长度大于 8 m 或层高的 2 倍时,宜设置间距不大于 4 m 的钢筋混凝土构造柱;墙高度超过 4 m 时,宜在墙高中部（或门洞上皮）设置与柱连接的通长钢筋混凝土墙梁。

8.3.2 剪力墙体系

1. 基本知识

剪力墙结构是建筑物的内外墙作为承重骨架的一种结构体系。

墙承受建筑物的竖向、水平荷载,既是承重构件又起维护及分隔建筑空间作用。一般墙体承受压力,但剪力墙除了承受压力外,还承受水平荷载所引起的剪力和弯矩,所以,习惯上称"剪力墙"。

剪力墙的工作情况如一根下部嵌固在基础顶面的竖向悬臂梁（梁截面高度为墙身宽度,截面高度即为墙厚度）。

2. 优缺点及适用范围

室内墙面平整,房间内没有柱、梁等外凸构件,便于家具布置。适用于层数较多的高层以及在建筑上有较多隔墙的高层住宅和高层旅馆,适用于地震区建造高度为 15～50 层的高层建筑。图 8-22 为某剪力墙高层住宅。

图 8-22　某剪力墙高层住宅

剪力墙必须依赖各层楼板作为支撑来保持平面外的稳定,受楼板经济跨度的限制,剪力墙间距一般在 2.7～8 m 之间。因此,剪力墙不适用于大空间或灵活布置开间的公共建筑。剪力墙结构自重大,施工较麻烦,造价较高。

3. 结构特点

剪力墙结构属于刚性结构,结构的自震周期较短。剪力墙结构的抗侧刚度比框架结构大,侧移小,空间的整体性好。结构的层间位移随着楼层的增高而增大。但墙体太多,混凝土及钢筋的用量大,造成结构自重大。剪力墙结构的变形以弯曲变形为主(见图8-23)。剪力墙有良好的抗震性能。

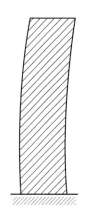

图 8-23 剪力墙弯曲变形

4. 剪力墙的分类

剪力墙的洞口对剪力墙的受力性质和变形有很大的影响,洞口的位置、大小不同,则结构的计算方法差异较大。

(1)剪力墙墙肢截面长度与宽度的关系

$$h_w/b_w < 4:异形柱;$$

$$h_w/b_w = 4\sim8:短肢剪力墙;$$

$$h_w/b_w > 8:普通剪力墙。$$

式中:h_w——剪力墙的肢长;

b_w——剪力墙的厚度。

小墙肢短肢剪力墙的抗弯、抗剪和抗扭性能均较差,不宜用于高层建筑结构。高层建筑结构不应采用全部为短肢的剪力墙结构。

(2)剪力墙的开洞与墙内力分布规律

整截面剪力墙:不开洞的实体墙洞口很小,且孔洞净距及孔洞边至墙边距离大于孔洞长边尺寸时,可忽略洞口影响,作为整体墙考虑。受力状态为悬臂梁。在墙肢的整个高度上弯矩无突变点和反弯点,墙体变形为弯曲变形。

整体小开口剪力墙:洞口稍大且成列布置的墙,墙肢的局部弯矩一般不超过总弯矩的15%。弯矩在楼层处发生突变,沿高度没有弯矩或仅仅个别楼层处出现反弯点;变形以弯曲变形为主。

联肢墙:开洞较大,洞口成列布置的墙,包括双肢和多肢剪力墙。受力状态及变形同小开口剪力墙。

壁式框架:洞口尺寸大,连梁的刚度接近墙肢的刚度的墙。弯矩在楼层处发生突变,沿高度在大多数楼层处出现反弯点,而结构的变形以剪切变形为主。

(3)从施工方法上分类

按照施工方法的不同,剪力墙可分为预制剪力墙和现浇剪力墙。

5. 剪力墙结构布置原则

① 剪力墙宜沿建筑物主轴或其他方向双向布置,应避免仅单向有墙的结构布置形式。纵横墙尽量拉通对直,以增加剪力墙的抵抗能力(见图8-24)。尽量减少剪力

墙形成的拐弯,否则会造成水平力作用下剪力墙的剪切破坏,降低剪力墙的刚度。

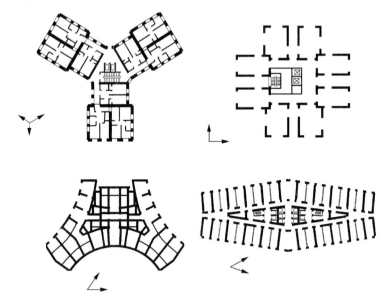

图 8-24 剪力墙布置

② 剪力墙宜沿竖向拉通,贯通全高。墙厚可沿高度方向减薄,避免刚度突变。

③ 剪力墙墙肢截面宜简单、规则。洞口宜上下对齐,成列布置,使之受力明确。不宜布置叠合错洞口墙、错洞口墙(见图 8-25)。

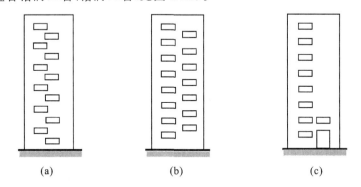

图 8-25 剪力墙洞口不合理布置

(a) 叠合错洞口墙;(b) 错洞口墙;(c) 洞口不均匀

6. 剪力墙结构构造要求

剪力墙结构混凝土强度等级不应低于 C20,且不宜高于 C60。剪力墙厚度应符合下列规定:①应符合《高层建筑混凝土结构技术规程》(JGJ 3—2010)附录 D 的墙体稳定验算要求。②一、二级剪力墙,底部加强部位不应小于 200 mm,其他部位不应小于 160 mm;一字形独立剪力墙底部加强部位不应小于 220 mm,其他部位不应小于 180 mm。③三、四级剪力墙,不应小于 160 mm,一字形独立剪力墙的底部加强部位不应小于 180 mm。非震区剪力墙厚度不应小于 160 mm。

实际工程中,剪力墙厚度一般在 $150 \sim 300$ mm 间,常用 150 mm、200 mm、250 mm 等。普通剪力墙墙体长度 h_w 大于 8 倍墙体厚度 b_w。

抗震设计时,一、二、三级剪力墙的底部加强部位不宜采用上下洞口不对齐的错洞口墙,全高均不宜采用洞口局部重叠的叠合错洞口墙。

较长的剪力墙宜开洞口,将其分为长度较为均匀的若干墙段,墙段之间宜采用弱连梁,每个独立墙段的高度与墙段长度之比不宜小于 3,墙段长度不宜大于 8。

8.3.3　框架-剪力墙体系

1. 基本知识

框架-剪力墙体系是由框架和剪力墙两种结构共同组合在一起而形成的结构体系。

框架-剪力墙结构体系的竖向荷载通过楼板分别由框架和剪力墙共同负担,而水平荷载主要由水平方向刚度较大的剪力墙承受(为整体水平力的 $80\% \sim 90\%$),其余由框架承担。

2. 优缺点及适用范围

框架-剪力墙体系既有框架结构可获得较大的使用空间、便于建筑平面自由灵活布置、立面处理丰富等优点,又有剪力墙抗侧刚度大、侧移小、抗震性能好、可避免填充墙在地震时严重破坏等优点。它取长补短,是目前国内外高层建筑中广泛采用的结构体系,可满足不同建筑功能的要求。尤其在高层公共建筑中应用较多,如高层办公楼、教学楼、写字楼等。在一般的抗震设计中,框架-剪力墙结构的最大高度不宜超过 130 m,在 9 度抗震设防时不宜超过 50 m。

3. 结构特点

框架-剪力墙结构属于半刚性结构。框架和剪力墙同时承受竖向荷载和侧向力。但两者的刚度相差很大,变形形状也不同,框架与剪力墙之间通过平面内刚度无限大的楼板连接在一起,使它们变形协调一致,其变形特点呈弯剪型(见图 8-26)。两者在一起协同工作,改变了框架截面小承受剪力大的不利受力条件,而框架-剪力墙结构的侧向力在框架和剪力墙的分配与框架和剪力墙之间的刚度比有关,且随着建筑的高度增加而变化。

框、剪协同工作减少了框架-剪力墙结构的层间变形和顶点位移,提高了结构的抗侧刚度,使结构具有良好的抗震性能。

4. 结构布置原则

在框架-剪力墙结构中,剪力墙承担着主要的水平力,增大了结构的刚度,减少结构的侧向位移,因此,框架-剪力墙结构中剪力墙的数量、间距和布置尤为重要。

① 框架-剪力墙结构应设计成双向抗侧力体系,结构两主轴方向均应布置剪力墙。剪力墙宜分散、均匀、对称地布置在建筑物的周边附近,使结构各主轴方向的侧

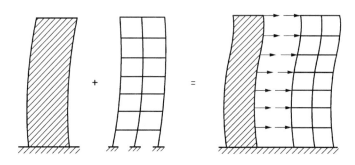

图 8-26　框架-剪力墙结构变形特点

向刚度接近,尽量减少偏心扭转作用(见图 8-27)。

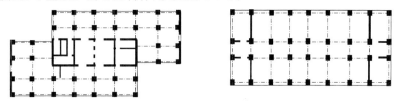

图 8-27　框架-剪力墙结构布置

② 剪力墙尽量布置在楼板水平刚度有变化处(如楼梯间、电梯间等),布置在平面形状变化或恒载较大的部位。因为这些地方应力集中,是楼盖的薄弱环节。当平面形状凹凸较大时,宜在凸出部分的端部附近布置剪力墙。

③ 剪力墙宜贯通建筑物全高,避免刚度突变;剪力墙开洞时,洞口宜上下对齐。

④ 为防止楼板在自身平面内变形过大,保证水平力在框架与剪力墙之间合理分配,横向剪力墙的间距必须满足要求。纵横向剪力墙宜布置成 L 形、T 形和"匚"形等,以使纵墙(横墙)可以作为横墙(纵墙)的翼缘,从而提高承载力和刚度。

⑤ 当设有防震缝时,宜在缝两侧垂直防震缝设墙。

5. 构造要求

① 梁、柱截面尺寸及剪力墙数量的初步确定。

框架梁截面尺寸一般根据工程经验确定。但框架-剪力墙结构的框架柱截面的大小应依据不同抗震等级的轴压比限值来确定。框架-剪力墙结构中剪力墙的数量增多,结构的刚度增大,位移减小,有利于抗震。但同时结构自重增加,总地震力加大,并不经济。因此,应在充分发挥框架抗侧移能力的前提下,按层间弹性位移角限值确定剪力墙的数量。框架、剪力墙的构造要求同 8.3.1、8.3.2 节。

② 周边有梁、柱的现浇剪力墙,又称带边框的剪力墙,其厚度应符合《高层建筑混凝土结构技术规程》(JGJ 3—2010)附录 D 中墙体稳定计算要求,同时,在抗震设计时,一、二级剪力墙的底部加强部位不应小于 200 mm,其他情况下不应小于 160 mm。剪力墙的中心线与墙端边柱中心线宜重合,尽量减少偏心作用。与剪力墙重合的框架梁的截面宽度可取与墙厚相同的暗梁,暗梁截面高度可取剪力墙厚度的

2 倍或与该榀框架梁截面等高。边框柱截面宜与该榀框架其他柱的截面相同,其混凝土强度等级宜与边柱相同。

8.3.4 筒体结构

1. 基本知识

筒体结构是由若干片密排柱与深梁组成的框架或剪力墙所围成的筒状空间结构体系。

筒体结构将剪力墙集中到房屋的内部或外部,并与每层的楼板有效地相互连接,形成一个空间封闭承重骨架。筒体结构常用钢筋混凝土材料。在超高层建筑中,当建筑达到一定的高度时,从使用功能、结构构造处理及建筑经济上分析,采用钢筒结构为宜。

传力方式:竖向荷载→楼面结构→筒体→基础

　　　　　水平荷载→筒体→基础

2. 优缺点及适用范围

筒体结构能提供较大的使用空间,具有独特造型,新颖美观,有很好的艺术效果。建筑平面布置灵活、平面形式多样(如方形、长方形、圆形、三角形等);便于采光,受力合理,整体性强,具有实用、经济等优点。现已成为 20 世纪 60 年代以后常用于超高层建筑中的一种结构形式。目前,世界上最高的一百幢高层建筑中,约有三分之二采用筒体结构;国内 100 m 以上的高层建筑中,约有一半采用钢筋混凝土筒体结构。

3. 结构特点

筒体是由框架和剪力墙结构发展而成的,由一个或多个空间受力的竖向筒体承受水平力,同时承受较大的竖向荷载。整个承重骨架具有比单片框架或剪力墙好得多的空间抗侧刚度,具有更好的抗震性能。

4. 筒体的分类

筒体的分类很多,根据筒体结构布置、组成、数量的不同可分为以下两种结构。

(1) 单筒结构

单筒结构是由单片密排柱与深梁组成的框架或剪力墙所围成的筒状空间结构体系(见图 8-28)。在水平力作用下,框筒梁的广义剪切变形(含局部弯曲)引起的角柱轴力比其他柱轴力要大,且离角柱越远,轴力越小,这种作用使楼板产生翘曲,会引起内部间隔和次要结构变形。但由于框筒具有侧向刚度大、能提供较大的使用空间以及经济等优点,因此广泛应用于超高层建筑。

(2) 多筒结构

多筒结构包括框架-核心筒结构、筒中筒结构、多筒结构和成束筒结构等。

框架-核心筒结构是由钢筋混凝土核心筒和周边框架组成的,核心筒一般是由钢筋混凝土剪力墙和连梁围成的实腹筒,仅局部开洞,如电梯间门洞口或其他用途所需洞口。核心筒是整个结构中主要的抗侧力构件。为了满足建筑功能的需要,可在底

图 8-28　单筒结构

（a）实腹筒；（b）框筒

部一层或几层抽去部分柱子,上部的核心筒贯穿落地,形成底部大空间筒体结构。外框架柱距比较大,一般为 5～12 m,可充分利用建筑物四周作为景观和采光。

　　筒中筒结构的内筒一般是钢筋混凝土核心筒,外筒由密排柱加深横梁组成,开设少量采光窗洞,外筒柱较密,间距一般不宜大于 4 m。内外筒之间由平面内刚度很大的楼板连接,使筒与筒双重嵌套、协同工作,形成一个比仅有外框筒（单筒）时刚度更大的空间结构,提高结构抗震性能。筒中筒结构高度不宜低于 80 m,混凝土强度等级不宜低于 C30。如厦门海滨大厦（见图 8-29）、深圳国际贸易中心大厦（见图 8-30）。

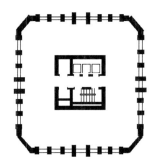

图 8-29　厦门海滨大厦筒体结构

平面示意图

（高 91.25 m,地上 25 层、地下 2 层。

由外框与内筒组成）

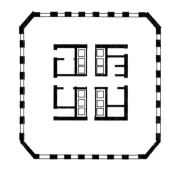

图 8-30　深圳国际贸易中心大厦筒体

结构平面示意图

（高 160.5 m,地上 50 层、地下 3 层。

由外筒与内筒组成）

　　多筒结构具有较大的平面空间,抗水平力刚度较其他结构更好。

　　成束筒结构把两个以上的筒体组合成束,形成结构刚度更大的结构形式。成束筒结构整体刚度很大,建筑物内部空间也很大,平面可以灵活划分。应用于多功能、多用途的超高层建筑中,如西尔斯大厦（见图 8-31）。

　　建筑设计特点:建筑的外观充分表现了它的结构和平面。

　　主体结构:平面布置为 9 个尺寸相同的边长为 22.86 m 的正方形钢框筒成束地组合在一起,各个筒的高度不同。底平面 68.6 m×68.6 m,总高度 443.2 m（不包括天线塔杆）。

　　每一个筒壁有 5 个立柱,柱距 4.57 m。相邻筒共用一组立柱和深梁的框架方格。楼板全部采用 76 mm 厚压型钢板,上铺轻质混凝土厚 63 mm。楼板跨度 4.57 m。

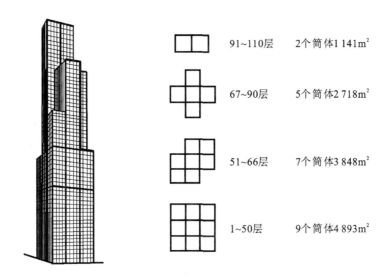

91~110层　　2个筒体1 141m²

67~90层　　5个筒体2 718m²

51~66层　　7个筒体3 848m²

1~50层　　9个筒体4 893m²

图 8-31　西尔斯大厦成束筒结构示意图

在设计大楼时,允许顶端侧移为 90 cm(建筑高度的 1/500),建成后在风荷作用下最大实际位移为 46 mm。

5. 筒体结构的一般规定及构造要求

① 核心筒宜贯通建筑物全高。核心筒的宽度不宜小于筒体总高度的 1/12。当筒体结构设置角柱、剪力墙或增强结构整体刚度的构件时,核心筒的宽度可适当减小。核心筒具有良好的整体性,墙肢宜均匀、对称布置,筒体角部附近不宜开洞,当不可避免时,筒角内壁至洞口的距离不应小于 500 mm 及该处墙厚度的较大值。核心筒外筒的截面厚度不应小于 200 mm。

② 筒中筒结构的平面外形宜选用圆形、正多边形、椭圆形或矩形等,内筒宜居中。矩形平面的长宽比不宜大于 2。内筒宜贯穿建筑物全高,竖向刚度宜均匀变化。筒体结构的混凝土强度等级不宜低于 C30。建筑物总高度不宜低于 80 m。

③ 外筒柱的柱距不宜大于 4 m;外墙洞口面积不宜大于墙面面积的 60%;外筒柱截面宜采用扁矩形(一字形柱)或 T 形截面,长边位于外墙平面内。

④ 由于角柱是框筒结构形成的空间作用的重要构件,框筒结构的角柱所受到的力最大,因此,角柱面积可为中柱的 1.5~2 倍,并可采用 L 形角墙或角筒。

⑤ 内外筒之间的距离,非抗震设计不宜大于 15 m,抗震设计不宜大于 12 m;超过此限值时,宜另设承受竖向荷载的内柱或采用预应力混凝土楼面结构。

8.3.5　其他结构体系

1. 框支剪力墙结构

(1) 基本知识

高层建筑上部剪力墙不能直接连续落地,而由底部框架来支撑的结构称为框支剪力墙结构。

框支剪力墙结构常用于高层建筑底层设置商店、餐厅、门厅、车库、会议室等大空间，而上部为旅馆、住宅小开间用途的建筑。

（2）优点、缺点及适用范围

底层充分满足不同大空间的使用功能要求。但此结构底层刚度小，上部刚度大，对抗震不利。对于 A 级高度钢筋混凝土高层建筑，7 度地震区最大适宜高度为 100 m，8 度地震区分别为 80 m(0.20 g) 和 50 m(0.30g)；而 B 级建筑，7 度、8 度地震区的最大适用高度分别为 120 m、100 m(0.20 g) 及 80 m(0.30 g)，9 度则不应采用。

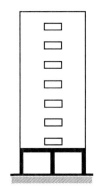

图 8-32　不应设洞口位置

（3）结构特点

结构的上下部刚度差异较大。结构的抗侧移刚度在两种不同结构布置的交接楼盖处发生突变，造成结构抗水平荷载的能力降低，底部的结构薄弱环节易发生脆性破坏。工程上采用设置刚度转换层来调解结构竖向刚度分布不均、传力途径复杂等问题。

（4）构造要求

要有一定数量的落地剪力墙，不得全部采用框支。落地剪力墙底层洞口宜设在墙中间区段，框支柱正上方不得设门洞口（见图 8-32）。

外筒密柱到底层部分可通过转换梁、转换桁架、转换拱等扩大柱距，但柱总截面积不宜减小（见图 8-33）。

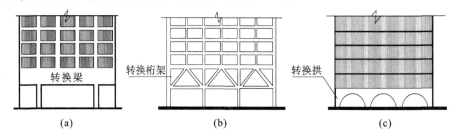

　　(a)　　　　　　　　　(b)　　　　　　　　　(c)

图 8-33　设置转换层扩大柱距

（a）转换梁扩大柱距；（b）转换桁架扩大柱距；（c）转换拱扩大柱距

2. 巨型结构

巨型结构采用超出一般尺度的巨梁、巨柱或其他巨型杆件构成巨型框架、巨型桁架，以承受整个结构的水平力竖向力，而一般楼层的柱、梁、板仅作为承受其局部作用力的二级结构支撑于一级巨型结构上。

【例 8-1】　香港汇丰银行（见图 8-34）采用 8 根组合钢管柱支撑，柱间为巨型桁架，桁架间各层楼面通过吊杆悬挂在巨型桁架之上。

【例 8-2】　香港中国银行大厦（见图 8-35），72 层 315 m 高。采用三角形巨型桁架向上伸至不同高度，而建筑平面逐渐收进到顶部一点的棱柱筒体。8 个平面桁架

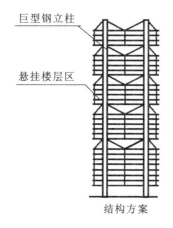

图 8-34　香港汇丰银行结构方案与实景

的竖杆为型钢混凝土结构,斜腹杆为钢结构,组成四个空间桁架,而平面为正方形。钢结构楼面支撑在巨型桁架之上。

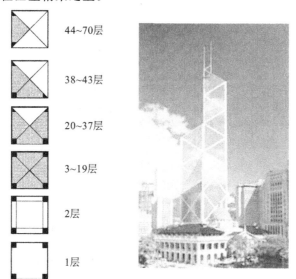

图 8-35　香港中国银行结构层与实景

3. 高层混合结构

(1) 基本知识

高层混合结构是指由钢框架或型钢混凝土框架与钢筋混凝土筒体所组成的共同承受竖向和水平作用的高层建筑结构,简称为混合结构。

(2) 优点、缺点及适用范围

采用部分钢构件使建筑自重轻、延性好、截面尺寸小、施工进度快;钢筋混凝土构件的采用使建筑结构刚度大、防火性能好、工程造价低;因而此结构广泛应用于超高层建筑中。

（3）结构特点

由两种材料性能不同的构件组成结构。

【例 8-3】 上海金茂大厦高 420 m,采用钢框架-钢筋混凝土核心筒混合结构,大厦结构体系由钢筋混凝土内筒通过 8 个外伸钢桁架加强层联结 8 个巨型外柱组成。内筒为 27 m×27 m 正八边形平面,墙厚由底层的 85 cm 缩小到顶层的 45 cm,52 层以下筒内有井字形内墙,53 层以上无内墙形成中空。8 个巨型外柱设在四边的中部,每边各 2 个,截面尺寸由基础的 1.5 m×5.0 m 缩小到顶层的 1.0 m×3.5 m,强度等级由 C60 减至 C40,加强层主要设置在 24～25 层、51～52 层、85～86 层及顶层等,采用 2 层 8 m 高的钢桁架。

总结以上各种结构体系可能达到的高度,如图 8-36 所示。

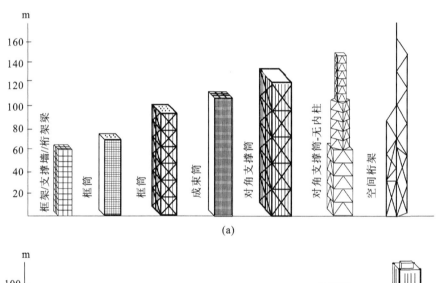

(a)

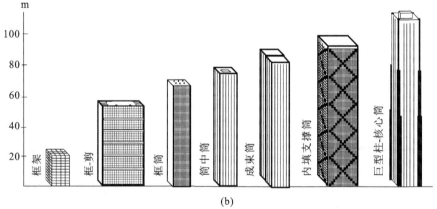

(b)

图 8-36　高层建筑各种结构可能达到的高度

(a) 钢结构类型;(b) 钢筋混凝土结构类型

【本章要点】

① 各国对高层建筑的划分,主要是根据本国的经济条件和消防设备等情况确定

的。

② 作用在高层建筑结构上的荷载包括竖向荷载和水平荷载,而水平荷载是高层结构设计时的控制荷载。

③ 高层建筑的主要结构形式包括框架结构、框剪结构、剪力墙结构和筒体结构。根据结构的不同形式特点,合理地进行结构的布置。

【思考和练习】

8-1　什么建筑称为高层建筑?

8-2　高层建筑结构所受到的风荷载主要与哪些因素有关? 总的风荷载如何计算?

8-3　高层建筑可能承受哪些主要作用?

8-4　高层建筑的主要结构体系有哪些? 它们的适用范围如何?

8-5　制订高层建筑方案应注意哪些问题?

8-6　高层建筑结构的布置原则有哪些?

8-7　试分析高层框架结构侧移的利与弊。

8-8　建筑高度在 400 m 以上甚至更高,应采用什么材料,选用什么结构体系?

8-9　拟建 12 层高校教学楼,要求有合班大、小教室若干,最好采用什么材料、什么结构体系?

8-10　剪力墙结构体系中的剪力墙布置与框-剪结构体系中的剪力墙布置有何异同?

8-11　带有底框的小砖房,其底层为什么要沿房屋的纵、横方向布置一定数量的剪力墙?

8-12　高层建筑采用钢筋混凝土筒体结构时,其建筑平面形状为圆形、正方形、正三角形、正多边形等平面,哪种平面形式受力性能最差?

8-13　高层建筑采用钢筋混凝土筒中筒结构时,外筒柱子截面设计成什么形式为好。

8-14　阐述对我国及世界未来的高层建筑发展的看法。

第9章　地基与基础

9.1　地基与基础的概念

建筑物建造在地层上,将会引起地层中的应力状态发生改变,工程上把因承受建筑物荷载而应力状态发生改变的土层或岩层称为地基,把建筑物荷载传递给地基的结构称为基础。因此,地基与基础是两个不同的概念,地基属于地层,是支承建筑物的那一部分地层;基础则属于结构物,是建筑物的一部分。由于建筑物的建造使地基中原有的应力状态发生变化,因此土层发生变形。为了控制建筑物的沉降并保持其稳定性,就必须运用力学方法来研究荷载作用下地基土的变形和强度问题。研究土的特性及土体在各种荷载作用下的性状的一门力学分支称为土力学。土力学的主要内容包括土中水的作用,土的渗透性、压缩性、固结、抗剪强度,土压力、地基承载力、土坡稳定等土体的力学问题。

在地基中把直接与基础接触的土层称为持力层,持力层下受建筑物荷载影响范围内的土层称为下卧层,其相互关系如图 9-1 所示。

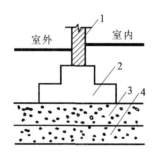

图 9-1　地基基础示意

1—上部结构;2—基础;3—持力层;4—下卧层

基础的结构形式很多,按埋置深度和施工方法的不同,可分为浅基础和深基础两大类。通常把埋置深度不大(一般不超过 5 m),只需经过挖槽、排水等普通施工程序,采用一般施工方法和施工机械就可施工的基础称为浅基础,如条形基础、独立基础、筏形基础等;而把基础埋置深度超过一定值,需借助特殊施工方法施工的基础称为深基础,如桩基础、地下连续墙、沉井基础等;把土质不良,需要经过人工加固处理才能达到使用要求的地基称为人工地基;把不加处理就可以满足使用要求的地基称为天然地基。

基础是建筑物的一个组成部分,基础的强度直接关系到建筑物的安全与使用。

而地基的强度、变形和稳定更直接影响到基础及建筑物的安全性、耐久性和正常使用。建筑物的上部结构、基础、地基三部分构成了一个既相互制约又共同工作的整体。目前,要把三部分完全统一起来进行设计计算还有一定困难。现阶段采用的常规设计方法是将建筑物的上部结构、基础、地基三部分分开,按照静力平衡原则,采用不同的假定进行分析计算,同时考虑建筑物的上部结构、基础、地基相互共同作用。满足同一建筑物设计的地基基础方案往往不止一个,应通过技术经济比较,选取安全可靠、经济合理、技术先进、施工简便又能保护环境的方案。

9.2　地基和基础在建筑工程中的地位

地基和基础是建筑物的根本,又位于地面以下,属地下隐蔽工程。它们的勘察、设计及施工质量的好坏,直接影响建筑物的安全,一旦发生质量事故,补救和处理都很困难,甚至不可挽救。此外,花费在地基和基础上的工程造价与工期在建筑物总造价和总工期中所占的比例,视其复杂程度和设计、施工的合理与否,可以在百分之几到百分之几十之间变动,造价高的约占总造价的 1/3,相应工期约占总工期的 1/4。在中外建筑史上,有举不胜举的地基和基础事故的例子,下面列举几个典型的例子。

(1) 建筑物倾斜

苏州虎丘塔为全国重点文物保护单位,该塔建于公元 961 年,共 7 层,高 47.5 m,塔平面呈八角形,由外壁、回廊和塔心三部分组成,主体结构为砖木结构,采用黄泥砌砖,基础为浅埋式独立砖墩基础。虎丘塔坐落在人工夯实的土夹石覆盖层上,覆盖层南薄北厚,变化范围为 0.9~3.6 m,基岩弱风化。土夹石覆盖层压实后引起不均匀沉降,因此造成塔身倾斜,据实测,塔顶偏离中心线 2.34 m。过大的沉降差(根据塔顶偏离计算的不均匀沉降量应为 66.9 cm)引起塔楼从底层到第 2 层产生了宽达 17 cm 的竖向劈裂,北侧壶门拱顶两侧裂缝发展到了第 3 层。砖墩压酥、碎裂、崩落,堪称危如累卵。经过精心治理,将危塔加固,才使古塔得以保存。

(2) 建筑物地基下沉

上海锦江饭店北楼(原名华懋公寓),建于 1929 年,共 14 层、高 57 m,是当时上海最高的一幢建筑。基础坐落在软土地基上,采用桩基础,由于工程承包商偷工减料,未按设计桩数施工,造成了大幅度沉降,建筑物的绝对沉降达 2.6 m,致使原底层陷入地下,成了半地下室,严重影响使用。

(3) 建筑物地基滑动

加拿大特朗斯康谷仓,平面呈矩形,南北向长 59.44 m,东西向宽 2.47 m,高 31.00 m,容积 36 368 m³。谷仓为圆筒仓,每排 13 个,5 排共计 65 个。谷仓基础为钢筋混凝土筏形基础,厚度 61 cm,埋深 3.66 m。谷仓于 1941 年动工,1943 年秋完工。谷仓自重 20 000 t,相当于装满谷物后满载总重量的 42.5%。1943 年 9 月装谷物,10 月 17 日当谷仓已装了 32 822 m³ 谷物时,发现 1 h 内竖向沉降达 30.5 cm。结构物向西倾斜,并在 24 h 内谷仓倾倒,仓身倾斜 26°53′,谷仓西端下沉 7.32 m,东端上抬 1.52 m,上部钢筋混凝土筒仓坚如磐石。建谷仓前未对谷仓地基进行调查研究,而是根据邻近结构物基槽开挖试验结果,计算地基承载力为 352 kPa,应用到此谷仓。1952 年经勘察试验与计算,谷仓地基实际承载力为 193.8~276.6 kPa,远小于谷仓破坏时发生的压力(329.4 kPa),因此,谷仓地基因超载发生强度破坏而滑动。

(4)建筑物墙体开裂

天津市人民会堂办公楼东西向长约 27.0 m,南北向宽约 5.0 m,高约 5.6 m,为两层楼房,工程建成后使用正常。1984 年 7 月在办公楼西侧新建天津市科学会堂学术楼。此学术楼东西向长约 34.0 m,南北宽约 18.0 m,高约 22.0 m。两楼外墙净距仅 30 cm。当年年底,人民会堂办公楼西侧北墙发现裂缝,此后,裂缝不断加长、变宽。最大的一条裂缝位于办公楼西北角,上下墙体于 1986 年 7 月已断开错位 150 mm,在地面以上高 2.3 m 处,开裂宽度超过 100 mm。这条裂缝朝东向下斜向延伸至地面,长度超过 6 m。这是相邻荷载影响导致事故的典型例子,新建学术楼的附加应力扩散至人民会堂办公楼西侧软弱地基,引起严重沉降,造成墙体开裂。

(5)建筑物地基溶蚀

徐州市区东部新生街居民密集区,于 1992 年 4 月 12 日发生了一次大塌陷,共 7 处,深度普遍为 4 m 左右。最大的塌陷长 25 m、宽 19 m,最小的塌陷直径 3 m。整个塌陷范围长 210 m,宽 140 m。位于塌陷内的 78 间房屋全部陷落倒塌。塌陷周围的房屋墙体开裂达数百间。塌陷区地基为黄河泛滥沉积的粉砂与粉土,厚达 2 m。其底部为古生代奥陶系灰岩,中间缺失老黏土隔水层,灰岩中存在大量深洞与裂隙。徐州市过量开采地下水导致水位下降,对灰岩的覆盖层粉土与粉砂形成潜蚀与空洞,并不断扩大。在下大雨后,雨水渗入地下,导致大型空洞上方土体失去支承而塌陷。

(6)土坡滑动

香港宝城大厦建在山坡上,1972 年 5 月—6 月出现连续大暴雨,特别是 6 月份雨量高达 1 658.6 mm,引起山坡因残积土软化而滑动。1972 年 7 月 18 日早晨 7 点钟,山坡下滑,冲毁宝城大厦,居住在该大厦的 120 位银行界人士当场死亡,这一事故引起全世界的震惊,从而对岩土工程倍加重视。

从以上工程实例可见,基础工程属百年大计,必须慎重对待。只有详细掌握勘察资料,深入了解地基情况,精心设计、精心施工,抓好每一个环节,才能使基础工程做到既经济合理又保证质量。

9.3　地基与基础的设计要求

9.3.1　建筑物设计总则

在设计建筑物的时候,设计人员需要考虑以下四方面的问题。

① 保证建筑物的质量,也就是技术上要求建筑物安全稳固、经久适用。

② 保证方案的经济性,即要求建筑物降低造价、提高效益。

③ 在保证方案可行性的同时,力求方案的先进性,既要充分利用新技术、新材料、新结构、新工艺,又要根据当时、当地具体情况(如技术和施工队伍的现实能力和水平,材料、机械设备的供应及施工现场其他的具体条件等),保证设计方案切实可行。

④ 保证建筑物的外观与自然环境相协调,既要求建筑物美观、大方,又要求建筑物不能对周围的自然环境造成破坏。

全面考虑这四方面问题是各项工程总的设计原则。

9.3.2 地基与基础的设计要求

要保证建筑物的质量,首先必须保证有可靠的地基与基础,否则整个建筑物就可能遭到损坏或影响正常使用。例如:地基的不均匀沉降,可导致上部结构产生裂缝或建筑物发生倾斜;如果地基设置不当,地基承载力不够,还有可能使整个建筑物倒塌。而已建成的建筑物一旦由于地基与基础方面的原因而出现事故,往往很难进行加固处理。此外,地基与基础部分的造价在建筑物总造价中往往也占很大比重。所以不管从保证建筑物质量方面,还是从建筑物的经济合理性方面考虑,地基与基础的设计和施工都是建筑物设计和施工中十分重要的组成部分。为了使全国各地都有一个统一的设计依据和标准,各基本建设部门都有一定的设计规范,这些规范是根据我国的现有生产技术水平、实际经验和科学研究成果,结合各专业的特殊要求编制出来的。《建筑地基基础设计规范》(GB 5007—2011)对地基和基础设计规定了一些具体的要求,可归纳为下列几点。

① 保证地基有足够的强度,也就是说地基在建筑物等外荷载作用下,不允许出现过大的、有可能危及建筑物安全的塑性变形或丧失稳定性的现象。

② 保证地基的压缩变形在允许范围以内,以保证建筑物的正常使用。地基变形的允许值取决于上部结构的结构类型、尺寸和使用要求等因素。

③ 防止地基土从基础底面被水流冲刷掉。

④ 防止地基土发生冻胀。当基础底面以下的地基土发生严重冻胀时,对建筑物往往是十分有害的。冻胀时地基虽有很大的承载力,但其所产生的冻胀力有可能将基础向上抬起,而冻土一旦融化,土体中含水量很大,地基承载力突然大幅降低,地基有可能发生较大沉降,甚至发生剪切破坏。所以对寒冷地区,这一点必须予以考虑。

⑤ 保证基础有足够的强度和耐久性。基础的强度和耐久性与砌筑基础的材料有关,只要施工能保证质量,一般比较容易得到保证。

⑥ 保证基础有足够的稳定性。基础稳定性包括防止倾覆和防止滑动两方面,这个问题与荷载作用情况、基础尺寸和埋置深度及地基土的性质均有关系。此外,整个建筑物还必须处于稳定的地层上,否则上述要求虽然都得到满足,也可能导致整个建

筑物出现事故。

设计地基与基础时,必须全面考虑上述要求,保证技术经济的合理性,而要做到这一点,必须在着手设计以前,收集充足、准确而又必要的资料。

9.3.3　基础设计所需要的资料

① 在选择基础的结构类型和尺寸时,必须了解建筑物的概况、建筑物用途、上部结构形式三方面的资料。

② 荷载作用情况,包括可能作用于建筑物上的各种荷载的大小、方向、作用位置、荷载性质等。

③ 建筑物范围内的地层结构及其均匀性以及各岩石层的物理力学性质指标,有无影响建筑场地稳定性的不良地质条件及其危害程度。

④ 地下水埋藏情况、类型和水位的变化幅度及规律和对建筑物材料的腐蚀性。

以上四部分资料对选择基础的埋置深度和类型,确定其尺寸并进行各项验算是必不可少的。

⑤ 施工条件,包括施工队伍的人力、物力(主要是机具设备等)和技术水平(包括施工经验),投资和施工期限以及附近的材料、水电供应和交通等情况。掌握这方面资料有助于选择经济合理而又切实可行的地基与基础方案。

上述资料是设计的重要依据,它的准确性和完整性将直接影响设计的质量,尤其是水文和地质资料,如果不准确,将会造成不良的后果,必须给予足够的重视。

总之,在进行基础设计的时候,既要考虑上部结构的情况,又要考虑地基土的特点;既要考虑多方面的技术要求,又要考虑当时、当地的具体条件。只有把这几方面矛盾处理好,才能把基础设计工作做好,这是从根本上保证整个建筑物设计质量的重要环节,必须充分加以重视。

9.4　基础类型

前已述及,一般说来基础可分为两类:浅基础和深基础。开挖基坑后可以直接修筑基础的地基,称为天然地基。而那些不能满足要求而需要事先进行人工处理的地基,称为人工地基。

浅基础根据结构形式可分为扩展基础、联合基础、柱下条形基础、柱下交叉条形基础、筏形基础、箱形基础和壳体基础等,根据基础所用材料的性能可分为无筋基础(刚性基础)和钢筋混凝土基础。深基础主要有桩基础和沉井基础两种形式。

9.4.1　扩展基础

墙下条形基础和柱下独立基础(单独基础)统称为扩展基础。扩展基础的作用是把墙或柱的荷载侧向扩展到土中,使之满足地基承载力和变形的要求。扩展基础包括无筋扩展基础和钢筋混凝土扩展基础。

1. 无筋扩展基础

无筋扩展基础是指由砖、毛石、混凝土或毛石混凝土、灰土和三合土等材料组成的无需配置钢筋的墙下条形基础及柱下独立基础(见图 9-2)。无筋基础的材料都具有较好的抗压性能,但抗拉、抗剪强度都不高。为了使基础内产生的拉应力和剪应力不超过相应的材料强度设计值,设计时需要加大基础的高度。因此,这种基础几乎不发生挠曲变形,故习惯上把无筋基础称为刚性基础。无筋扩展基础适用于多层民用建筑和轻型厂房。

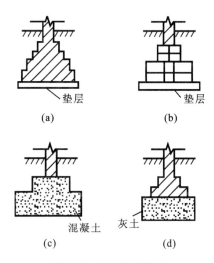

图 9-2　无筋扩展基础

(a) 砖基础;(b) 毛石基础;(c) 混凝土或毛石混凝土基础;(d) 灰土或三合土基础

采用砖或毛石砌筑无筋基础时,在地下水位以上可用混合砂浆,在水下或地基土潮湿时则应用水泥砂浆。当荷载较大或要减小基础高度时,可采用混凝土基础,也可以在混凝土中掺入体积占 25%~30% 的毛石(石块尺寸不宜超过 300 mm),即做成毛石混凝土基础,以节约水泥。灰土基础宜在比较干燥的土层中使用,多用于我国华北和西北地区。灰土由石灰和土配制而成,石灰以块状为宜,经熟化 1~2 天后过 5 mm 筛立即使用;土料用塑性指数较低的粉土和黏性土,土料团粒应过筛,粒径不得大于 15 mm。石灰和土料按体积比 3:7 或 2:8 拌和均匀,在基槽内分层夯实(每层虚铺 220~250 mm,夯实至 150 mm)。在我国南方则常用三合土基础。三合土是由石灰、砂和骨料(矿渣、碎砖或碎石)加水泥混合而成的。

2. 钢筋混凝土扩展基础

钢筋混凝土扩展基础常简称为扩展基础,是指墙下钢筋混凝土条形基础和柱下钢筋混凝土独立基础。这类基础的抗弯和抗剪性能良好,可在竖向荷载较大、地基承载力不高以及承受水平力和力矩荷载等情况下使用。与无筋基础相比,其基础高度较小,因此更适宜在基础埋置深度较小时使用。

(1) 墙下钢筋混凝土条形基础

墙下钢筋混凝土条形基础的构造如图 9-3 所示。一般情况下可采用无肋的墙基础，如果地基不均匀，为了增强基础的整体性和抗弯能力，可以采用有肋的墙基础，肋部配置足够的纵向钢筋和箍筋，以承受由不均匀沉降引起的弯曲应力。

(2) 柱下钢筋混凝土独立基础

柱下钢筋混凝土独立基础的构造如图 9-4 所示。现浇筑的独立基础可做成锥形或阶梯形，预制柱则采用杯口基础。杯口基础常用于装配式单层工业厂房。砖基础、毛石基础和钢筋混凝土基础在施工前常在基坑底面敷设强度等级为 C10 的混凝土垫层，其厚度一般为 100 mm。垫层的作用在于保护坑底土体不被人为扰动和雨水浸泡，同时改善基础的施工条件。

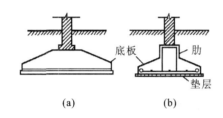

图 9-3 墙下钢筋混凝土条形基础

(a) 无肋；(b) 有肋

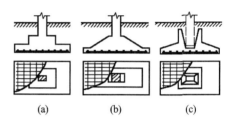

图 9-4 柱下钢筋混凝土独立基础

(a) 阶梯形基础；(b) 锥形基础；(c) 杯口基础

9.4.2 联合基础

联合基础主要指同列相邻两柱公共的钢筋混凝土基础，即双柱联合基础（见图 9-5），但其设计原则，可供其他形式的联合基础参考。

在为相邻两柱分别配置独立基础时，常因其中一柱靠近建筑界线，或因两柱间距较小，而出现基底面积不足或荷载偏心过大等情况，此时可考虑采用联合基础。联合基础也可用于调整相邻两柱的沉降差，或防止两者之间的相向倾斜等。

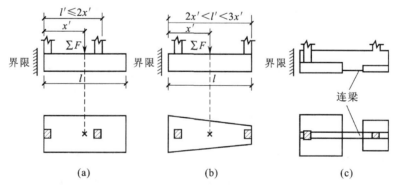

图 9-5 典型的双柱联合基础

(a) 矩形联合基础；(b) 梯形联合基础；(c) 连梁式联合基础

9.4.3　柱下条形基础

当地基较为软弱、柱荷载或地基压缩性分布不均匀,以致采用扩展基础可能产生较大的不均匀沉降时,常将同一方向(或同一轴线)上若干柱子的基础连成一体而形成柱下条形基础(见图 9-6)。这种基础的抗弯刚度较大,因而具有调整不均匀沉降的能力,并能将所承受的集中柱荷载较均匀地分布到整个基底面积上。柱下条形基础是一种常用于软弱地基上框架或排架结构的基础形式。

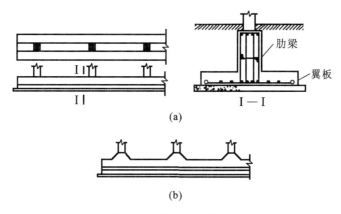

图 9-6　柱下条形基础

(a) 等截面的条形基础;(b) 柱位处加腋的条形基础

9.4.4　柱下交叉条形基础

如果地基软弱且在两个方向分布不均,需要基础在两方向都具有一定的刚度来调整不均匀沉降,则可在柱网下沿纵横两向分别设置钢筋混凝土条形基础,从而形成柱下交叉条形基础(见图 9-7)。

如果单向条形基础的底面积已能满足地基承载力的要求,则为了减少基础之间的沉降差,可在另一方向加设连梁,组成如图 9-8 所示的连梁式交叉条形基础。为了使基础受力明确,连梁不宜着地。这样,交叉条形基础的设计就可按单向条形基础来考虑。连梁通常是根据经验来配置的,但需要有一定的承载力和刚度,否则作用不大。

横向条形基础　纵向条形基础

图 9-7　柱下交叉条形基础

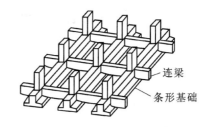

图 9-8　连梁式交叉条形基础

9.4.5 筏形基础

当柱下交叉条形基础底面积占建筑物平面面积的比例较大,或者建筑物在使用上有要求时,可以在建筑物的柱、墙下方做成一块满堂的基础,即筏形(片筏)基础。筏形基础的底面积大,可减小基底压力,同时也可提高地基土的承载力,并能更有效地增强基础的整体性,调整不均匀沉降。此外,筏形基础还具有前述各类基础所不完全具备的良好功能,例如:能跨越地下浅层小洞穴和局部软弱层,提供比较宽敞的地下使用空间,作为地下室、水池、油库等的防渗底板,增强建筑物的整体抗震性能,满足自动化程度较高的工艺设备对不允许有差异沉降的要求以及工艺连续作业和设备重新布置的要求,等等。

但是,当地基有显著的软硬不均情况,例如地基中岩石与软土同时出现时,应首先对地基进行处理,单纯依靠筏形基础来解决这类问题是不经济的,甚至是不可行的。筏形基础的板面与板底均配置受力钢筋,因此经济指标较高。

筏形基础按所支承的上部结构类型可分为用于砌体承重结构的墙下筏形基础和用于框架、剪力墙结构的柱下筏形基础。前者是一块厚度为 $200\sim300$ mm 的钢筋混凝土平板,埋深较浅,适用于具有硬壳持力层(包括人工处理形成的)、比较均匀的软弱地基上六层及六层以下承重横墙较密的民用建筑。

柱下筏形基础分为平板式和梁板式两种类型(见图9-9)。平板式筏板基础的厚度不应小于 400 mm,一般为 $0.5\sim2.5$ m。其特点是施工方便、建造快,但混凝土用量大。建于新加坡的杜那士大厦(Tunas Building)是高 96.62 m 的 29 层钢筋混凝土框架-剪力墙体系,其基础即为厚 2.44 m 的平板式筏形基础。当柱荷载较大时,可将柱下部板厚局部加大或设柱墩[见图9-9(a)],以防止基础发生冲切破坏。若柱距较大,为了减小板厚,可在柱轴两个方向设置肋梁,形成梁板式筏形基础[见图9-9(b)]。

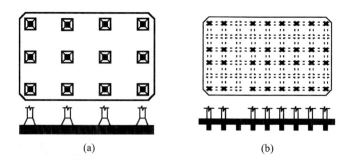

(a)	(b)

图9-9 连梁式交叉条形基础

9.4.6 箱形基础

箱形基础是由钢筋混凝土的底板、顶板、外墙和内隔墙组成的有一定高度的整体空间结构(见图 9-10),适用于软弱地基上的高层、重型或对不均匀沉降有严格要求的建筑。与筏形基础相比,箱形基础具有更大的抗弯刚度,只能产生大致均匀的沉降或整体倾斜,从而基本上消除了因地基变形而使建筑物开裂的可能性。箱基埋深较大,基础中空,从而使开挖卸去的土重部分抵偿了上部结构传来的荷载(补偿效应),因此,与一般实体基础相比,它能显著减小基底压力、降低基础沉降量。此外,箱基的抗震性能较好。高层建筑的箱基往往与地下室结合考虑,其地下空间可作人防、设备间、库房、商店以及污水处理室等。冷藏库和高温炉体下的箱基有隔断热传导的作用,以防地基土产生冻胀或干缩。但由于内墙分隔,箱基地下室的用途不如筏基地下室的广泛,例如不能用作地下停车场等。

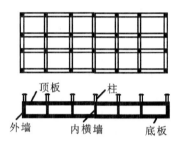

图 9-10　箱形基础

箱基的钢筋水泥用量很大,工期长、造价高、施工技术比较复杂,在进行深基坑开挖时,还需考虑降低地下水位、坑壁支护及对周边环境的影响等问题。因此,箱基的采用与否,应在与其他可能的地基基础方案作技术经济比较之后再确定。

9.4.7　壳体基础

为了发挥混凝土抗压性能好的特性,可以将基础的形式做成壳体。常见的壳体基础形式有三种,即正圆锥壳、M 形组合壳和内球外锥组合壳(见图 9-11)。壳体基础可用作柱基础和简形构筑物(如烟囱、水塔、料仓、中小型高炉等)的基础。

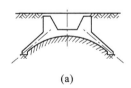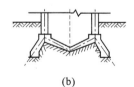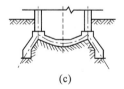

(a)　　　　　　　　　(b)　　　　　　　　　(c)

图 9-11　壳体基础的结构形式
(a) 正圆锥壳;(b) M 形组合壳;(c) 内球外锥组合壳

壳体基础的优点是材料省、造价低。根据统计,中小型简形构筑物的壳体基础,可比一般梁、板式的钢筋混凝土基础少用混凝土 30%～50%,节约钢筋 30% 以上。此外,一般情况下壳体基础施工时不必支模,土方挖运量也较少。不过,由于较难实行机械化施工,因此壳体基础施工工期长,同时施工工作量大,技术要求高。

9.4.8　桩基础

一般建筑物应充分利用天然地基或人工地基的承载能力,尽量采用浅基础。但遇软弱土层较厚,建筑物对地基的变形和稳定要求较高,或由于技术、经济等各种原因不宜采用浅基础时,就得采用桩基础。桩是一种埋入土中,截面尺寸比其长度小得多的细长构件。桩群的上部与承台连接而组成桩基础,通过桩基础把竖向荷载传递到地层深处坚实的土层上去,或把地震力等水平荷载传到承台和桩前方的土体中。房屋建筑工程的桩基础通常为低承台桩,如图 9-12 所示,其承台底面一般位于土面以下。

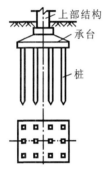

图 9-12　低承台桩

从工程观点出发,桩可以用不同的方法分类。就其材料而言,有木桩、钢筋混凝土桩和钢桩。由于木材在地下水位变动部位容易腐烂,且其长度和直径受限制,承载力不高,目前已很少使用,近代主要制桩材料是混凝土和钢材。桩还可以按承载性状、施工方法及挤土效应进行分类。

随着高层和高耸建(构)筑物如雨后春笋般地涌现,桩的用量、类型、桩长、桩径等均以极快的速度向纵深方面发展。在我国,桩的最大深度已达 104 m,最大直径已达 6 000 mm。这样大的深度与直径并非设计者的标新立异,而是上部结构与地质条件结合情况下势在必行的客观要求。建(构)筑物越高,则采用桩(墩)的可能性就越大。因为每增高一层,就相当于在地基上增加 12～14 kPa 的荷载,数十层的高楼所要求的承载力高的土层往往埋藏很深,因而常常要用桩将荷载传递到深部土层去。

9.4.9　沉井基础

沉井基础是一种历史悠久的基础形式,适用于地基浅层较差而深部较好的地层,既可以用作陆地基础,也可用作较深的水中基础。所谓沉井基础,就是用一个事先筑好的以后能充当桥梁墩台或结构物基础的井筒状结构物,一边井内挖土,一边靠它的自重克服井壁摩擦阻力后不断下沉到设计标高,经过混凝土封底并填塞井孔,浇筑沉井顶盖,沉井基础便告完成。然后即可在其上修建墩身,沉井基础施工步骤如图 9-13 所示。

沉井是桥梁工程中较常采用的一种基础形式。南京长江大桥正桥 1 号墩基基础就是钢筋混凝土沉井基础。它是从长江北岸算起的第一个桥墩。那里水很浅,但地质钻探结果表明,在地面以下 100 m 以内尚未发现岩面,地面以下 50 m 处有较厚的砾石层,所以采用了尺寸为 20.2 m×24.9 m 的长方形的井底沉井。沉井在土层中下沉了 53.5 m,在当时来说,是一项非常艰巨的工程,而 1999 年建成通车的江阴长江大桥的北桥塔侧的锚链,也是一个沉井基础,尺寸为 69 m×51 m,是目前世界上平

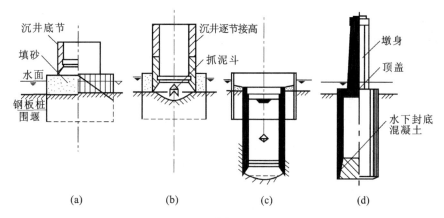

图 9-13　沉井基础施工步骤

(a) 沉井底节在人工筑岛上灌筑；(b) 沉井开始下沉及接高；
(c) 沉井已下沉至设计标高；(d) 进行封底及墩身等工作

面尺寸最大的沉井基础。

　　沉井基础的特点是其入土深度可以很大，且刚度大、整体性强、稳定性强，有较大的承载面积，能承受较大的垂直力、水平力及挠曲力矩，施工工艺也不复杂。缺点是施工周期较长，如遇到饱和粉细砂层时，排水开挖会出现翻浆现象，往往会造成沉井歪斜；下沉过程中，如遇到孤石、树干、溶洞及坚硬的障碍物及井底岩层表面倾斜过大时，施工有一定的困难，需做特殊处理。

　　遵循经济上合理、施工上可能的原则，通常在下列情况下，可优先考虑采用沉井基础。

　　① 在修建负荷较大的建筑物时，其基础要坐落在坚固、有足够承载能力的土层上，且当这类土层距地表面较深(8～30 m)，天然基础和桩基础都受水文地质条件限制时。

　　② 山区河流中浅层地基土虽然较好，但冲刷大，或河中有较大卵石，不便桩基施工时。

　　③ 倾斜不大的岩面，在掌握岩面高差变化的情况下，可通过高低刃脚与岩面倾斜相适应或岸面平坦且覆盖薄，但河水较深，采用扩大基础施工围堰有困难时。

　　沉井有着广泛的工程应用范围，不仅大量用于铁路及公路桥梁中的基础工程，在市政工程中的给、排水泵房，地下电厂，矿用竖井，地下储水、储油设施中也广泛应用，而且在建筑工程中还用于基础或开挖防护工程，尤其适用于软土中地下建筑物的基础。

9.5　山区地基及特殊土地基

9.5.1　概述

　　由于土的原始沉积条件、地理环境、沉积历史、物质成分及其组成的不同，某些区域所形成的土具有明显的特殊性质。例如云南、广西的部分区域有膨胀土、红黏土，西北和华北的部分区域有湿陷性黄土，东北和青藏高原的部分区域有多年冻土等。工程上把这些具有特殊工程性质的土称为特殊土。膨胀土中的亲水性矿物含量高，具有显著的吸水膨胀、失水收缩的变形特性。湿陷性黄土指在自重压力下或在自重压力加附加压力下遇水会产生明显沉陷的土，在干旱或半干旱的气候条件下由风、坡积所形成。充分认识特殊土地基的特性及其变化规律，能正确地设计和处理好地基基础问题。经过多年的工程实践和总结，我国制定和颁发了一些相应的工程勘察及工程设计规范，使勘察设计做到了有章可循。区域性地基包括特殊土地基和山区地基。山区地基的主要特点如下。

① 地表高低悬殊，平整场地后，建筑物基础常会一部分位于挖方区，另一部分却在填方区。

② 基岩埋藏较浅，且层面起伏变化大，有时会出露地表，覆盖土层薄厚不均。

③ 常会遇到大块孤石、局部石芽或软土情况。

④ 不良地质现象较多，如滑坡、崩塌、泥石流以及岩溶和土洞等，常会给建筑物造成直接或潜在的威胁。

⑤ 山区水流面积广，地表水径流大，如遇暴雨极易造成滑坡、崩塌等事故。

⑥ 位于斜坡地段的地基，有可能失去稳定。

由此看出，山区地基最突出的问题是地基的不均匀性和场地的不稳定性。这就要求认真进行工程地质勘察，详细查明地层的分布、岩土性质及地下水和地表水的情况，查明不良地质现象的规模和发展趋势，必要时可加密勘探点或进行补勘，最终提供完整、准确、可靠的地质资料。

对于区域性地基设计，要求充分认识和掌握其特点和规律，正确处理地基土的胀缩性、湿陷性和不均匀性等不良特性，并采取一定措施保证场地的稳定性。

9.5.2 岩石地基

对于山区地基，有时会遇到埋藏较浅甚至出露地表的岩石，此时，岩石将成为建筑物地基持力层。

岩石地基的工程勘察应根据工程规模和建筑物荷载大小及性质，采用物探、钻探等手段，探明岩石类型、分布、产状、物理性质、风化程度、抗压强度等有关地质情况，尤其应注意是否存在软弱夹层、断层，并对基岩的稳定性进行客观的评价。在多数情况下，对稳定的、风化程度不严重的岩石地基，其强度和变形一般都能满足上部结构的要求，承载力特征值可根据单轴饱和抗压强度按《建筑地基基础设计规范》(GB 50007—2011)的规定确定。

对岩石风化破碎严重，或重要的建筑物，应按荷载试验确定承载力。在岩石地基上的基础设计中，对于荷载或偏心较大的，或基岩面坡度较大的工程，常采用嵌岩灌注桩(墩)，甚至采用桩箱(板)联合基础。对荷载或偏心都较小，或基岩面坡度较小的工程可采用如图 9-14 所示的基础形式。

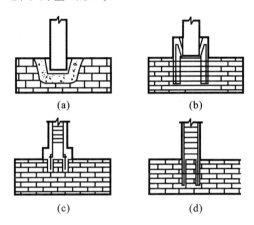

图 9-14 岩石地基的几种基础形式

(a) 预制柱的岩石杯口;(b) 预制柱的锥桩杯口;(c) 现浇柱的大放脚锚桩;(d) 现浇柱锚桩

9.5.3 土岩组合地基

在建筑地基或被沉降缝分隔区段的建筑地基的主要受力层范围内,遇有下列情况之一者,属于土岩组合地基:

① 下卧基岩表面坡度较大的地基;

② 石芽密布并有出露的地基;

③ 大块孤石或个别石芽出露的地基。

对稳定的土岩组合地基,当变形验算值超过允许值时,可采用调整基础密度、埋深或采用褥垫等方法进行处理。褥垫可采用炉渣、中砂、粗砂、土夹石或黏性土等材料,厚度一般为 300～500 mm,并控制其密度。褥垫一般构造如图 9-15 所示。

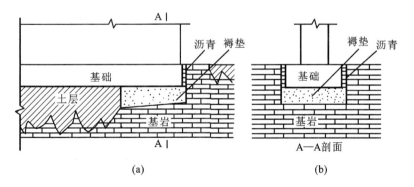

图 9-15 褥垫一般构造

对于石芽密布并有出露的地基,当石芽间距小于 2 m,其间为硬塑或坚硬状态的红黏土时,对于房屋为 6 层和 6 层以下的砌体承重结构、3 层和 3 层以下的框架结构或具有 15 t 和 15 t 以下吊车的单层排架结构,其基底压力小于 200 kPa,可不进行地基处理。如不能满足上述要求,可考虑利用稳定性可靠的石芽作为支墩式基础,也可在石芽出露部位做褥垫。当石芽间有较厚的软弱土层时,可用碎石、土夹石等压缩性低的土料进行置换处理。

对于大块孤石或个别石芽出露的地基,当土层的承载力特征值大于 150 kPa,房屋为单层排架结构或一、二层砌体承重结构时,宜在基础与岩石接触的部位采用褥垫进行处理;对于多层砌体承重结构,应根据土质情况,采取桩基或梁、拱跨越,局部爆破等综合处理措施。

总之,对土岩组合地基上基础的设计和地基处理,应重点考虑基岩上覆盖土的稳定性和不均匀沉降或倾斜的问题。对地基变形要求严的建筑物或地质条件复杂,难以采取合适、有效的处理措施时,可考虑适当调整建筑物平面位置。对地基压缩性相差较大的部位,除进行必要的地基处理外,还需结合建筑平面形状、荷载情况设置沉降缝,沉降缝宽度宜取 30~50 mm,特殊情况可适当加宽。

9.5.4 岩溶与土洞地基

岩溶(或称喀斯特)指可溶性岩石经水的长期作用形成的各种奇特地质形态。如石灰岩、泥灰岩、大理岩、石膏、盐岩受水作用可形成溶洞、溶沟、暗河、落水洞等一系列形态(见图 9-16)。

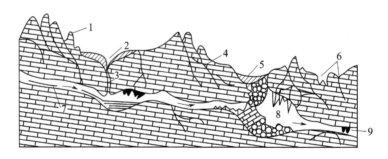

图 9-16 岩溶岩层剖面

1—石芽、石林;2—漏斗;3—落水洞;4—溶蚀裂隙;5—塌陷洼地;

6—溶沟、溶槽;7—暗河;8—溶洞;9—钟乳石

土洞一般指岩溶地区覆盖土层中,由于地表或地下水的作用形成的洞穴。

1. 岩溶地基

我国的可溶性岩分布很广,在南北方均有成片或零星的分布,其中以云南、广西、贵州分布最广。其规模与地下水作用的强弱程度和时间关系密切,如有的整座小山体内被溶洞、溶沟所掏空。

岩溶地区的工程地质勘察工作,重点是揭示岩溶的发育规律、分布情况和稳定程度,查明溶洞、溶蚀裂隙和暗河的界线及场地内有无涌水、淹没的可能性,对建设场地的适宜性作出评价。地面石芽、溶沟、溶槽发育,基岩起伏剧烈,其间有软土分布的情况;或是存在规模较大的浅层溶洞、暗河、漏斗、落水洞的情况;或是溶洞水流路堵塞造成涌水时有可能使场地暂时淹没的情况,均属于不良地质条件的场地。一般情况下,应避免在该地段修建建筑物。

岩溶地区的地基与基础设计,应全面、客观地分析和评价地基的稳定性,如基础底面以下的土层厚度大于 3 倍单独基础的宽度,或大于 6 倍条形基础底宽,且在使用期间不可能形成土洞时;或基础位于微风化硬质岩石表面,对于宽度小于 1 m 的竖向溶蚀裂隙和落水洞内充填情况及岩溶水活动等因素需进行洞体稳定性分析。如地质条件符合下列情况之一时,可以不考虑溶洞对地基的稳定性影响,但必须按土岩组合地基的要求设计:溶洞被密实的沉积物填满,其承载力超过 150 kPa,且不存在被水冲蚀的可能性;洞体较小,基础尺寸大于洞的平面尺寸,并有足够的支承力度;微风化硬质岩石中,洞体顶板厚度接近或大于洞跨。

对地基稳定性有影响的岩溶洞隙,应根据其位置、大小、埋深、围岩稳定性和水文地质条件综合分析,因地制宜地采取处理措施:对洞口较小的洞隙,宜采用镶补、嵌塞与跨盖的方法处理;对洞口较大的洞隙,宜采用梁、板和拱结构跨越处理,也可采用浆砌块石等堵塞措施;对规模较大的洞隙,可采用洞底支撑或调整柱距等方法处理;对于围岩不稳定风化裂隙破碎的岩体,可采用灌浆加固或清爆等措施。

2. 土洞地基

土洞是岩面以上的土体在水的潜蚀作用下遭到迁移流失而形成的。根据地表水和地下水的作用可将土洞分为:①地表水形成的水洞,由于地表水下渗,土体内部被冲蚀而逐渐形成土洞或导致地表塌陷;②地下水形成的土洞,当地下水位随季节升降频繁或人工降低地下水位时,水对结构性差的松软土产生潜蚀作用而形成的土洞。由于土洞具有埋藏浅、分布密、发育快、顶部覆盖土层强度低的特征,因而对建筑物场地或地基的危害程度往往大于溶洞。在土洞发育和岩土交界面处地下水活动强烈的岩溶地区,工程勘测应着重查明土洞和塌陷的形状、大小、深度及稳定性,并预估地下水位在建筑物使用期间变化的可能性及土洞发育规律。施工时,需认真做好钻探工作,仔细查明基础下土洞的分布位置及范围,再采取处理措施。

土洞常用的处理措施如下。

① 由地表水形成的土洞或塌陷地段,当土洞或陷坑较浅时,可进行填挖处理,边坡应挖成台阶形,逐层填土夯实。当洞穴较深时,可采用水冲砂、砾石或灌注 C15 细石混凝土。灌注时,需在洞顶上设置排气孔。另外,应认真做好地表水截流、防渗、堵漏工作。

② 由地下水形成的塌陷及浅埋土洞,先应清除底部软土部分,再抛填块石作反滤层,面层可用黏性土夯填;深埋土洞可采用灌填法或采用桩、沉井基础。采用灌填法时,还应结合梁、板或拱跨越办法处理。

9.5.5　膨胀土地基

膨胀土地基是指黏粒成分主要由强亲水性矿物组成,同时具有显著的吸水膨胀和失水收缩两种变形特征的黏性土。其黏粒成分主要以蒙脱石或以伊利石为主,并在北美、北非、南亚、澳洲、中国黄河流域及以南地区均有不同程度的分布。膨胀土一般强度较高,压缩性低,容易被误认为是良好的天然地基。实际上,由于它具有较强的膨胀和收缩变形性质,往往威胁建筑物和构筑物的安全,尤其对低层轻型房屋、路基、边坡的破坏作用更甚。膨胀土地基上的建筑物如果开裂,则不易修复。我国自1973年开始,对这种特殊土进行了大量的试验研究,形成了较系统的理论和较丰富的工程经验。膨胀土地基的勘察、设计和施工应遵守《膨胀土地区建筑技术规范》(GB 50112—2013)的规定与要求。

1. 膨胀土的一般特征

(1) 分布特征

膨胀土多分布于二级或二级以上的河谷阶地、山前、盆地边缘及丘陵地带。一般地形坡度平缓,无明显的天然陡坎,如分布在盆地边缘与丘陵地带的膨胀土地区有云南蒙自、云南鸡街、广西宁明、河北邯郸、河南平顶山、湖北襄樊等地,而且所含矿物成分以蒙脱石为主,胀缩性较大;分布在河流阶地或平原地带的膨胀土地区有安徽合肥、山东临沂、四川成都、江苏、广东等地,且多含有伊利石矿物。在丘陵、盆地边缘地带,膨胀土常分布于地表,而在平原地带的膨胀土常被第四纪冲积层所覆盖。

(2) 物理性质特征

膨胀土的黏粒含量很高,粒径小于 0.002 mm 的胶体颗粒含量往往超过 20%,塑性指数 I_P 大于 17,且多在 22~35 之间,天然含水量与塑限接近;液性指数 I_L 常小于零,呈坚硬或硬塑状态。膨胀土的颜色有灰色、黄褐、红褐等,且土中常含有钙质或铁锰质结核。

(3) 裂隙特征

膨胀土中的裂隙发育,有竖向、斜交和水平裂隙三种。常呈现光滑和带有擦痕的裂隙面,显示出土相对运动的痕迹。裂隙中多被灰绿、灰白色黏土所填充。裂隙宽度为上宽下窄,且旱季开裂,雨季闭合,呈季节性变化。

在膨胀土地基上建筑物常见的裂缝有:山墙口对称或不对称的倒八字形缝,这是因为山墙两侧下沉量较中部大的缘故;外纵墙外倾并出现水平缝;胀缩交替变形引起的交叉缝等(见图 9-17)。

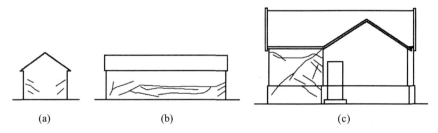

图 9-17 膨胀土地基上低矮房屋墙的裂缝

(a) 山墙对称斜裂缝;(b) 外纵墙水平裂缝;(c) 墙面交叉裂缝

2. 膨胀土地基的勘察与评价

(1) 地基勘察要求

膨胀土地基勘察除应满足一般工程勘察要求外,还需着重揭示下列内容。

① 查明膨胀土的地质时代、成因和胀缩性能,对于重要的和有特殊要求的建筑场地,必要时应进行现场浸水荷载试验,进一步确定地基土的性能及其承载力。

② 查明场地内有无浅层滑坡、地裂、冲沟和隐状岩溶等不良地质现象。

③ 调查地表水排泄、积聚情况,植被影响地下水类型和埋藏条件,多年水位和变化幅度。

④ 调查当地多年的气象资料,包括降水量和蒸发量、雨季和干旱持续时间、气温和地温等情况,并了解其变化特点。

⑤ 注意了解当地建设经验,分析建筑物(群)损坏的原因,考察成功的工程措施。

(2) 地基承载力

膨胀土地基承载力的确定,考虑土的膨胀特性、基础大小和埋深、荷载大小、土中含水量变化等影响因素,膨胀土地区的基础设计,应充分利用土的承载力,尽量使基底压力不小于土的膨胀力。另外,对防水、排水情况,或埋深较大的基础工程,地基土的含水量不受季节变化的影响,土的膨胀特征就难以表现出来,此时可选用较高的承载力值。

(3) 地基变形

膨胀土地基的变形,除与土的膨胀收缩特性(内在因素)有关外,还与地基压力和含水量的变化(外在因素)情况有关。地基压力大,则土体不会膨胀或膨胀小;地基土中的含水量基本不变化,则土体胀缩总量不大。而含水量的变化又与大气影响程度、地形、覆盖条件等因素相关。如气候干燥,土的天然含水量低,或基坑开挖后经长时间曝晒的情况都有可能引起(建筑物覆盖后)土的含水量增加,导致地基产生膨胀变形。如果建房初期土中含水量偏高,覆盖条件差,不能有效地阻止土中水分的蒸发,或是长期受热源的影响,如砖瓦窑等热工构筑物或建筑物,就会导致地基产生收缩变形。在亚干旱、亚湿润的平坦地区,浅埋基础的地基变形多为膨胀、收缩周期性变化,这就需要考虑地基土的膨胀和收缩的总变形。

(4) 膨胀土地基的工程措施

① 建筑设计措施。

a. 场址选择:应选择地面排水畅通或易于排水、地形条件比较简单、土质均匀的地段,尽量避开地裂、溶沟发育、地下水位变化大及存在浅层滑坡可能的地段。

b. 总平面布置:竖向设计宜保持自然地形,避免大开大挖,造成含水量变化大的情况出现,做好排水、防水工程,对排水沟、截水沟应确保沟壁的稳定,并对沟进行必要的防水处理。根据气候条件、膨胀土等级和当地经验,合理进行绿化设计,宜种植吸水量和蒸发量小的树木、灰草。

c. 单体建筑设计:建筑物体型应力求简单并控制房屋长高比,必要时可采用沉降缝分隔措施隔开。屋面排水宜采用外排水,雨水管不应布置在沉降缝处,在雨水量较大地区,应采用雨水明沟或管道进行排水。做好室外散水和室内地面的设计,根据胀缩等级和对室内地面的使用要求,必要时可增设石灰焦渣隔热层、碎石缓冲层。对膨胀土地基和使用要求特别严格的地面,可采取混凝土配筋地面或架空地面。此外,对现浇混凝土散水或室内地面,分隔缝不宜超过 3 m,散水或地面与墙体之间设变形缝,并以柔性防水材料嵌缝。

② 结构设计措施。

a. 上部结构方面:应选用整体性好,对地基不均匀胀缩变形适应性较强的结构,而不宜采用砖拱结构、无砂大孔混凝土砌块或无筋中型砌块等对变形敏感的结构。对砖混结构房屋可适当设置圈梁和构造柱,并注意加强较宽的门窗洞口部位和底层窗位砌体的刚度,提高其抗变形能力。对外廊式房屋宜采用悬挑外廊的结构形式。

b. 基础设计方面:同一工程房屋应采用同类型的基础形式。对于排架结构,可采用独立柱基将围护墙、山墙及内隔墙砌在基础梁上,基础梁下应预留 100~150 mm 的空隙,并进行防水处理。对桩基础,其桩端应伸入非膨胀土层或大气影响急剧层下一定长度。选择合适的基础埋深,往往是减小或消除地基胀缩变形的有效途径,一般情况埋深不小于 1 m,可根据地基胀缩等级和大气影响强烈程度等因素按变形规定确定。对坡地场地,还需考虑基础的稳定性。

c. 地基处理:应根据土的胀缩等级、材料供给和施工工艺等情况确定处理方法,一般可采用灰土、砂石等非膨胀土进行换土处理。对平坦场地膨胀土地基,常采用砂、碎石垫层处理方法,垫层厚度不小于 300 mm,宽度应大于基底宽度,并宜采用与垫层材料相同的土进行回填,同时做好防水处理。

9.5.6 红黏土地基

红黏土是指石灰岩、白云岩等碳酸盐类岩石,在湿热气候条件下经长期风化作用形成的一种以红色为主的黏性土。我国红黏土多属于第四纪残积物,也有少数原地红黏土经间隙性水流搬运再次沉积于低洼地区,当搬运沉积后仍能保持红黏土的基本特征,且液限大于 45% 者称为次生物黏土。

红黏土是一种物理力学性质独特的高塑性黏土,其化学成分以 SiO_2、Fe_2O_3、Al_2O_3 为主,矿物成分以高岭石或伊利石为主,主要分布于云南、贵州、广西、湖南、湖北、安徽等部分地区。

1. 红黏土的工程性质和特征

红黏土含有较多黏粒,孔隙比较大,天然含水量高。尽管红黏土的含水量高,却常处于坚硬或硬塑状态,具有较高的强度和较低的压缩性。有些地区的红黏土被水浸湿后体积膨胀,干燥失水后体积收缩。

红黏土的厚度与下卧基岩面关系密切,常因岩石表面石芽、溶沟的存在,导致红黏土的厚度变化很大,因此对红黏土地基的不均匀性应给予足够重视。

2. 红黏土地基设计要点

在进行红黏土地基设计时,应确定合适的持力层,尽量利用浅层坚硬、硬塑状态的红黏土作为地基的持力层,控制地基的不均匀沉降。当土层厚度变化大或土层中存在软弱下卧层、石芽、土洞时,应采取必要的措施,如换土、填洞、加强基础和上部结构刚度等,使不均匀沉降控制在允许值范围内。

控制红黏土地基的胀缩变形。当红黏土具有明显的胀缩特性时,可参照膨胀土地基,采取相应的设计、施工措施,以便保证建筑物的正常使用。

9.6 地基承载力的概念

各种土木工程在整个使用年限内都要求地基稳定,即要求地基不致因承载力不足、渗流破坏而失去稳定性,也不致因变形过大而影响正常使用。地基承载力是指地基承担荷载的能力。在荷载作用下,地基会产生变形。随着荷载的增大,地基变形逐渐增大。初始阶段,地基尚处在弹性平衡状态,具有安全的承载能力。当荷载增大到地基中开始出现某点或小区域内各点某一截面上的剪应力达到土的抗剪强度时,该点或小区域内各点就产生剪切破坏而处在极限平衡状态,土中应力将发生重分布。这种小范围的剪切破坏区称为塑性区。地基小范围的极限平衡状态大都可以恢复到弹性平衡状态,地基尚能趋于稳定,仍具有安全的承载能力。但此时地基变形稍大,尚须验算变形的计算值不超过允许值。当荷载继续增大,地基出现较大范围的塑性区时,将显示地基承载力不足而失去稳定。此时地基达到极限承载能力。地基承载力是地基土抗剪强度的一种宏观表现,影响地基土抗剪强度的因素对地基承载力也产生类似影响。

地基承载力问题是土力学中的一个重要的研究课题,其目的是为了掌握地基的承载规律,发挥地基的承载能力,合理确定地基承载力,确保地基不致因荷载作用而发生剪切破坏,产生变形过大而影响建筑物或土工建筑物的正常使用。为此,地基基础设计一般都限制基底压力最大不超过地基容(允)许承载力或地基承载力特征值(设计值)。

确定地基承载力的方法一般有原位试验法、理论公式法、规范表格法和当地经验法四种。原位试验法是一种通过现场直接试验确定承载力的方法,现场直接试验包括(静)荷载试验、静力触探试验、标准贯入试验、旁压试验等,其中以荷载试验法最为直接、可靠;理论公式法是根据土的抗剪强度指标以理论公式计算确定承载力的方法;规范表格法是根据室内试验指标、现场测试指标或野外鉴别指标,通过查规范所列表格得到承载力的方法;当地经验法是一种基于地区的使用经验,进行类比判断,从而确定承载力的方法。规范不同(包括不同部门、不同行业、不同地区的规范),其承载力值不会完全相同,应用时需注意各自的使用条件。

【本章要点】

① 地基属于地层,是支承建筑物的那一部分地层;而基础属于结构物,是建筑物

与场地土接触的那部分结构。

② 基础形式分为浅基础和深基础两大类,了解各类基础的形式和设计概念。

③ 了解山区地基及特殊土地基的分类及特点。

④ 了解地基承载力设计的概念。

【思考和练习】

9-1　地基与基础有区别吗? 地基可以设计吗?

9-2　基础的结构形式主要有哪些? 其适用范围如何?

9-3　调查本地区一工程现场场地土分布情况,分析基础设计应注意的问题。

第10章　钢筋混凝土单层厂房结构

10.1　单层厂房的结构形式

单层厂房按承重结构的材料不同可分为混合结构、混凝土结构和钢结构。一般来说，无吊车或吊车起重量不超过 5 t、跨度 15 m 以内、柱顶标高在 8 m 以下、无特殊工艺要求的小型厂房，可采用由砖柱、钢筋混凝土屋架或木屋架或轻钢屋架组成的混合结构。吊车吨位在 250 t（中级工作制）以上、跨度大于 36 m 的大型厂房或有特殊要求的厂房（例如高温车间或有较大振动设备的车间），可采用钢屋架和混凝土柱或采用全钢结构。除上述情况以外的单层工业厂房一般采用混凝土结构。

单层厂房按承重结构形式可分为排架结构和刚架结构两种。

排架结构由屋架（或屋面梁）、柱和基础组成，柱与屋架铰接，与基础刚接。根据生产工艺和使用要求的不同，排架结构可设计成单跨排架、等高多跨排架、多跨不等高排架等多种形式（见图 10-1）。排架结构传力明确，构造简单，施工方便，其跨度可超过 30 m，高度可达 20～30 m 或更大，吊车吨位可达 150 t 甚至更大。

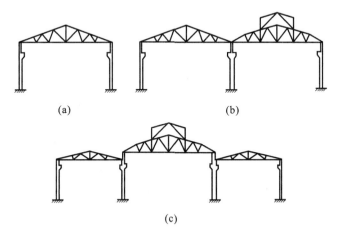

图 10-1　排架结构形式

（a）单跨排架；（b）等高多跨排架；（c）多跨不等高排架

刚架也是由横梁、柱和基础组成的。与排架结构不同的是，刚架的柱与横梁刚接为同一构件，而与基础一般为铰接，有时也用刚接。目前常用的刚架是装配式钢筋混凝土门式刚架（梁、柱合一的钢筋混凝土结构）。

门式刚架按其横梁形式的不同，分为人字形门式刚架［见图 10-2（a）、（b）］和弧形门式刚架[见图 10-2(c)、(d)]两种。按其顶节点的连接方式不同,又分为三铰门式刚架[见图 10-2(a)]和两铰门式刚架[见图 10-2(b)],前者是静定结构,后者是超静定结构。

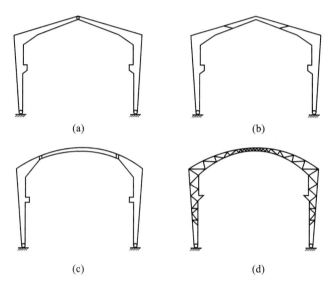

图 10-2 门式刚架结构形式

(a) 人字形门式刚架一(三铰门式刚架);(b) 人字形门式刚架二(两铰门式刚架);
(c) 弧形门式刚架一;(d) 弧形门式刚架二

门式刚架具有以下特点。

① 梁柱合一,构件种类少,制作较简单,结构轻巧。

② 门式刚架的横梁是人字形或弧形,内部空间较大。

③ 门式刚架立柱与横梁的截面高度可随内力(主要是弯矩)的增减而变化,构件截面一般为矩形,当跨度和高度较大时,也可做成工字形或空腹式,以节约材料和减轻自重。

④ 横梁在荷载作用下产生水平推力使柱顶的跨度有所变化,梁柱转角处易产生早期裂缝,因而当跨度较大时会影响柱上吊车的安全行驶。

⑤ 门式刚架的构件呈"Γ"形或"Y"形,使构件的翻身、起吊和对中就位比较麻烦,跨度大时尤为明显。

门式刚架常用于跨度不超过 18 m、檐口高度不超过 10 m、无吊车或吨位不超过 10 t 的仓库或金工、机修、装配等车间。有些公共建筑(如食堂、礼堂、体育馆)也可采用门式刚架,其跨度可大些。

10.2 单层厂房的结构组成

钢筋混凝土单层厂房排架结构是由多种构件组成的空间受力体系(见图 10-3)。

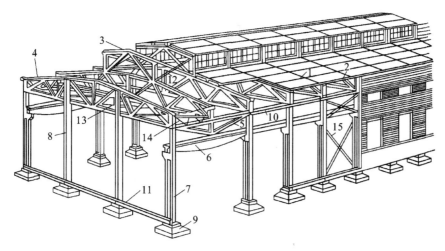

图 10-3　单层厂房的结构组成

1—屋面板；2—天沟板；3—天窗架；4—屋架；5—托架；6—吊车梁；7—排架柱；
8—抗风柱；9—基础；10—连系梁；11—基础梁；12—天窗架垂直支撑；
13—屋架下弦横向水平支撑；14—屋架端部垂直支撑；15—柱间支撑

1. 屋盖结构

屋盖结构在单层厂房结构中占很大比重，无论在材料用量或是在土建造价上，它都占全部工程的 40%～50%。屋盖结构分为有檩体系和无檩体系两种。无檩体系由大型屋面板(包括天沟板)、屋架或屋面梁及屋盖支撑组成，有时还设有天窗架和托架等构件。这种屋盖的刚度大、整体性好、构件数量和种类较少、施工较快，是单层厂房中应用较广的一种形式。有檩体系是由小型屋面板、檩条、屋架及屋盖支撑组成的。这种屋盖的构造和荷载传递都比较复杂，整体性和刚度较差，适用于中、小型厂房。

2. 横向平面排架

横向平面排架由横梁(屋架或屋面梁)和横向柱列(包括基础)组成，是厂房的基本承重构件。厂房承受的竖向荷载(包括结构自重、屋面荷载、雪荷载和吊车竖向荷载等)及横向水平荷载(包括风荷载、水平横向制动力和横向水平地震作用等)主要通过横向平面排架传至基础及地基，如图 10-4 所示。

3. 纵向平面排架

纵向平面排架由连系梁、吊车梁、纵向柱列(包括基础)和柱间支撑等组成，其作用是保证厂房结构的纵向稳定性和刚度，承受吊车纵向水平荷载、纵向水平地震作用、温度应力以及作用在山墙及天窗架端壁并通过屋盖结构传来的纵向风荷载等，如图 10-5 所示。

4. 围护结构

围护结构包括纵墙、横墙(山墙)及由连系梁、抗风柱(有时还有抗风梁或抗风桁

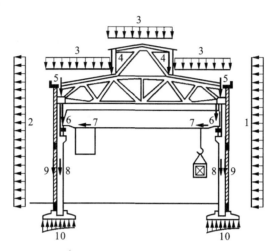

图 10-4　横向平面排架荷载传递示意

1—风压力;2—风吸力;3—屋面荷载;4—天窗荷载;5—屋架荷载;6—吊车竖向轮压;

7—吊车水平制动力;8—柱自重;9—墙自重;10—地基反力

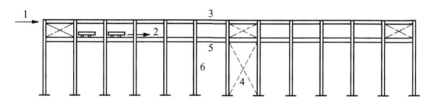

图 10-5　纵向平面排架荷载传递示意

1—风力;2—吊车纵向制动力;3—连系梁;4—柱间支撑;5—吊车梁;6—柱

架)、基础梁等组成的墙架。这些构件所承受的荷载主要是墙体和构件的自重以及作用在墙面上的风荷载。

　　单层厂房中的横向排架是主要承重结构,承担厂房的大部分主要荷载,且跨度大、柱根数少,柱中内力较大,需要有足够的承载力和刚度,以保证厂房结构的可靠性。排架在纵向较弱,必须设置柱间支撑以保证纵向稳定。而屋架与柱顶铰接,也必须设置支撑系统来保证纵向力的传递与结构的稳定。纵向排架承担的荷载较小,且一般厂房沿纵向柱子较多,又有柱间支撑的加强,因此纵向排架刚度大,内力小,一般可不作计算,仅采取合适的构造措施即可。若厂房较短,纵向柱列少于 7 根,或在地震区,需考虑地震作用时,则需计算纵向排架。

10.3　单层厂房的结构布置

　　在单层厂房的结构类型和结构体系确定之后,即可根据厂房生产工艺等各项要求进行厂房结构布置,包括厂房平面布置、支撑布置和围护结构布置等。

10.3.1 平面布置

1. 柱网布置

结构布置的第一步就是确定柱网。柱网是指厂房承重柱(或承重墙)的纵向和横向定位轴线所形成的网格。柱网布置就是确定纵向定位轴线之间的距离(跨度)和横向定位轴线之间的距离(柱距)。柱网尺寸确定后,承重柱的位置即可确定,屋面板、屋架、吊车梁及基础梁等构件的跨度及位置也随之确定。柱网布置恰当与否直接影响厂房结构的经济合理性和先进性,与生产使用密切相关。

柱网布置的一般原则包括:①符合生产工艺和使用功能的要求;②力求建筑平面和结构方案经济合理;③遵守《厂房建筑模数协调标准》(GB/T 50006—2010)规定的统一模数制,以 100 mm 为基本单位,用 M 表示,为厂房设计标准化、生产工厂化和施工机械化创造条件。

一般情况下,当厂房跨度小于或等于 18 m 时,应以 30 M 为模数,即 9 m、12 m、15 m、18 m。当厂房跨度大于 18 m 时,应以 60 M 为模数,即 18 m、24 m、30 m、36 m 等。厂房柱距一般采用 60 M 较为经济,即 6 m、12 m;当工艺有特殊要求时,可局部插柱,如图 10-6 所示。但以现代化工业发展趋势来看,扩大柱距对增加车间有效面积、提高设备布置的灵活性、减少构件数量和加快施工进度是有利的。当然,构件尺寸的增大,给制作、运输、吊装带来不便,对机械设备要求较高。在大小车间相结合时,12 m 柱距和 6 m 柱距可配合使用。另外,通过设置托架,12 m 柱距可做成 6 m 屋面板系统。

为了避免端屋架与山墙抗风柱的位置发生冲突,一般将山墙内侧第一排柱中心内移 600 mm,并将端部屋面板做成一端伸展板,在厂房端部的横向定位轴线与山墙内缘重合,使端部屋面板与中部屋面板的长度相同,屋面板端头与山墙内缘重合,屋面不出现缝隙,以形成封闭式横向定位轴线,如图 10-6 所示。同理,伸缩缝两边的柱中心线亦需向两边移 600 mm,使伸缩缝中心线与横向定位轴线重合(见图 10-7)。

2. 变形缝布置

厂房的变形缝包括伸缩缝、沉降缝和防震缝三种。

温度区段(伸缩缝之间的距离)的长度,取决于结构类型、施工方法和结构所处的环境。装配式钢筋混凝土排架结构伸缩缝最大间距见表 10-1。

表 10-1 装配式钢筋混凝土结构伸缩缝最大间距　　　　　　　　(单位:m)

结 构 类 别		室内或土中	露　　天
排架结构	装配式	100	70
框架结构	装配式	75	50
	现浇式	55	35
剪力墙结构	装配式	65	40
	现浇式	45	30

续表

结 构 类 别		室内或土中	露　天
挡土墙、地下室 墙壁等类结构	装配式	40	30
	现浇式	30	20

注:① 装配整体式结构房屋的伸缩缝间距宜按表中现浇式的数值取用;

　② 框架-剪力墙结构或框架-核心筒结构房屋的伸缩缝间距可根据结构的具体布置情况取表中框架结构与剪力墙结构之间的数值;

　③ 当屋面无保温或隔热措施时,框架结构、剪力墙结构的伸缩缝间距宜按表中露天栏的数值取用;

　④ 现浇挑檐、雨罩等外露结构的伸缩缝间距不宜大于 12 m。

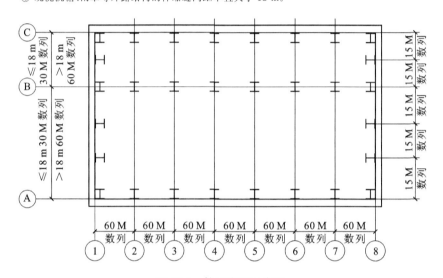

图 10-6　柱网布置示意图

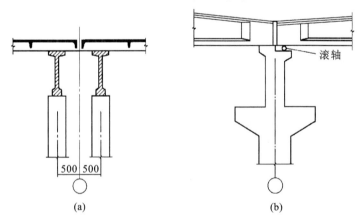

图 10-7　单层厂房伸缩缝的做法

对于下列情况,伸缩缝的最大间距尚应适当减小:

① 柱高(从基础顶面算起)低于 8 m;

② 屋面无保温或隔热措施的排架结构;

③ 位于气温干燥的地区,夏季炎热且暴雨频繁的地区或经常处于高温作用下的结构;

④ 材料收缩较大、室内结构因施工外露时间较长。

沿厂房纵向所设的伸缩缝(横向伸缩缝)一般采用双柱、双屋架方案,双柱间距 1 m,各由定位轴线内移 600 mm[见图 10-7(a)],基础不分开,两侧柱插入同一基础的两个杯口中;沿横向设置的伸缩缝(纵向伸缩缝)常采用在柱顶设置滚动铰支座的办法来实现[见图 10-7(b)]。

单层厂房排架结构对地基不均匀沉降有较好的适应能力,故在一般单层厂房中可不设置沉降缝。但当出现厂房相邻两部分高度相差大于 10 m、相邻两跨间吊车起重量相差悬殊、地基承力或下卧层土质有较大差别、厂房各部分的施工时间先后相差很长、土层压缩程度不同等情况时,应考虑设置沉降缝。沉降缝也可兼作伸缩缝。

位于地震区的单层厂房,如因生产工艺或使用要求而使平、立面布置复杂或结构相邻两部分的刚度和高度相差较大时,应设置防震缝将相邻两部分分开,防震缝的两侧应布置墙或柱。地震区厂房的伸缩缝和沉降缝均应符合防震缝的要求。防震缝的宽度根据抗震设防烈度和缝两侧中较低一侧房屋的高度确定。

10.3.2　支撑布置

在装配式钢筋混凝土单层厂房中,除排架结构柱下端与基础采用刚接外,其他构件间(如屋面板与屋架,屋架与柱顶,吊车梁、连系梁与柱子等)均采用铰接。这种方案的优点是便于施工,且对地基的不均匀沉降有较强的适应性;但厂房的整体刚度和稳定性较差,不能有效地传递水平荷载。为保证厂房在施工和使用过程中的整体性和空间刚度,必须设置各种支撑。

厂房支撑分为屋盖支撑和柱间支撑两类。就整体而言,支撑的主要作用是保证结构构件的稳定与正常工作,增强厂房的整体稳定性与空间刚度,将水平荷载(如纵向风荷载、吊车纵向水平荷载及水平地震作用)传递给主要承重构件。另外,施工安装阶段应根据具体情况设置临时支撑,以保证结构构件的稳定。下面分别讲述各类支撑的布置原则和方法。

1. 屋盖支撑

屋盖支撑包括横向水平支撑、纵向水平支撑、垂直支撑及水平系杆和天窗架支撑。

(1)横向水平支撑

横向水平支撑是由交叉角钢和屋架上弦或下弦组成的水平桁架,布置在厂房端部及温度区段两端的第一或第二柱间。其作用是构成刚性框,增强屋盖的整体刚度,保证屋架(屋面梁)的侧向稳定,同时将山墙、抗风柱所承受的纵向水平力传至纵向排架柱。设置在屋架上、下弦平面内的水平支撑分别称为屋架上弦横向水平支撑和下弦横向水平支撑。

① 当屋盖结构的纵向平面内刚度不足，具有下列情况之一时，应设置上弦横向水平支撑，如图 10-8 所示。

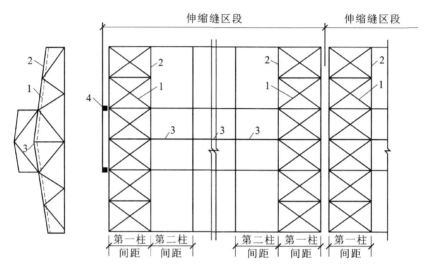

图 10-8　上弦横向水平支撑
1—上弦支撑；2—屋架上弦；3—水平刚系杆；4—抗风柱

a. 跨度较大的无檩体系屋盖，当屋面板与屋架连接的焊接质量不能保证，且山墙抗风柱与屋架上弦连接时，应设置上弦横向水平支撑。若能保证大型屋面板与屋架或屋面梁有三点焊接且屋面板纵肋间的空隙用 C15 或 C20 细石混凝土灌实，则可认为无檩体系屋盖刚度相当大，无需设置上弦横向水平支撑。

b. 屋面设置了天窗且天窗通到厂房端的第二柱间或通过伸缩缝时，应在第一或第二柱间的天窗范围内设置上弦横向水平支撑，并在天窗范围内沿纵向设置一至三道通长的受压系杆。

c. 当采用钢筋混凝土拱形或梯形屋架的屋盖系统时，应在每一个伸缩缝区段端部的第一或第二柱间布置上弦横向水平支撑。

② 当具有以下情况之一时，应设下弦横向水平支撑（一般宜设于厂房端部及伸缩缝处第一柱间），如图 10-9 所示。

a. 山墙抗风柱与屋架下弦连接，纵向水平力通过下弦传递时。

b. 厂房内有较大的振动源，如设有硬钩桥式吊车或 5 t 及其以上的锻锤时。

c. 有纵向运行的悬挂吊车（或电葫芦），且吊点设在屋架上弦时，可在悬挂吊车轨道尽头的柱间设置。

（2）纵向水平支撑

纵向水平支撑是由交叉角钢、直腹杆和屋架下弦第一节间组成的纵向水平桁架，其作用是加强屋盖的横向水平刚度。

① 具有下列情况之一时，应设置纵向水平支撑（见图 10-10）。

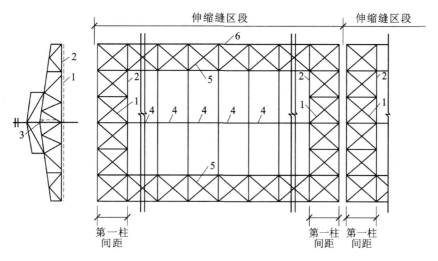

图 10-9　下弦横向水平支撑

1—下弦支撑；2—屋架下弦；3—垂直支撑；4—水平系杆；5—下弦纵向水平支撑；6—托架

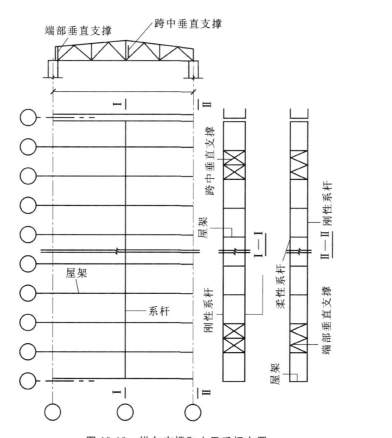

图 10-10　纵向支撑和水平系杆布置

a. 当厂房内设有托架时,将纵向水平支撑布置在托架所在柱间,并向两端各延伸一个柱间。

b. 当厂房内设有软钩桥式吊车但厂房高度大、吊车吨位较重时(如等高多跨厂房柱高大于 15 m,起重量大于 50 t)。

c. 当厂房内设有硬钩桥式吊车或 5 t 及以上锻锤时,或当吊车吨位大、厂房刚度有特殊要求时,可沿中间柱列适当增设纵向水平支撑。

② 为保证厂房空间刚度,当设置纵向水平支撑时,必须同时设置相应的横向水平支撑,以形成封闭的水平支撑系统(见图 10-10)。

(3) 垂直支撑及水平系杆

垂直支撑一般是由角钢杆件与屋架直腹杆或天窗架的立柱组成的垂直桁架,其形式为十字交叉形或 W 形。水平系杆分为上、下弦水平系杆。二者的作用是保证屋架在安装和使用阶段的侧向稳定,增加厂房的整体刚度。设置在第一柱间的下弦受压水平,除能改善屋架下弦的侧向稳定外,当山墙抗风柱与屋架下弦连接时,还有支撑抗风柱、传递山墙风荷载的作用。

当厂房跨度小于 18 m 且无天窗时,一般可以不设垂直支撑和水平系杆。当厂房跨度为 18~30 m、屋架间距为 6 m、采用大型屋面板时,应在每一伸缩缝区的端部第一或第二柱间设置一道垂直支撑。跨度大于 30 m 时,应在屋架跨度 1/3 左右的节点处设置两道垂直支撑,当屋架端部高度大于 12 m 时,还应在屋架两端各布置一道垂直支撑,如图 10-10 所示。当厂房伸缩缝区段大于 90 m 时,还应在柱间支撑柱距内增设一道垂直支撑。

当屋盖设置垂直支撑时,应在未设置垂直支撑的屋架间,在相应于垂直支撑平面内的屋架上弦和下弦节点处设置通长的水平系杆。凡设在屋架端部柱顶处和屋架上弦屋脊节点处的通长水平系杆均应采用刚性系杆,其余可采用柔性系杆。

(4) 天窗架支撑

天窗架支撑包括天窗架上弦水平支撑及天窗架间的垂直支撑,一般设置在天窗架两端的第一柱间(见图 10-11)。其作用是保证天窗架上弦的侧向稳定,并把天窗端壁上的水平风荷载传至屋架。天窗架支撑与屋架上弦横向水平支撑一般布置在同一柱间,以加强两端屋架的整体作用。

2. 柱间支撑

柱间支撑的作用主要是增强厂房的纵向刚度和稳定性。柱间支撑按其位置分为上部柱间支撑和下部柱间支撑,前者位于吊车梁上部,承受作用在山墙上的风荷载;后者位于吊车梁下部,承受上部支撑传来的荷载和吊车梁传来的吊车纵向制动力,并把它们传到基础。

柱间支撑一般布置在厂房温度区段的中部,当温度变化时,厂房可向两端自由伸缩,以减少温度应力。

当有下列情况之一时,应设置柱间支撑:

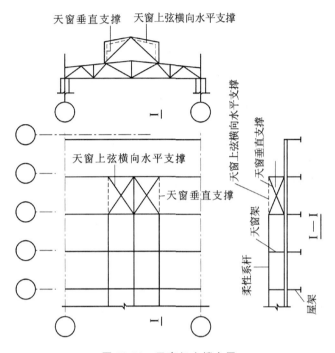

图 10-11　天窗架支撑布置

① 设有不小于 30 kN 的悬挂吊车时；

② 设有起重量不小于 100 kN 的吊车时；

③ 纵向柱的总数每排在 7 根以下时；

④ 厂房跨度不小于 18 m，或柱高不小于 8 m 时；

⑤ 露天吊车栈桥的柱列。

柱间支撑一般采用交叉钢斜杆组成［见图 10-12(a)］，交叉倾角在 35°～55° 之间。钢杆件的截面尺寸应由强度和稳定计算确定。当柱间因交通、设备布置或柱距较大而不能采用交叉斜杆式支撑时，可采用门架式支撑［见图 10-12(b)］。

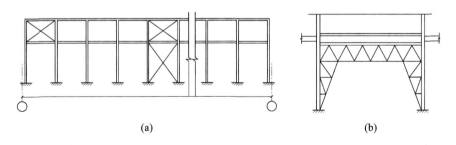

(a)　　　　　　　　　(b)

图 10-12　柱间支撑布置

(a) 交叉钢斜杆；(b) 门架式支撑

10.3.3 围护结构布置

单层厂房的围护结构包括屋面板、墙体、抗风柱、圈梁、连系梁、过梁、基础梁等构件,其作用是承受风、积雪、雨水、地震作用及地基不均匀沉降所引起的内力。下面主要介绍抗风柱、圈梁、连系梁、过梁和基础梁的作用及其布置原则。

1. 抗风柱

单层厂房的山墙受风面积较大,一般需设抗风柱将山墙分成几个区格,使墙面受到的风荷载一部分(靠近纵向柱列的区格)直接传给纵向柱列,另一部分则经抗风柱下端直接传给基础和经抗风柱上端通过屋盖结构传至纵向柱列。

当厂房高度及跨度不大时(如柱顶高度在 8 m 以下,跨度为 9~12 m),可在山墙设置砖壁柱作为抗风柱;当厂房高度和跨度较大时,一般采用钢筋混凝土抗风柱,柱外侧贴砌山墙。当厂房高度很大时,山墙所受的风荷载很大,为减小抗风柱的截面尺寸,可在山墙内侧设置水平抗风梁或钢抗风桁架[见图 10-13(a)]作为抗风柱的中间铰支点,将部分风荷载通过抗风梁或钢抗风桁架直接传给纵向柱列。

抗风柱一般与基础刚接,与屋面上弦铰接。当屋架设有下弦横向水平支撑时,也可与下弦铰接或同时与上、下弦铰接。抗风柱与屋架连接必须满足两个要求:一是在水平方向必须与屋架有可靠的连接,以保证有效地传递风荷载;二是在竖向脱开,且应允许两者之间有一定相对位移,以防止抗风柱与屋架沉降不均匀时产生不利影响。因此,两者之间一般采用竖向可以移动、水平方向有较大刚度的弹簧板连接[图 10-13(b)];如厂房沉降量较大时,宜采用槽形孔螺栓连接[图 10-13(c)]。

2. 圈梁、连系梁、过梁和基础梁

当用砖砌体作为厂房的围护墙时,一般要求设置圈梁、连系梁、过梁和基础梁。

圈梁设在墙内并与柱用钢筋拉接,其作用是将墙体与排架柱、抗风柱等箍在一起,以增强厂房的整体刚度,防止由于地基不均匀沉降或较大振动荷载对厂房产生不利影响。圈梁与柱连接,仅起拉结作用,不承受墙体自重,故柱上不需设置支撑圈梁的牛腿。圈梁的布置应根据厂房刚度要求、墙体高度和地基情况等确定。对无吊车厂房,当檐口标高小于 8 m 时,应在檐口附近设置一道圈梁;当檐口标高大于 8 m 时,宜适当增设。对于有桥式吊车的厂房,除在檐口附近或窗顶处设置一道圈梁外,尚应在吊车梁标高处或墙体适当部位增设一道圈梁,外墙高度大于 15 m 时还应适当增设。对于有振动设备的厂房,沿墙高的圈梁间距不应超过 4 m。

圈梁宜连续设置在墙体的同一水平面上,并形成封闭状;当圈梁被门窗洞口截断时,应在洞口上部墙体增设相同截面的附加圈梁。附加圈梁与圈梁的搭接长度不应小于其中到中垂直距离的两倍,且不得小于 1 m。圈梁兼作过梁时,过梁部分的钢筋应按计算另行增配。

连系梁的作用是连系纵向柱列,以增强厂房的纵向刚度并传递纵向水平荷载,此外,连系梁还承受上部墙体的重量。连系梁一般是预制的,两端搁置在柱牛腿上,用

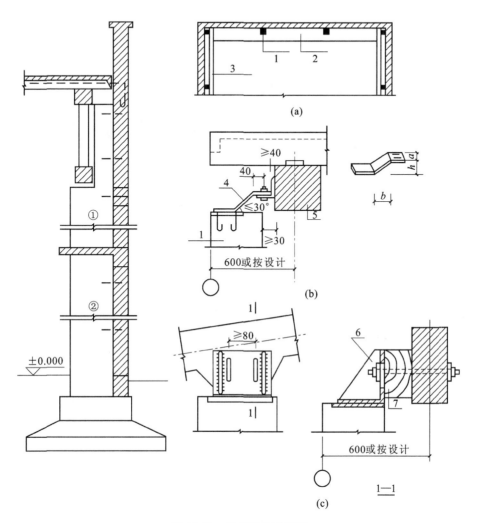

图 10-13　抗风柱及其连接

1—抗风柱;2—抗风梁;3—吊车梁;4—弹簧板;5—屋架上弦;6—加劲板;7—硬木块

螺栓连接或焊接。

过梁的作用是承托门窗洞口上部墙体的重量。

在进行结构布置时,应尽可能将圈梁、连系梁和过梁结合起来,使一种梁起到两种甚至三种梁的作用,以简化构造、节约材料、方便施工。

在单层厂房中,通常采用基础梁来承托围护墙体的重量,而不另做墙基础。外墙基础梁一般设计在边柱的外侧,梁顶面至少低于室内地面 50 mm,底面距土层的表面应预留 100 mm 的空隙,使梁可随柱基础一起沉降。当基础梁下有冻胀性土时,应在梁下敷设一层干砂、矿渣等松散材料,并留 50~150 mm 的空隙,防止土壤冻胀时将梁顶裂。基础梁一般不与柱连接,直接搁置在柱基础的杯口上。当基础埋置较深时,可将基础梁放置在混凝土垫块上,如图 10-14 所示。

连系梁、过梁和基础梁均有全国通用图集,可供设计选用。

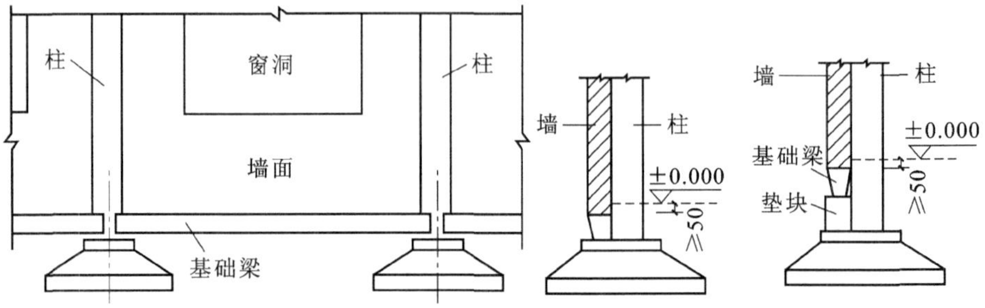

图 10-14 基础梁的设置

【本章要点】

本章主要讲述装配式钢筋混凝土排架结构单层厂房设计中的主要问题。学习中要重点掌握以下内容。

① 排架结构是单层厂房常用的结构形式,由屋盖结构、纵向平面排架、横向平面排架和围护结构组成。厂房的主要结构构件都是预制构件,结构布置时,应注意保证结构的整体性,尤其应注意支撑系统的布置。

② 厂房的变形缝包括伸缩缝、沉降缝和防震缝三种,应理解变形缝的设置原则。

③ 为保证厂房在施工和使用过程中的整体性和空间刚度,应设置支撑。厂房支撑分为屋盖支撑和柱间支撑两类。支撑的主要作用是保证结构构件的稳定与正常工作,增强厂房的整体稳定性与空间刚度,将水平荷载(如纵向风荷载、吊车纵向水平荷载及水平地震作用)传递给主要承重构件。学习中应了解各类支撑的布置原则和方法。

【思考和练习】

10-1 按承重结构的形式不同,单层厂房可分为几种? 各有何特点?

10-2 装配式钢筋混凝土排架结构是由哪几部分组成的? 各组成部分有何作用?

10-3 单层厂房的荷载有哪些? 如何传递?

10-4 单层工业厂房的平面布置应注意哪些问题?

10-5 简述单层工业厂房支撑的种类、作用及布置原则。

第11章　钢-混凝土组合结构

11.1　概述

11.1.1　基本概念

组合结构是指两种或两种以上不同建筑材料组成,在外荷载作用下具有整体性能的结构。从广义上讲,钢筋混凝土结构就是最具有代表性的组合结构,由于其应用广泛,早已发展成为独立的分支。通常所讲的组合结构是指钢与混凝土组合结构,它是继木结构、砌体结构、钢筋混凝土结构和钢结构之后发展兴起的第五大类结构。

组合结构能充分发挥钢与混凝土两种材料的优点,比如钢材具有较高的抗拉强度和良好的变形能力,而混凝土材料则具有优良的抗压性能,同时混凝土的存在能提高钢构件整体屈曲和局部屈曲性能,两种材料结合而成的组合结构在地震作用下具有良好的强度、刚度、延性和耗能能力。目前,组合结构已成为多高层建筑优选的结构形式之一,特别是在抗震设防等级较高的地区更具优势。

国内外常用的钢-混凝土组合结构主要包括五大类:①压型钢板-混凝土组合板;②钢-混凝土组合梁;③型钢混凝土结构(也称为钢骨混凝土结构或劲性混凝土结构);④钢管混凝土结构;⑤外包钢混凝土结构。

11.1.2　组合结构材料

1. 钢材

(1) 钢筋

详见第 3 章。

(2) 型钢

详见第 7 章。

(3) 钢管

圆钢管可采用无缝钢管或带焊缝钢管,焊缝可采用螺旋缝、直缝,矩形钢管一般采用冷弯型钢或热轧钢板焊接成型的矩形管,其焊缝可采用螺旋缝、直缝。钢管一般宜采用螺旋缝焊接,当螺旋焊接管不满足要求或管壁较厚时,可采用对接坡口直焊缝,不允许采用钢板搭接的角焊缝。无缝钢管价格较高,仅在必要时采用。

一般情况下,钢管壁厚不宜大于 25 mm,以保证厚度方向具有良好性能。

(4) 压型钢板

国产压型钢板规格与参数见表 11-1,国产压型钢板板型如图 11-1 所示、国外产压型钢板板型如图 11-2 所示。压型钢板钢材采用 Q215、Q235，其强度设计值见表 11-2。

表 11-1 国产压型钢板规格与参数

板 型	板厚 /mm	重量/(kg/m)		断面性能(1 m 宽)			
				全截面		有效宽度	
		未镀锌	镀锌 Z27	惯性矩 /(cm⁴/m)	截面模量 W/(cm³/m)	惯性矩 /(cm⁴/m)	截面模量 W/(cm³/m)
				I/(cm⁴/m)	W/(cm³/m)	I/(cm⁴/m)	W/(cm³/m)
YX-75-230-690(Ⅰ)	0.8	9.96	10.6	117	29.3	82	18.8
	1.0	12.4	13.0	145	36.3	110	26.2
	1.2	14.9	15.5	173	43.2	140	34.5
	1.6	19.7	20.3	226	56.4	204	54.1
	2.3	28.1	28.7	216	79.1	316	79.1
YX-75-230-690(Ⅱ)	0.8	9.96	10.6	117	29.3	82	18.8
	1.0	12.4	13.0	146	36.5	110	26.2
	1.2	14.8	15.4	174	43.4	140	34.5
	1.6	19.7	20.3	228	57.0	204	54.1
	2.3	28.0	28.6	318	79.5	318	79.5
YX-75-200-690(Ⅰ)	1.2	15.7	16.3	168	38.4	137	35.9
	1.6	20.8	21.3	220	50.2	200	48.9
	2.3	29.5	30.2	306	70.1	306	70.1
YX-75-200-690(Ⅱ)	1.2	15.6	16.3	168	38.7	137	35.9
	1.6	20.7	21.3	220	50.7	200	48.9
	2.3	29.5	30.2	309	70.6	309	70.6
YX-70-200-600	0.8	10.5	11.1	110	26.6	76.8	20.5
	1.0	13.1	13.6	137	33.3	96	25.7
	1.2	15.7	16.2	164	40.0	115	30.6
	1.6	20.9	21.5	219	53.3	153	40.8

表 11-2 压型钢板钢材 Q215、Q235 强度设计值　　　　　　　　　　（单位：MPa）

种 类	符 号	钢 牌 号	
		Q215	Q235
抗拉、抗压、抗弯	f	190	205
抗剪	f_v	110	120
弹性模量	E	206 000	

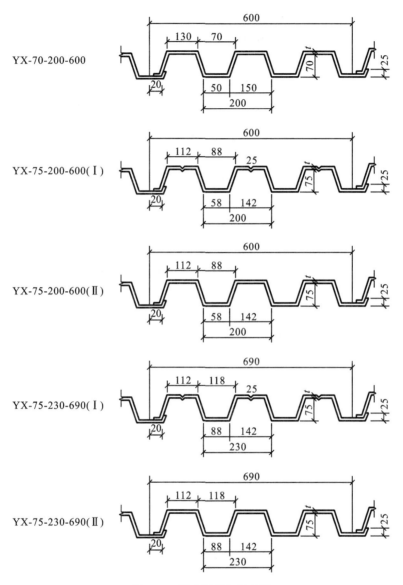

图 11-1 国产压型钢板板型

模板用压型钢板的基板厚度 t 不应小于 0.5 mm。组合楼板用压型钢板的基板厚度不应小于 0.75 mm,一般宜大于 1 mm,但不超过 1.6 mm,否则栓钉穿透比较困难。

压型钢板不宜用于受到强腐蚀的建筑物。如果非用不可,应进行针对性的防腐处理。

2. 混凝土

详见第 3 章。

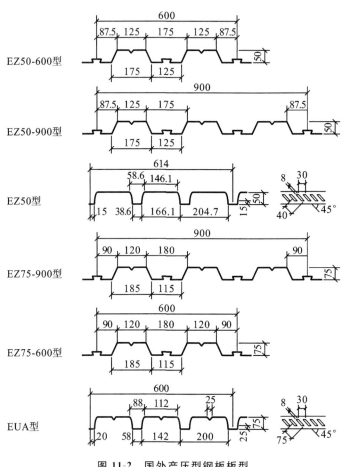

图 11-2　国外产压型钢板板型

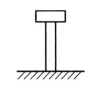

图 11-3　圆柱头栓钉示意图

3. 连接件

（1）焊接材料

详见第 7 章。

（2）螺栓

详见第 7 章。

（3）栓钉

圆柱头栓钉如图 11-3 所示,适用于构件的抗剪件、埋设件和锚固件。栓钉通常采用 Q235 镇静钢制作。栓钉钢材机械性能与抗拉强度设计值应符合表 11-3 的要求。

表 11-3　栓钉钢材机械性能与抗拉强度设计值　　　　　　　　（单位:MPa）

屈 服 强 度	抗 拉 强 度	抗拉强度设计值
235～345	402～549	200

国家标准《电弧螺柱焊用圆柱头焊钉》(GB/T 10433—2002)规定了公称直径为

10～25 mm 的多种规格的圆柱头栓钉。组合楼板中常用的栓钉的直径为 16 mm、19 mm、22 mm，栓钉长度不应小于其 4 倍直径。

11.1.3 钢-混凝土组合结构的发展概况

钢-混凝土组合结构这门学科起源于 20 世纪初期，首先进行了一些基础性研究。发展到 20 世纪 50 年代已基本形成独立的学科体系。目前钢-混凝土组合结构在高层建筑、桥梁工程等许多土木工程中得到了广泛的应用，并取得了较好的经济效益。在国外，钢-混凝土组合结构最初大量应用于第二次世界大战结束后，当时的欧洲急需恢复遭受战争破坏的房屋和桥梁，采用了大量的钢-混凝土组合结构，加快了重建的速度，完成了大量的道路桥梁和房屋的重建工程。1968 年日本十胜冲地震后，发现采用钢-混凝土组合结构修建的房屋具有优良的抗震性能，于是钢-混凝土组合结构在日本的高层与超高层中得到迅速发展。20 世纪 60 年代以后，许多国家根据本国的试验研究成果及施工技术条件制定了相应的设计与施工技术规范。1971 年成立了由欧洲国际混凝土委员会（CES）、欧洲钢结构协会（ECCS）、国际预应力联合会（FIP）和国际桥梁及结构工程协会（IABSE）组成的组合结构委员会，该委员会多次组织了国际性的组合结构学术讨论会议。我国对钢-混凝土组合结构的研究和应用起步较晚，从 20 世纪 50 年代才开展组合梁的研究和应用，至今除了钢与混凝土组合梁已纳入《钢结构设计规范》（GB 50017—2003）外，其余的组合结构还停留在行业标准层面。

11.2 常见组合结构构件

11.2.1 压型钢板-混凝土组合楼板

1. 概况

压型钢板-混凝土组合板是指压型钢板和钢筋混凝土楼板共同组成的楼板，通过压型钢板的波槽、压痕、小洞、孔眼等保证钢与混凝土的共同作用。对连接要求较高的组合楼板，还可通过设置横向钢筋、栓钉等来增强二者的连接，如图 11-4 所示。

组合楼板按压型钢板在楼板中的作用可分为如下三类。

① 压型钢板承担全部荷载，混凝土仅起分布楼板荷载、保温隔热、防火等作用。设计时按普通压型钢板进行设计。

② 压型钢板不参与使用阶段的受力计算。施工阶段压型钢板承受混凝土湿重和施工荷载，使用阶段由混凝土板承受全部荷载。设计时按普通钢筋混凝土楼板设计，压型钢板作为永久性模板保留在结构中。

③ 考虑压型钢板与混凝土板的组合作用，压型钢板施工阶段作为模板，使用阶段作为受拉钢筋。

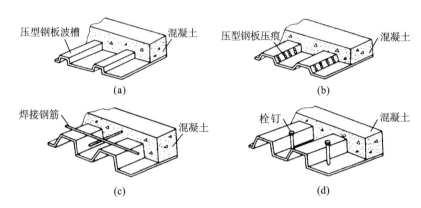

图 11-4　压型钢板和混凝土的组合形式

（a）纵向波槽；（b）压痕（或小孔）；（c）焊接横向钢筋；（d）板端部设置栓钉

目前，在我国主要采用第②类板，压型钢板在使用阶段作为安全储备，不参与构件受力。第③类板虽然更符合实际情况，但设计时计算较复杂，应用较少。

20 世纪 60 年代前后，在欧、美、日等国家大量兴建高层建筑的情况下，由于压型钢板具有自重轻、施工快等一系列优点，得到了广泛的采用，促进了压型钢板的生产和使用。

我国使用压型钢板起步较晚，但发展较快。冶金工业部颁布的《压型金属板设计施工规程》（YBJ 216—88）、《钢与混凝土组合楼层设计施工规程》（YB 9238—92），为采用压型金属板与组合板奠定了基础。20 世纪 80 年代以来，我国兴建了大量的高层建筑，如北京香格里拉饭店、长富宫中心、京城大厦、上海静安饭店、上海锦江饭店、深圳发展中心大厦等都已经采用压型钢板作为楼层的永久性模板或用作组合楼板。

2. 特点

与普通钢筋混凝土楼板相比，压型钢板-混凝土组合板具有以下优点。

① 楼板施工阶段不需要模板，省去了模板安装、拆卸等工作。

② 压型钢板能给混凝土楼层提供平整的顶棚表面。

③ 压型钢板的波纹间可设置预加工的槽，供电力、通信等工程使用。

④ 压型钢板安装完成后，可用作工人、工具、材料、设备的安全工作平台。

⑤ 压型钢板具有一定的刚度和承载力，能承受施工荷载及混凝土重量，有利于推广多层作业，加快施工速度。

11.2.2　钢-混凝土组合梁

1. 概况

钢-混凝土组合梁是指由混凝土翼缘板与钢梁通过抗剪连接件组合而成的共同受力的梁，一般简称组合梁。组合梁的截面形式如图 11-5 所示，由以下四部分组成。

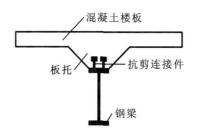

图 11-5 组合梁的截面形式

（1）混凝土翼缘板

混凝土翼缘板指钢筋混凝土楼板本身，它既可以提高构件的强度和刚度，又可以防止梁的平面外失稳，如图 11-6 所示。

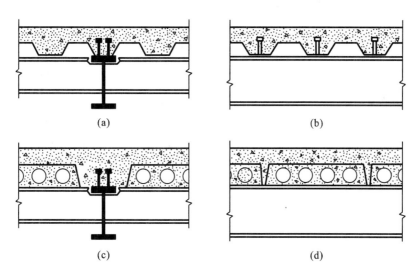

图 11-6 混凝土翼缘板

（a）压型钢板组合铺板，肋平行于钢板；（b）压型钢板组合铺板，肋垂直于钢梁；
（c）混凝土叠合板，板跨平行于钢梁；（d）混凝土叠合板，板跨垂直于钢梁

（2）板托

板托是指混凝土翼缘板与钢梁上翼缘之间的混凝土局部加宽部分，如图 11-5 所示。板托有时是必须设置的，有时也可以不设置。高层钢结构中的组合梁一般不带板托。

（3）抗剪连接件

抗剪连接件是混凝土翼缘板与钢梁共同工作的保证，用来承受混凝土翼缘板与钢梁接触面之间的纵向剪力，抵抗二者之间的相对滑移。

（4）钢梁

钢梁在组合梁中主要处于受拉状态，钢梁的形式一般有四种。

① 工字形型钢梁。

工字形型钢梁,如图11-7(a)所示。该组合梁加工较方便,但过大的工字形型钢供应较少,一般适用于楼盖结构中的次梁。

② 焊接组合钢梁。

焊接组合梁,如图11-7(b)、(c)、(d)所示。大型组合梁的钢梁一般由钢板焊接而成,主梁、组合桥梁等大型组合梁多采用这种钢梁。

③ 箱型钢梁。

箱型钢梁,如图11-7(e)所示。箱型钢梁的承载力大、整体稳定性好,而且可减少结构高度。

④ 桁架钢梁、蜂窝式钢梁。

桁架钢梁、蜂窝式钢梁如图11-7(f)、(g)所示。蜂窝式钢梁是工字形型钢梁经过切割再焊接而成的,其截面高度比型钢增加不少,具有刚度大、可穿管线等优点,但加工较费时、费工。

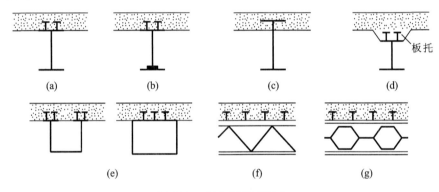

图11-7 组合梁截面形式

(a) 小型工字钢梁;(b) 加焊不对称工字钢梁;(c) 焊接不对称工字钢梁;(d) 带混凝土板托组合梁;
(e) 箱形钢梁;(f) 轻钢桁架梁;(g) 蜂窝式梁

组合梁由于充分发挥了钢与混凝土两种材料的力学性能,在国内外获得广泛的发展与应用。20世纪30年代对组合梁结构体系进行了一系列试验,并建立了组合梁按弹性理论计算的设计方法,60年代后出现了按塑性理论计算的设计方法。

我国从20世纪50年代初期开始研究组合梁结构,随后在公路、铁路、桥梁方面得到广泛应用。

2. 特点

组合梁与非组合梁结构相比较,具有下列优点。

① 组合梁中混凝土主要受压,钢梁受拉,能充分发挥两种材料的优点,承载力较高。以某工程冶炼车间为例:该车间标高16.9 m的平台,设计成钢筋混凝土板与钢梁共同工作的组合梁,比按非组合梁节约钢材17%~25%。

② 混凝土楼板与钢梁共同工作,梁的刚度增大,从而降低梁的高度。在建筑或

工艺限制梁高的情况下,采用组合梁结构比较有利。

③ 组合梁的翼缘板较宽,为钢梁提供侧向支撑,从而能提高钢梁的抗侧移刚度。

④ 组合梁可以利用钢梁承担模板、混凝土板及施工荷载,无须设置支撑,加快施工速度。

⑤ 组合梁具有优良的抗震性能。

组合梁与普通钢筋混凝土梁相比,主要缺点是钢材易锈蚀、防火性能差。一般通过涂刷防锈漆、防火涂料等方式来解决。

11.2.3　钢管混凝土结构

1. 概况

钢管混凝土结构是指由钢管中填充混凝土的构件组成的结构,它是在钢管结构基础上发展起来的。钢管混凝土一般用作结构柱,其截面形式如图 11-8 所示。钢管混凝土构件中的混凝土一般为素混凝土,特殊情况可采用钢筋混凝土。

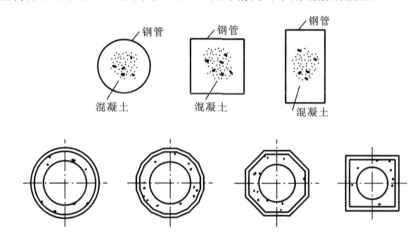

图 11-8　钢管混凝土柱截面形式

早在 19 世纪 80 年代,人们就开始应用钢管混凝土结构。最初钢管混凝土用于桥墩,后逐渐发展成用作建筑物中的柱子。我国对钢管混凝土的研究从 20 世纪 60 年代开始,首先将其用于地铁线路北京站和前门站的站台工程中,经济效果显著。与传统钢筋混凝土柱相比,钢管混凝土不但施工速度快,而且由于柱截面减小,增加了地下的有效使用空间。因此,在随后建造的地铁环线工程中,所有的站台柱全部采用了钢管混凝土柱。

从 20 世纪 70 年代开始,在工业厂房、锅炉构架及变电和输电塔架等工程中,钢管混凝土得到了推广和应用。工业厂房中采用钢管混凝土柱的有鞍钢、首钢及宝钢工程中的大量重工业厂房,还有各地的造船厂和火力发电厂等。

2. 特点

钢管混凝土的基本原理是依靠内填混凝土的支撑作用,增强钢管的稳定性,同时核心混凝土受到钢管的"约束"作用或"套箍"作用,处于三向受压应力状态,如图11-9所示,能延缓混凝土内部纵向微裂缝产生和发展的时间,从而使得核心混凝土具有更高的抗压承载能力和抵抗变形能力。

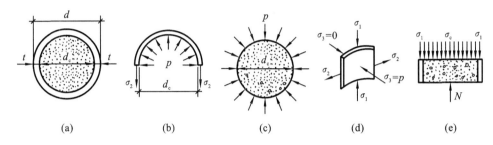

图 11-9 钢管混凝土短柱受力分析图

钢管混凝土结构具有下列特点。

① 具有较高的承载能力。试验和理论分析表明,钢管混凝土受压构件的强度承载力可以达到钢管和混凝土单独承载力之和的 1.7~2.0 倍。

② 具有良好的塑性和抗震性能。在钢管混凝土构件轴心受压试验中,试件压缩到原长的 2/3,构件表面虽已褶曲,但仍有一定的承载力,构件塑性性能良好。钢管混凝土构件在压、弯、剪循环荷载作用下,水平力与位移之间的滞回曲线十分饱满,表明该构件吸收能量的能力很强,而且基本无刚度退化,其抗震性能优于钢筋混凝土构件。

③ 经济效果显著。以天津今晚报大厦为例:如果采用钢筋混凝土柱,最大截面尺寸为 1.4 m×1.4 m,钢筋用量为 294 kg/m。实际采用钢管混凝土柱,柱截面减少约 58%,增加了室内使用面积,而用钢量为 289 kg/m。在地下车库中,柱间距为8.4 m,可停放 3 辆汽车,如果采用钢筋混凝土柱,柱间距为 7 m,停放不了 3 辆汽车。由此可见,采用钢管混凝土柱后,经济效益显著。

④ 施工简单,可缩短工期。和钢柱相比,柱脚可直接插入混凝土基础预留的杯口中,免去了复杂的柱脚构造;和钢筋混凝土柱相比,免除了支模板、绑扎钢筋和拆卸模板等,而且构件自重减轻,能简化运输和吊装等工作。

3. 钢管混凝土典型工程简介

(1) 广州新中国大厦

广州新中国大厦于 1999 年建成,该建筑地下 5 层,地上 43 层,裙房 9 层,高度约为 200 m,建筑面积约为 $1.5×10^5$ m²。由地下室向上到第 24 层采用了 24 根圆形钢管混凝土柱,钢管截面为 $\phi(900~1\,400)×(18~25)$,分 6 次变截面,钢材采用 Q345,混凝土采用 C60~C80,第 24 层以上转变为方形钢管混凝土柱。

(2) 深圳市邮电信息枢纽中心大厦

深圳市邮电信息枢纽中心大厦于 1998 年建成,该建筑地下 3 层,主楼 48 层,副楼 22 层,裙房 8 层,总建筑面积 $1.8×10^5$ m²,高度约为 180 m。该工程采用框筒结构体系,钢管混凝土柱与钢筋混凝土现浇梁板组成框架,内筒为现浇钢筋混凝土筒。钢管最大尺寸为 $\phi 1\,400 \times 20$。

(3)新疆库尔勒金丰城市信用社住宅楼

新疆库尔勒金丰城市信用社住宅楼位于库尔勒市石化大道,总建筑面积为 $5\,850\ \text{m}^2$,地上 8 层,地下 1 层,是建设部轻钢结构住宅试点项目,2000 年 10 月竣工交付使用。

该住宅楼原设计为钢框架结构,造价为 $1\,600$ 元/m^2。由于造价偏高,改为传统钢筋混凝土结构,后来又设计为钢管混凝土柱、轻型 H 型钢梁的框架支撑结构体系。三种结构方案的比较见表 11-4。

表 11-4 三种结构方案比较

结构形式	钢混凝土柱 轻型 H 型钢梁框支体系	轧制 H 型钢柱 钢框架体系	钢筋混凝土 框架体系
柱截面/mm	$\Phi 300 \times 6$,C40	$H500 \times 500 \times 12 \times 22$	450×450
框架梁/mm	楼面梁 $H320 \times 125 \times 5 \times 8$ 屋面梁 $H350 \times 150 \times 5 \times 8$	楼面梁 $H320 \times 125 \times 5 \times 8$ 屋面梁 $H350 \times 150 \times 5 \times 8$	500×250
楼板/mm	110		
填充墙	外墙 250 mm 厚加气混凝土砌块,内墙 150 mm 厚加气混凝土砌体		
结构自重/(t/m²)	0.62	0.65	0.95
型钢用量/(kg/m²)	30.6	63.4	0
钢筋用量/(kg/m²)	21	21	55
综合用钢/(kg/m²)	51.6	84.4	55
综合造价/(元/m²)	1 100	1 450	1 200

由表 11-4 可知,采用钢管混凝土柱、H 型钢梁和钢支撑的框支结构体系最经济,造价为 $1\,100$ 元/m^2。

11.2.4 型钢混凝土结构

1. 概况

由钢筋混凝土实腹式型钢做成的构件组成的结构称为型钢混凝土结构,如图 11-10 所示。这种结构在英、美等西方国家称为混凝土包钢结构,在日本称为钢骨混凝土结构,在俄罗斯则称为劲性钢筋混凝土结构。型钢混凝土梁和柱是最基本的构件,截面构造要求如图 11-11 所示。型钢可以分为实腹式和空腹式两大类。实腹式型钢可由轧制型钢或钢板焊成,常用的截面形式有 I 形、H 形、T 形、槽形、矩形及圆形钢管。空腹式构件的型钢一般由缀板或缀条连接角钢或槽钢组成。在高层和超高层建筑中也使用型钢混凝土剪力墙,即在剪力墙中设置型钢支撑、型钢桁架或薄钢板型。型钢混凝土剪力墙的抗剪能力和延性比钢筋混凝土剪力墙的好,一般用于超高层建筑。我国 200 m 以上的采用型钢混凝土结构的部分高层建筑项目,见表 11-5。

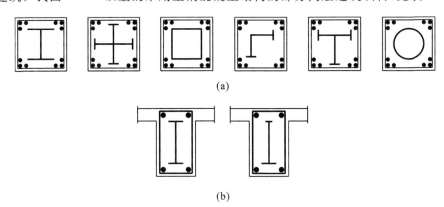

图 11-10　实腹式型钢混凝土柱、梁截面示意图

(a) 实腹式型钢混凝土柱;(b) 实腹式型钢混凝土梁

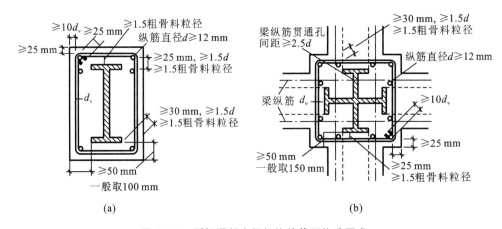

图 11-11　型钢混凝土梁柱构件截面构造要求

(a) 型钢梁构造要求;(b) 型钢柱构造要求

表 11-5　我国 200 m 以上的采用型钢混凝土结构的部分高层建筑项目一览表

序号	工 程 名 称	地点	高度 /m	层数		建筑面积 /($\times 10^4$ m^2)	用钢量 /t
				地下	地上		
1	环球金融中心	上海	492	3	101	25.3	26 000
2	深圳京基金融中心	深圳	439	4	98	22.1	/
3	金茂大厦	上海	420	3	88	17.7	14 000
4	远华国际中心	厦门	390	4	88	28.0	/

续表

序号	工程名称	地点	高度/m	层数		建筑面积/($\times 10^4$ m^2)	用钢量/t
				地下	地上		
5	北京国贸中心三期	北京	330	3	73	18.0	40 000
6	大连国贸	大连	341	5	78	32.0	/
7	地王大厦	深圳	325	3	68	13.8	12 000
8	赛格广场	深圳	279	4	70	15.8	10 000
9	上海世贸广场	上海	248	3	60	14.0	10 000
10	武汉国际证券大厦	武汉	243	3	68	13.0	18 000
11	深圳招商银行大厦	深圳	234	3	54	11	/
12	浦东国际金融大厦	上海	230	2	53	11.4	11 000
13	京广中心	北京	208	3	57	13.7	19 000
14	国际商会中心	深圳	205	3	54	12	/
15	森茂大厦	上海	203	4	46	11.0	8 000

2. 特点

型钢混凝土结构中型钢与混凝土两种材料既发挥了各自的优点,又克服了各自的缺点,具有以下特点。

(1) 相对于钢结构的优点

① 混凝土兼有受力和保护层的双重作用,能提高钢构件的防腐、防火能力。

② 结构刚度增大,在外荷载作用下,结构变形较小。

③ 混凝土对于提高钢骨的整体稳定性、钢板的局部稳定性有利,构件的延性较好。

(2) 相对于钢结构的缺点

① 结构自重较大。

② 施工复杂程度较高,工期较长。

(3) 相对于钢筋混凝土的优点

① 由于型钢的存在,构件延性得到明显改善,构件变形能力强,抗震性能好。

② 在截面尺寸相同的情况下,可以合理配置较多钢材,提高梁柱截面的含钢率。

③ 施工时,型钢具有较大的承载力,部分起到脚手架作用,与压型钢板组合楼盖结合,可减少模板工程的工作量。

④ 当基础为钢筋混凝土结构、上部为钢结构时,采用钢骨混凝土作为过渡层可以使结构的内力传递更为合理。

(4) 相对于钢筋混凝土的缺点

① 由于构件同时存在型钢和钢筋,浇筑混凝土比较困难。

② 钢材用量较大,建设成本较高。

11.2.5 外包钢-混凝土结构

1. 概况

外包钢-混凝土结构是外部配型钢的混凝土构件组成的结构,如图 11-12 所示,也简称外包钢结构。内部可以采用素混凝土,也可采用钢筋混凝土。这种结构是在克服装配式钢筋混凝土结构某些缺点的基础上发展起来的,是钢与混凝土组合结构的一种新形式。构件中受力主筋由角钢代替并设置在构件四角,角钢的外表面与混凝土表面取平,或稍突出混凝土表面 0.5~1.5 mm。横向箍筋与角钢焊接成骨架,为了满足箍筋的保护层厚度的要求,可将箍筋两端镦成球状后与角钢内侧焊接。

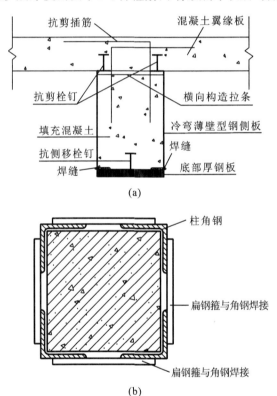

图 11-12 外包钢-混凝土组合截面
(a) 外包钢-混凝土组合梁截面;(b) 外包钢-混凝土组合柱截面

2. 特点

外包钢-混凝土结构与钢筋混凝土结构相比,主要有以下优点。

① 构造简单。外包钢结构取消了钢筋混凝土结构中的纵向柔性钢筋以及预埋件,构造简单,有利于混凝土的捣实。

② 连接方便。外包钢结构能够利用钢材的可焊性,杆件的连接可通过钢板直接焊接。管道等的支吊架也可以直接与外包角钢连接。

③ 使用灵活。外包角钢和箍筋焊成骨架后,本身就有一定的强度和刚度,在施工过程中可用来直接支承模板,承受一定的施工荷载,这样施工方便,能加快施工进度。

④ 抗剪强度提高。双面配置角钢的杆件,极限抗剪强度与同等用钢量钢筋混凝土构件相比提高 22% 左右。

⑤ 延性提高。剪切破坏的外包钢杆件,具有很好的变形能力,剪切延性系数与相同条件的钢筋混凝土结构相比要提高一倍以上。

外包钢结构的主要缺点是施工复杂以及钢构件的防腐、防火问题。目前主要用于结构构件的加固。

【本章要点】

本章重点介绍钢-混凝土组合结构的基本概念及常见的五种组合结构形式,分别介绍了压型钢板-混凝土组合板、钢-混凝土组合梁、型钢混凝土结构、钢管混凝土结构、外包钢-混凝土结构这些组合结构的基本原理及各自的优缺点。

【思考和练习】

11-1　列举几项钢-混凝土组合结构的工程项目,并说明其特点。

11-2　与普通钢筋混凝土结构相比,钢-混凝土组合结构一般有哪些优缺点?

11-3　与钢结构相比,钢-混凝土组合结构一般有哪些优缺点?

11-4　按压型钢板在楼板中的作用,组合楼板可分为哪几类?

11-5　分析钢管混凝土柱轴心受力时钢管与核心混凝土的受力情况。

附　　录

附表 1　民用建筑楼面均布活荷载标准值及其组合值、频遇值和准永久值系数

项次	类　别	标准值/(kN/m²)	组合值系数 ψ_c	频遇值系数 ψ_f	准永久值系数 ψ_q
1	① 住宅、宿舍、旅馆、办公楼、医院病房、托儿所、幼儿园	2.0	0.7	0.5	0.4
	② 试验室、阅览室、会议室、医院门诊室	2.0	0.7	0.6	0.5
2	教室、食堂、餐厅、一般资料档案室	2.5	0.7	0.6	0.5
3	① 礼堂、剧场、电影院、有固定座位的看台	3.0	0.7	0.5	0.3
	② 公共洗衣房	3.0	0.7	0.6	0.5
4	① 商店、展览厅、车站、港口、机场大厅及其旅客等候室	3.5	0.7	0.6	0.5
	② 无固定座位的看台	3.5	0.7	0.5	0.3
5	① 健身房、演出舞台	4.0	0.7	0.6	0.5
	② 运动场、舞厅	4.0	0.7	0.6	0.3
6	① 书库、档案库、贮藏室	5.0	0.9	0.9	0.8
	② 密集柜书库	12.0			
7	通风机房、电梯机房	7.0	0.9	0.9	0.8
8	汽车通道及客车停车库： ① 单向板楼盖(板跨不小于 2 m)和双向板楼盖(板跨不小于 3 m×3 m)				
	客车	4.0	0.7	0.7	0.6
	消防车	35.0	0.7	0.5	0.0
	② 双向板楼盖(板跨不小于 6 m×6 m)和无梁楼盖(柱网尺寸不小于 6 m×6 m)				
	客车	2.5	0.7	0.7	0.6
	消防车	20.0	0.7	0.5	0.0
9	厨房① 餐厅	4.0	0.7	0.7	0.7
	② 其他	2.0	0.7	0.6	0.5

续表

项次	类 别	标准值 /(kN/m²)	组合值 系数 ψ_c	频遇值 系数 ψ_f	准永久值 系数 ψ_q
10	浴室、厕所、盥洗室	2.5	0.7	0.6	0.5
11	走廊、门厅				
	① 宿舍、旅馆、医院病房、住宅、幼儿园、托儿所	2.0	0.7	0.5	0.4
	② 办公楼、餐厅、医院门诊部	2.5	0.7	0.6	0.5
	③ 教学楼及其他人员密集的情况	3.5	0.7	0.5	0.3
12	楼梯:				
	① 多层住宅	2.0	0.7	0.5	0.4
	② 其他	3.5	0.7	0.5	0.3
13	阳台				
	① 可能出现人员密集的情况	3.5	0.7	0.6	0.5
	② 其他	2.5			

注:① 本表所给各项活荷载适用于一般使用条件,当使用荷载较大、情况特殊或有专门要求时,应按实际情况采用。

② 第6项书库活荷载,当书架高度大于2 m时,应按每米书架高度不小于2.5 kN/m²确定。

③ 第8项中的客车活荷载仅适用于停放载人少于9人的客车;消防车活荷载适用于满载总重为300 kN的大型车辆;当不符合本表的要求时,应将车轮的局部荷载按结构效应的等效原则,换算为等效均布荷载。

④ 第8项消防车活荷载,当双向板楼盖板跨介于3 m×3 m~6 m×6 m之间时,应按跨度线性插值确定。

⑤ 第12项楼梯活荷载,对预制楼梯踏步干板,应按1.5 kN集中荷载验算。

⑥ 本表各项荷载不包括隔墙自重和二次装修荷载,对固定隔墙的自重应按恒荷载考虑,当隔墙位置可灵活自由布置时,非固定隔墙自重应取不小于每延米隔墙重(kN/m)的1/3作为楼面活荷载的附加值(kN/m²)计入,且附加值不小于1.0 kN/m²。

附表 2 普通钢筋强度标准值

牌 号	符 号	公称直径 d/mm	屈服强度标准值 f_{yk}/MPa	极限强度标准值 f_{stk}/MPa
HPB300	A	6~22	300	420
HRB335 HRBF335	B Bᶠ	6~50	335	455

续表

牌　号	符　号	公称直径 d/mm	屈服强度标准值 f_{yk}/MPa	极限强度标准值 f_{stk}/MPa
HRB400 HRBF400 RRB400	C C^F C^R	6～50	400	540
HRB500 HRBF500	D D^F	6～50	500	630

附表3　预应力筋强度标准值

种　类		符　号	公称直径 d/mm	屈服强度标准值 f_{pyk}/MPa	极限强度标准值 f_{ptk}/MPa
中强度预应力钢丝	光面 螺旋肋	A^{PM} A^{HM}	5、7、9	620	800
				780	970
				980	1 270
预应力螺纹钢筋	螺纹	A^T	18、25、32、40、50	785	980
				930	1 080
				1 080	1 230
消除应力钢丝	光面	A^P	5	—	1 570
				—	1 860
			7	—	1 570
	螺旋肋	A^H	9	—	1 470
				—	1 570
钢绞线	1×3 （三股）	A^S	8.6、10.8、12.9	—	1 570
				—	1 860
				—	1 960
	1×7 （七股）		9.5、12.7、15.2、17.8	—	1 720
				—	1 860
				—	1 960
			21.6	—	1 860

注:极限强度标准值为1 960 MPa的钢绞线作后张预应力配筋时,应有可靠的工程经验。

附表 4　普通钢筋强度设计值　　　　　　　　（单位：MPa）

牌　　号	抗拉强度设计值 f_y	抗压强度设计值 f_y'
HPB300	270	270
HRB335、HRBF335	300	300
HRB400、HRBF400、RRB400	360	360
HRB500、HRBF500	435	410

附表 5　预应力筋强度设计值　　　　　　　　（单位：MPa）

种　　类	极限强度标准值 f_{ptk}	抗拉强度设计值 f_y	抗压强度设计值 f_y'
中强度预应力钢丝	800	510	410
	970	650	
	1 270	810	
消除应力钢丝	1 470	810	410
	1 570	1 110	
	1 860	1320	
钢绞线	1 570	1 110	390
	1 720	1 220	
	1 860	1 320	
	1 960	1 390	
预应力螺纹钢筋	980	650	410
	1 080	770	
	1 230	900	

注：当预应力筋的强度标准值不符合表中规定时，其强度设计值应进行相应的比例换算。

附表 6　钢筋的弹性模量　　　　　　　（单位：$\times 10^5$ MPa）

牌号或种类	弹性模量 E_s
HPB300 钢筋	2.10
HRB335、HRB400、HRB500 钢筋 HRBF335、HRBF400、HRBF500 钢筋 RRB400 钢筋 预应力螺纹钢筋	2.00
消除应力钢丝、中强度预应力钢丝	2.05
钢绞线	1.95

注：必要时可采用实测的弹性模量。

附表 7　混凝土强度标准值　　　　　　　（单位:MPa）

强度种类	混凝土强度等级													
	C15	C20	C25	C30	C35	C40	C45	C50	C55	C60	C65	C70	C75	C80
轴心抗压 f_{ck}	10.0	13.4	16.7	20.1	23.4	26.8	29.6	32.4	35.5	38.5	41.5	44.5	47.4	50.2
轴心抗拉 f_{tk}	1.27	1.54	1.78	2.01	2.20	2.39	2.51	2.64	2.74	2.85	2.93	2.99	3.05	3.11

附表 8　混凝土强度设计值　　　　　　　（单位:MPa）

强度种类	混凝土强度等级													
	C15	C20	C25	C30	C35	C40	C45	C50	C55	C60	C65	C70	C75	C80
轴心抗压 f_c	7.2	9.6	11.9	14.3	16.7	19.1	21.2	23.1	25.3	27.5	29.7	31.8	33.8	35.9
轴心抗拉 f_t	0.91	1.10	1.27	1.43	1.57	1.71	1.80	1.89	1.96	2.04	2.09	2.14	2.18	2.22

附表 9　混凝土弹性模量　　　　　　　（单位:$\times 10^4$ MPa）

强度等级	混凝土强度等级													
	C15	C20	C25	C30	C35	C40	C45	C50	C55	C60	C65	C70	C75	C80
E_c	2.20	2.55	2.80	3.00	3.15	3.25	3.35	3.45	3.55	3.60	3.65	3.70	3.75	3.80

附表 10　矩形截面受弯构件正截面受弯承载力计算系数

ξ	β_s	γ_s	α_s	ξ	β_s	γ_s	α_s
0.01	10.00	0.995	0.010	0.17	2.53	0.915	0.155
0.02	7.12	0.990	0.020	0.18	2.47	0.910	0.164
0.03	5.82	0.985	0.030	0.19	2.41	0.905	0.172
0.04	5.05	0.980	0.039	0.20	2.36	0.900	0.180
0.05	4.53	0.975	0.048	0.21	2.31	0.895	0.188
0.06	4.15	0.970	0.058	0.22	2.26	0.890	0.196
0.07	3.85	0.965	0.067	0.23	2.22	0.885	0.203
0.08	3.61	0.960	0.077	0.24	2.17	0.880	0.211
0.09	3.41	0.955	0.085	0.25	2.14	0.875	0.219
0.10	3.24	0.950	0.095	0.26	2.10	0.870	0.226
0.11	3.11	0.945	0.104	0.27	2.07	0.865	0.24
0.12	2.98	0.94	0.113	0.28	2.04	0.860	0.241
0.13	2.88	0.935	0.121	0.29	2.01	0.855	0.248
0.14	2.77	0.930	0.130	0.30	1.98	0.850	0.255
0.15	2.68	0.925	0.139	0.31	1.95	0.845	0.262
0.16	2.61	0.920	0.147	0.32	1.93	0.840	0.269

续表

ξ	β_s	γ_s	α_s	ξ	β_s	γ_s	α_s
0.33	1.90	0.835	0.275	0.48	1.66	0.760	0.365
0.34	1.88	0.830	0.282	0.49	1.64	0.755	0.370
0.35	1.86	0.825	0.289	0.50	1.63	0.750	0.375
0.36	1.84	0.820	0.295	0.51	1.62	0.745	0.380
0.37	1.82	0.815	0.301	0.52	1.61	0.740	0.385
0.38	1.80	0.810	0.309	0.53	1.60	0.735	0.390
0.39	1.78	0.805	0.314	0.54	1.59	0.730	0.394
0.40	1.77	0.800	0.320	0.55	1.58	0.725	0.400
0.41	1.75	0.795	0.326	0.56	1.58	0.720	0.403
0.42	1.74	0.790	0.332	0.57	1.57	0.715	0.408
0.43	1.72	0.785	0.337	0.58	1.56	0.710	0.412
0.44	1.71	0.780	0.343	0.59	1.55	0.705	0.416
0.45	1.69	0.775	0.349	0.60	1.54	0.700	0.420
0.46	1.68	0.770	0.354	0.61	1.54	0.695	0.424
0.47	1.67	0.765	0.359	0.62	1.53	0.690	0.428

附表 11　混凝土结构构件中纵向受力钢筋的最小配筋百分率 $\rho_{\min}$ 　　（单位:%）

受 力 类 型		最小配筋百分率
受压构件	全部纵向钢筋 强度等级 500 MPa	0.50
	全部纵向钢筋 强度等级 400 MPa	0.55
	全部纵向钢筋 强度等级 300MPa、335MPa	0.60
	一侧纵向钢筋	0.20
受弯构件、偏心受拉、轴心受拉构件一侧的受拉钢筋		0.20 和 $45f_c/f_y$ 中的较大值

注:① 当采用 C60 以上强度等级的混凝土时,受压构件全部纵向钢筋最小配筋百分率应按表中规定增加 0.10。

② 当采用强度等级 400 MPa、500 MPa 的钢筋时,板类受弯构件(不包括悬臂板)的受拉钢筋的最小配筋百分率应允许采用 0.15 和 $45f_c/f_y$ 中的较大值。

③ 偏心受拉构件中的受压钢筋,应按受压构件一侧纵向钢筋考虑。

④ 受压构件的全部纵向钢筋和一侧纵向钢筋的配筋率以及轴心受拉构件和小偏心受拉构件一侧受拉钢筋的配筋率,均应按构件的全截面面积计算。

⑤ 受弯构件、大偏心受拉构件一侧受拉钢筋的配筋率,应按全截面面积扣除受压翼缘面积$(b_f'-b)h_f'$后的截面面积计算。

⑥ 当钢筋沿构件截面周边布置时,"一侧纵向钢筋"系指沿受力方向两个对边中一边布置的纵向钢筋。

附表 12　受弯构件的挠度限值

构 件 类 型	挠度限值(以计算跨度 l_0 计算)
吊车梁:手动吊车 电动吊车	$l_0/500$ $l_0/600$
屋盖、楼盖及楼梯构件: 　当 $l_0 < 7$ m 时 　当 7 m $\leqslant l_0 \leqslant 9$ m 时 　当 $l_0 > 9$ m 时	 $l_0/200(l_0/250)$ $l_0/250(l_0/300)$ $l_0/300(l_0/400)$

注:① 表中 l_0 为构件的计算跨度,计算悬臂构件的挠度限值时,其计算跨度按 l_0 实际悬臂长度的 2 倍取用。

② 表中括号内的数值适用于使用上对挠度有较高要求的构件。

③ 如果构件制作时预先起拱,且使用上也允许,则在验算挠度时,可将计算所得的挠度值减去起拱值,对预应力混凝土构件,可减去预加应力所产生的反拱值。

④ 构件制作时的起拱值和预应力所产生的反拱值,不宜超过构件在相应荷载组合作用下的计算挠度值。

附表 13　结构构件的裂缝控制等级及最大裂缝宽度的限值　　　（单位:mm）

环 境 类 别	钢筋混凝土结构		预应力混凝土结构	
	裂缝控制等级	w_{lim}	裂缝控制等级	w_{lim}
一	三级	0.30(0.40)	三级	0.20
二 a	三级	0.20	三级	0.10
二 b	三级	0.20	二级	—
三 a、三 b	三级	0.20	一级	—

注:① 对处于年平均相对湿度小于 60% 地区一类环境下的受弯构件,其最大裂缝宽度限值可采用括号内的数值。

② 在一类环境下,对钢筋混凝土屋架、托架及需作疲劳验算的吊车梁,其最大裂缝宽度限值应取为 0.20 mm;对钢筋混凝土屋面梁和托梁,其最大裂缝宽度限值应取为 0.30 mm。

③ 在一类环境下,对预应力混凝土屋架、托架及双向板体系,应按二级裂缝控制等级进行验算;对一类环境下的钢筋混凝土屋面梁、托梁、单向板,应按表中二 a 类环境的要求进行验算;在一类和二 a 类环境下需作疲劳验算的预应力混凝土吊车梁,应按裂缝控制等级不低于二级的构件进行验算。

④ 表中规定的预应力混凝土构件裂缝控制等级及最大裂缝宽度限值仅适用于正截面的验算,预应力混凝土构件的斜截面裂缝控制验算应符合规范中第 7 章的有关规定。

⑤ 对于烟囱、筒仓和处于液体压力下的结构,其裂缝控制要求应符合专门标准的有关规定。

⑥ 对于处于四、五类环境下的结构构件,其裂缝控制要求应符合专门标准的有关规定。

⑦ 表中的最大裂缝宽度限值为用于验算荷载作用引起的最大裂缝宽度。

附表 14　混凝土保护层的最小厚度 c　　　　（单位：mm）

环 境 类 别	板、墙、壳	梁、柱、杆
一	15	20
二 a	20	25
二 b	25	35
三 a	30	40
三 b	40	50

注：① 混凝土强度等级不大于 C25 时，表中保护层厚度数值应增加 5 mm。
　　② 钢筋混凝土基础宜设混凝土垫层，基础中钢筋的混凝土保护层厚度应从垫层顶面算起，且不应小于 40 mm。

附表 15　钢筋的计算截面面积及理论重量

公称直径 /mm	不同根数钢筋的计算截面面积/mm²									单根钢筋理论重量/(kg/m)
	1	2	3	4	5	6	7	8	9	
6	28.3	57	85	113	142	170	198	226	225	0.22
6.5	33.2	66	100	133	166	199	232	265	299	0.260
8	50.3	101	151	201	252	302	352	402	453	0.395
8.2	52.8	106	158	211	264	317	370	423	475	0.432
10	78.5	157	236	314	393	471	550	628	707	0.617
12	113.1	226	339	452	565	678	791	904	1 017	0.888
14	153.9	308	461	615	769	923	1 077	1 232	1 385	1.21
16	201.1	402	603	804	1 005	1 206	1 407	1 608	1 809	1.58
18	254.5	509	763	1 017	1 272	1 526	1 780	2 036	2 290	2.00
20	314.2	628	941	1 256	1 570	1 884	2 200	2 513	2 827	2.47
22	380.1	760	1 140	1 520	1 900	2 281	2 661	3 041	3 421	2.98
25	490.9	982	1 473	1 964	2 454	2 945	3 436	3 927	4 418	3.85
28	615.8	1 232	1 847	2 463	3 079	3 695	4 310	4 926	5 542	4.83
32	804.3	1 609	2 413	3 217	4 021	4 826	5 630	6 434	7 238	6.31
36	1 017.9	2 036	3 054	4 072	5 089	6 107	7 125	8 143	9 161	7.99
40	1 256.6	2 513	3 770	5 027	6 283	7 540	8 796	10 053	11 310	9.87

注：表中直径 d＝8.2 mm 的计算截面面积及理论重量仅适用于有纵肋的热处理钢筋。

附表 16　每米板宽各种钢筋间距的钢筋截面面积　　　　（单位：mm²）

钢筋间距/mm	钢筋直径/mm													
	3	4	5	6	6/8	8	8/10	10	10/12	12	12/14	14	14/16	16
70	101	180	280	404	561	719	920	1 121	1 369	1 616	1 907	2 199	2 536	2 872
75	94.2	168	262	377	524	671	859	1 047	1 277	1 508	1 780	2 052	2 367	2 681
80	88.4	157	245	354	491	629	805	981	1 198	1 414	1 669	1 924	2 218	2 513
85	83.2	148	231	333	462	592	758	924	1 127	1 331	1 571	1 811	2 088	2 365
90	78.5	140	218	314	437	559	716	872	1 064	1 257	1 483	1 710	1 972	2 234
95	74.5	132	207	298	414	529	678	826	1 008	1 190	1 405	1 620	1 868	2 116
100	70.6	126	196	283	393	503	644	785	958	1 131	1 335	1 539	1 775	2 011
110	64.2	114	178	257	357	457	585	714	871	1 028	1 214	1 399	1 614	1 828
120	58.9	105	163	236	327	419	537	654	798	942	1 113	1 283	1 480	1 676
125	56.5	101	157	226	314	402	515	628	766	905	1 068	1 231	1 420	1 608
130	54.4	96.6	151	218	302	387	495	604	737	870	1 027	1 184	1 366	1 547
140	50.5	89.8	140	202	281	359	460	561	684	808	954	1 099	1 268	1 436
150	47.1	83.8	131	189	262	335	429	523	639	754	890	1 026	1 183	1 340
160	44.1	78.5	123	177	246	314	403	491	599	707	834	962	1 110	1 257
170	41.5	73.9	115	166	231	296	379	462	564	665	785	905	1 044	1 183
180	39.2	69.8	109	157	218	279	358	436	532	628	742	855	985	1 117
190	37.2	66.1	103	149	207	265	339	413	504	595	703	810	934	1 058
200	35.3	62.8	98.2	141	196	251	322	393	479	565	668	770	888	1 005
220	32.1	57.1	89.2	129	179	229	293	357	436	514	607	700	807	914
240	29.4	52.4	81.8	118	164	210	268	327	399	471	556	641	740	838
250	28.3	50.3	78.5	113	157	201	258	314	383	452	534	616	710	804
260	27.2	48.3	75.5	109	151	193	248	302	369	435	513	592	682	773
280	25.2	44.9	70.1	101	140	180	230	280	342	404	477	550	634	718
300	23.6	41.9	65.5	94.2	131	168	215	262	319	377	445	513	592	670
320	22.1	39.3	61.4	88.4	123	157	201	245	299	353	417	481	554	628

注：表中 6/8,8/10,…,是指这两种直径的钢筋交替放置。

附表 17 混凝土结构的环境类别

环境类别	条件
一	室内正常环境； 无侵蚀性静水浸没环境
二 a	室内潮湿环境； 非严寒和非寒冷地区的露天环境； 非严寒和非寒冷地区与无侵蚀性的水或土壤直接接触的环境； 严寒和寒冷地区的冰冻线以下与无侵蚀性的水或土壤直接接触的环境
二 b	干湿交替环境； 水位频繁变动的环境； 严寒和寒冷地区的露天环境； 严寒和寒冷地区冰冻线以上与无侵蚀性的水或土壤直接接触的环境
三 a	严寒和寒冷地区冬季水位变动区环境； 受除冰盐影响环境； 海风环境
三 b	盐渍土环境； 受除冰盐作用环境； 海岸环境
四	海水环境
五	受人为或自然的侵蚀性物质影响的环境

注：① 室内潮湿环境是指构件表面经常处于结露或湿润状态的环境。
　　② 严寒和寒冷地区的划分应符合现行国家标准《民用建筑热工设计规范》(GB 50176—1993)的有关规定。
　　③ 海岸环境和海风环境宜根据当地情况，考虑主导风向及结构所处迎风、背风部位等因素的影响，由调查研究和工程经验确定。
　　④ 受除冰盐影响环境是指受到除冰盐烟雾影响的环境，受除冰盐作用环境是指被除冰盐溶液溅射的环境以及使用除冰盐地区的洗车房、停车楼等建筑。
　　⑤ 暴露的环境是指混凝土结构表面所处的环境。

附表 18 烧结普通砖和烧结多孔砖砌体的抗压强度　　　　(单位：MPa)

砖强度等级	砂浆强度等级					砂浆强度
	M15	M10	M7.5	M5	M2.5	0
MU30	3.94	3.27	2.93	2.59	2.26	1.15
MU25	3.60	2.98	2.68	2.37	2.06	1.05
MU20	3.22	2.67	2.39	2.12	1.84	0.94
MU15	2.79	2.31	2.07	1.83	1.60	0.82
MU10	—	1.89	1.69	1.50	1.30	0.67

附表 19　蒸压灰砂砖和蒸压粉煤灰砖砌体的抗压强度设计值　（单位：MPa）

砖强度等级	砂浆强度等级				砂浆强度
	M15	M10	M7.5	M5	0
MU25	3.60	2.98	2.68	2.37	1.05
MU20	3.22	2.67	2.39	2.12	0.94
MU15	2.79	2.31	2.07	1.83	0.82
MU10	—	1.89	1.69	1.50	0.67

附表 20　单排孔混凝土和轻骨料混凝土砌块砌体的抗压强度设计值　（单位：MPa）

砖强度等级	砂浆强度等级				砂浆强度
	Mb15	Mb10	Mb7.5	Mb5	0
MU20	5.68	4.95	4.44	3.94	2.33
MU15	4.61	4.02	3.61	3.20	1.89
MU10	—	2.79	2.50	2.22	1.31
MU7.5	—	—	1.93	1.71	1.01
MU5	—	—	—	1.19	0.70

附表 21　钢材的强度设计值　（单位：MPa）

钢材		抗拉、抗压和抗弯 f	抗剪 f_v	端面承压（刨平顶紧） f_{ce}
牌号	厚度或直径/mm			
Q235 钢	≤16	215	125	325
	>16～40	205	120	
	>40～60	200	115	
	>60～100	190	110	
Q345 钢	≤16	310	180	400
	>16～35	295	170	
	>35～50	265	155	
	>50～100	250	145	
Q390 钢	≤16	350	205	415
	>16～35	335	190	
	>35～50	315	180	
	>50～100	295	170	
Q420 钢	≤16	380	220	440
	>16～35	360	210	
	>35～50	340	195	
	>50～100	325	185	

注：表中厚度是指计算点的钢材厚度，对轴心受力构件是指截面中较厚板件的厚度。

附表 22　焊接焊缝的强度设计值　　　（单位：MPa）

焊接方法和焊条型号	构件钢材		对接焊缝				角焊缝
	牌号	厚度或直径/mm	抗压 f_c^w	焊缝质量为下列等级时，抗拉 f_t^w		抗剪 f_v^w	抗拉、抗压和抗剪 f_f^w
				一级、二级	三级		
自动焊、半自动焊和 E43 型焊条的手工焊	Q235 钢	≤16	215	215	185	125	160
		>16~40	205	205	175	120	
		>40~60	200	200	170	115	
		>60~100	190	190	160	110	
自动焊、半自动焊和 E50 型焊条的手工焊	Q345 钢	≤16	310	310	265	180	200
		>16~35	295	295	250	170	
		>35~50	265	265	225	155	
		>50~100	250	250	210	145	
自动焊、半自动焊和 E55 型焊条的手工焊	Q390 钢	≤16	350	350	300	205	220
		>16~35	335	335	285	190	
		>35~50	315	315	270	180	
		>50~100	295	295	250	170	
自动焊、半自动焊和 E55 型焊条的手工焊	Q420 钢	≤16	380	380	320	220	220
		>16~35	360	360	305	210	
		>35~50	340	340	290	195	
		>50~100	325	325	275	185	

注：① 自动焊和半自动焊所采用的焊丝和焊剂，应保证其熔敷金属的力学性能不低于现行国家标准《埋弧焊用碳钢焊丝和焊剂》(GB/T 5293—1999)和《低合金钢埋弧焊用焊剂》(GB/T 12470—2003)中相关规定。

② 焊缝质量等级应符合现行国家标准《钢结构工程施工质量验收规范》(GB 50205—2001)的规定。其中，厚度小于 8 mm 钢材的对接焊缝，不应采用超声波探伤确定焊缝质量等级。

③ 对接焊缝抗弯受压区强度设计值取 f_c^w，抗弯受拉区强度设计值取 f_t^w。

④ 表中厚度是指计算点的钢材厚度，对轴心受力构件是指截面中较厚板件的厚度。

附表 23　螺栓连接的强度设计值　　　　　　　　（单位：MPa）

螺栓的性能等级、锚栓和构件钢材的牌号		普 通 螺 栓						锚栓	承压型连接高强度螺栓		
		C 级螺栓			A 级、B 级螺栓						
		抗拉 f_t^b	抗剪 f_v^b	承压 f_c^b	抗拉 f_t^b	抗剪 f_v^b	承压 f_c^b	抗拉 f_t^a	抗拉 f_t^b	抗剪 f_v^b	承压 f_c^b
普通螺栓	4.6 级、4.8 级	170	140	—	—	—	—	—	—	—	—
	5.6 级	—	—	—	210	190	—	—	—	—	—
	8.8 级	—	—	—	400	320	—	—	—	—	—
锚栓	Q235 钢	—	—	—	—	—	—	140	—	—	—
	Q345 钢	—	—	—	—	—	—	180	—	—	—
承压型连接高强度螺栓	8.8 级	—	—	—	—	—	—	—	400	250	—
	10.9 级	—	—	—	—	—	—	—	500	310	—
构件	Q235 钢	—	—	305	—	—	405	—	—	—	470
	Q345 钢	—	—	385	—	—	510	—	—	—	590
	Q390 钢	—	—	400	—	—	530	—	—	—	615
	Q420 钢	—	—	425	—	—	560	—	—	—	655

注：① A 级螺栓用于 $d \leqslant 24$ mm 和 $l \leqslant 10d$ 或 $l \leqslant 150$ mm(按较小值)的螺栓；B 级螺栓用于 $d > 24$ mm 和 $l > 10d$ 或 $l > 150$ mm(按较小值)的螺栓。d 为公称直径，l 为螺栓公称长度。

　　② A 级、B 级螺栓孔的精度和孔壁表面粗糙度，C 级螺栓的允许偏差和孔壁表面粗糙度，均应符合现行国家标准《钢结构工程施工质量验收规范》(GB 50205—2001)的规定。

参 考 文 献

[1] 中华人民共和国住房和城乡建设部.GB50009—2012 建筑结构荷载规范[S].北京:中国建筑工业出版社,2012.

[2] 中华人民共和国住房和城乡建设部.GB50010—2010 混凝土结构设计规范[S].北京:中国建筑工业出版社,2011.

[3] 中华人民共和国住房和城乡建设部.GB50011—2010 建筑抗震设计规范[S].北京:中国建筑工业出版社,2010.

[4] 中华人民共和国住房和城乡建设部.GB50007—2011 建筑地基基础设计规范[S].北京:中国建筑工业出版社,2012.

[5] 中华人民共和国住房和城乡建设部.GB50112—2013 膨胀土地区建筑技术规范[S].北京:中国建筑工业出版社 2013.

[6] 东南大学,天津大学,同济大学.混凝土结构[M].5 版.北京:中国建筑工业出版社,2012.

[7] 梁兴文,史庆轩.混凝土结构设计原理[M].2 版.北京:中国建筑工业出版社,2011.

[8] 梁兴文,史庆轩.混凝土结构设计[M].2 版.北京:中国建筑工业出版社,2011.

[9] 沈蒲生.混凝土结构设计原理[M].4 版.北京:高等教育出版社,2012.

[10] 张晋元.混凝土结构设计[M].天津:天津大学出版社,2012.

[11] 杨鼎久.建筑结构.[M].2 版.北京:机械工业出版社,2012.

[12] 沈蒲生.高层建筑结构设计[M].2 版.北京:中国建筑工业出版社,2011.

[13] 吕西林.高层建筑结构[M].3 版.武汉:武汉工业大学出版社,2011.

[14] 罗福午,张惠英,杨军.建筑结构概念设计及案例[M].北京:清华大学出版社,2003.

[15] 沈蒲生.高层建筑结构疑难释义[M].2 版.北京:中国建筑工业出版社,2011.

[16] 霍达.高层建筑结构设计[M].2 版.北京:高等教育出版社,2011.

[17] 包世华,张铜生.高层建筑结构设计和计算[M].2 版.北京:清华大学出版社,2013.

[18] 郭继武.建筑结构抗震[M].北京:清华大学出版社,2012.

[19] 刘声扬.钢结构[M].5 版.北京:中国建筑工业出版社,2011.

[20] 丁阳.钢结构设计原理[M].2 版.天津:天津大学出版社,2011.

[21] 林宗凡.钢-混凝土组合结构[M].上海:同济大学出版社,2004.

[22] 聂建国.钢-混凝土组合结构原理与实例[M].北京:科学出版社,2009.

［23］ 李砚波,张晋元,韩圣章.砌体结构设计［M］.天津:天津大学出版社,2004.

［24］ 熊丹安,李京玲.砌体结构［M］.2 版.武汉:武汉理工大学出版社,2010.

［25］ 华南理工大学,浙江大学,湖南大学.基础工程［M］.3 版.北京:中国建筑工业出版社,2014.

［26］ 顾晓鲁等.地基与基础［M］.3 版.北京:中国建筑工业出版社,2003.

［27］ 张四平.基础工程［M］.北京:中国建筑工业出版社,2012.

［28］ 赵明华.基础工程［M］.2 版.北京:高等教育出版社,2010.